21 世纪全国应用型本科土木建筑系列实用规划教材

材 料 力 学

主　编　金康宁　谢群丹
副主编　刘　宏　万　度
参　编　王筱玲　毛　云
　　　　毛平文
主　审　袁海庆

内 容 简 介

本教材共分为 12 章，内容包括：概述，杆件的拉伸与压缩，剪切与扭转，梁的内力，梁的应力，梁的位移，应力状态理论，强度理论，组合变形，压杆稳定，能量法，材料性能研究中的其他问题。

本教材各章的编写由五部分组成：前言，基本内容，小结，思考题，习题。

本教材可用于高等学校工科土木工程专业本科学生的教材和教学参考书，也可供相关专业工程技术人员参考。

建议学时数为 74 学时，其中理论教学 68 学时，实验 6 学时。

图书在版编目(CIP)数据

材料力学/金康宁，谢群丹主编. —北京：北京大学出版社，2006.1
(21 世纪全国应用型本科土木建筑系列实用规划教材)
ISBN 978-7-301-10485-9

Ⅰ. 材⋯ Ⅱ. ①金⋯ ②谢⋯ Ⅲ. 材料力学—高等学校—教材 Ⅳ. TB301

中国版本图书馆 CIP 数据核字(2006)第 001926 号

书　　　名：	材料力学
著作责任者：	金康宁　谢群丹　主编
策划编辑：	吴　迪　李昱涛
责任编辑：	吴　迪
标准书号：	ISBN 978-7-301-10485-9/TU・0033
出　版　者：	北京大学出版社
地　　　址：	北京市海淀区成府路 205 号　100871
网　　　址：	http://www.pup.cn　http://www.pup6.com
电　　　话：	邮购部 62752015　发行部 62750672　编辑部 62750667　出版部 62754962
电子邮箱：	pup_6@163.com
印　刷　者：	世界知识印刷厂
发　行　者：	北京大学出版社
经　销　者：	新华书店
	787 毫米×1092 毫米　16 开本　19.5 印张　435 千字
	2006 年 1 月第 1 版　2007 年 3 月第 2 次印刷
定　　价：	27.00 元

未经许可，不得以任何方式复制或抄袭本书之部分或全部内容。
版权所有，侵权必究　　举报电话：010-62752024
　　　　　　　　　　　电子邮箱：fd@pup.pku.edu.cn

21世纪全国应用型本科土木建筑系列实用规划教材
专家编审委员会

主　任　　彭少民

副主任　　(按拼音顺序排名)

陈伯望　　金康宁　　李　忱　　李　杰

罗迎社　　彭　刚　　许成祥　　杨　勤

俞　晓　　袁海庆　　周先雁　　张俊彦

委　员　　(按拼音顺序排名)

邓寿昌　　付晓灵　　何放龙　　何培玲

李晓目　　李学罡　　刘　杰　　刘建军

刘文生　　罗　章　　石建军　　许　明

严　兵　　张泽平　　张仲先

丛书总序

我国高等教育发展迅速，全日制高等学校每年招生人数至 2004 年已达到 420 万人，毛入学率 19%，步入国际公认的高等教育"大众化"阶段。面临这种大规模的扩招，教育事业的发展与改革坚持以人为本的两个主体：一是学生，一是教师。教学质量的提高是在这两个主体上的反映，教材则是两个主体的媒介，属于教学的载体。

教育部曾在第三次新建本科院校教学工作研讨会上指出："一些高校办学定位不明，盲目追求上层次、上规格，导致人才培养规格盲目拔高，培养模式趋同。高校学生中'升本热'、'考硕热'、'考博热'持续升温，应试学习倾向仍然比较普遍，导致各层次人才培养目标难于全面实现，大学生知识结构不够合理，动手能力弱，实际工作能力不强。"而作为知识传承载体的教材，在高等教育的发展过程中起着至关重要的作用，但目前教材建设却远远滞后于应用型人才培养的步伐，许多应用型本科院校一直沿用偏重于研究型的教材，缺乏针对性强的实用教材。

近年来，我国房地产行业已经成为国民经济的支柱行业之一，随着本世纪我国城市化的大趋势，土木建筑行业对实用型人才的需求还将持续增加。为了满足相关应用型本科院校培养应用型人才的教学需求，从 2004 年 10 月北京大学出版社第六事业部就开始策划本套丛书，并派出十多位编辑分赴全国近三十个省份调研了两百多所院校的课程改革与教材建设的情况。在此基础上，规划出了涵盖"大土建"六个专业——土木工程、工程管理、建筑学、城市规划、给排水、建筑环境与设备工程的基础课程及专业主干课程的系列教材。通过 2005 年 1 月份在湖南大学的组稿会和 2005 年 4 月份在三峡大学的审纲会，在来自全国各地几十所高校的知名专家、教授的共同努力下，不但成立了本丛书的编审委员会，还规划出了首批包括土木工程、工程管理及建筑环境与设备工程等专业方向的四十多个选题，再经过各位主编老师和参编老师的艰苦努力，并在北京大学出版社各级领导的关心和第六事业部的各位编辑辛勤劳动下，首批教材终于 2006 年春季学期前夕陆续出版发行了。

在首批教材的编写出版过程中，得到了越来越多的来自全国各地相关兄弟院校的领导和专家的大力支持。于是，在顺利运作第一批土建教材的鼓舞下，北京大学出版社联合全国七十多家开设有土木建筑相关专业的高校，于 2005 年 11 月 26 日在长沙中南林业科技大学召开了《21 世纪全国应用型本科土木建筑系列实用规划教材》（第二批）组稿会，规划了①建筑学专业；②城市规划专业；③建筑环境与设备工程专业；④给排水工程专业；⑤土木工程专业中的道路、桥梁、地下、岩土、矿山课群组近六十个选题。至此，北京大学出版社规划的"大土木建筑系列教材"已经涵盖了"大土建"的六个专业，是近年来全国高等教育出版界唯一一套完全覆盖"大土建"六个专业方向的系列教材，并将于 2007 年全部出版发行。

我国高等学校土木建筑专业的教育，在国家教育部和建设部的指导下，经土木建筑专业指导委员会六年来的研讨，已经形成了宽口径"大土建"的专业发展模式，明确了土木建筑专业教育的培养目标、培养方案和毕业生基本规格，从宽口径的视角，要求毕业生能从事土木工程的设计、施工与管理工作。业务范围涉及房屋建筑、隧道与地下建筑、公路与城市道路、铁道工程与桥梁、矿山建筑等，并且制定一整套课程教学大纲。本系列教材就是根据最新的培养方案和课程教学大纲，由一批长期在教学第一线从事教学并有过多年工程经验和丰富教学经验的教师担任主编，以定位"应用型人才培养"为目标而编撰，具有以下特点：

(1) 按照宽口径土木工程专业培养方案，注重提高学生综合素质和创新能力，注重加强学生专业基础知识和优化基本理论知识结构，不刻意追求理论研究型教材深度，内容取舍少而精，向培养土木工程师从事设计、施工与管理的应用方向拓展。

(2) 在理解土木工程相关学科的基础上，深入研究各课程之间的相互关系，各课程教材既要反映本学科发展水平，保证教材自身体系的完整性，又要尽量避免内容的重复。

(3) 培养学生，单靠专门的设计技巧训练和运用现成的方法，要取得专门实践的成功是不够的，因为这些方法随科学技术的发展经常改变。为了了解并和这些迅速发展的方法同步，教材的编撰侧重培养学生透析理解教材中的基本理论、基本特性和性能，又同时熟悉现行设计方法的理论依据和工程背景，以不变应万变，这是本系列教材力图涵盖的两个方面。

(4) 我国颁发的现行有关土木工程类的规范及规程，系1999年—2002年完成的修订，内容有较大的取舍和更新，反映了我国土木工程设计与施工技术的发展。作为应用型教材，为培养学生毕业后获得注册执业资格，在内容上涉及不少相关规范条文和算例。但并不是规范条文的释义。

(5) 当代土木工程设计，越来越多地使用计算机程序或采用通用性的商业软件，有些结构特殊要求，则由工程师自行编写程序。本系列的相关工程结构课程的教材中，在阐述真实结构、简化计算模型、数学表达式之间的关系的基础上，给出了设计方法的详细步骤，这些步骤均可容易地转换成工程结构的流程图，有助于培养学生编写计算机程序。

(6) 按照科学发展观，从可持续发展的观念，根据课程特点，反映学科现代新理论、新技术、新材料、新工艺，以社会发展和科技进步的新近成果充实、更新教材内容，尽最大可能在教材中增加了这方面的信息量。同时考虑开发音像、电子、网络等多媒体教学形式，以提高教学效果和效率。

衷心感谢本套系列教材的各位编著者，没有他们在教学第一线的教改和工程第一线的辛勤实践，要出版如此规模的系列实用教材是不可能的。同时感谢北京大学出版社为我们广大编著者提供了广阔的平台，为我们进一步提高本专业领域的教学质量和教学水平提供了很好的条件。

我们真诚希望使用本系列教材的教师和学生，不吝指正，随时给我们提出宝贵的意见，以期进一步对本系列教材进行修订、完善。

本系列教材配套的PPT电子教案以及习题答案在出版社相关网站上提供下载。

《21世纪全国应用型本科土木建筑系列实用规划教材》
专家编审委员会
2006年1月

前　言

本教材是为适应土木工程专业"材料力学"课程的教学需要、以"材料力学"教学大纲所规定的基本内容而分章编写的。编写时参照国内各院校土木工程专业现行教学计划，拟定了"教材编写大纲"。在内容上，主要突出土木工程专业中常用材料、结构的特点和应用。

随着科学技术的飞速发展，力学新知识的不断涌现，土木工程技术对力学的要求也越来越高，而学校教学计划所给予材料力学课程的教学时数却越来越少。因此，在本教材的编写过程中尽量减少重复，提高效率，保证质量，以适应21世纪的发展和要求，较好地完成材料力学课程的教学任务。

本教材系集体编写，由金康宁、谢群丹主编。各章编写人员为：第1章、第6章、第12章——湖南工业大学谢群丹；第2章、第4章——湖北工业大学毛云；第3章、第5章、附录2——江西科技师院毛平文；第7章、第11章——南昌工程学院万度；第8章、附录1——南昌工程学院王筱玲；第9章、第10章——山西大学刘宏。本教材由华中科技大学金康宁教授统稿，武汉理工大学袁海庆教授仔细审阅了全书，对此我们表示深深的谢意。

由于编者水平有限，时间仓促，教材中可能存在不少缺点和错误，尚祈读者批评指正。

编者

2005年10月

目 录

第1章 绪论 基本概念 ... 1
1.1 材料力学的任务及其与相关课程的关系 ... 1
1.2 材料力学的基本假设 ... 2
1.3 杆件的几何特征 ... 2
1.4 杆件的变形 ... 3
1.4.1 杆件变形的基本形式 ... 3
1.4.2 应变的概念 ... 4
1.5 杆件的内力 ... 4
1.5.1 杆件的内力 截面法 ... 4
1.5.2 应力的概念 ... 6
1.6 小结 ... 6
1.7 思考题 ... 7

第2章 杆件的拉伸与压缩 ... 8
2.1 轴向拉伸和压缩的概念 ... 8
2.2 拉(压)杆的内力计算 ... 9
2.2.1 轴力的概念 ... 9
2.2.2 用截面法求轴力 ... 9
2.2.3 轴力图 ... 10
2.3 横截面及斜截面上的应力 ... 11
2.3.1 横截面上的应力 ... 11
2.3.2 斜截面上的应力 ... 14
2.3.3 应力集中的概念 ... 15
2.4 胡克定律 ... 16
2.5 材料在拉伸压缩时的力学性能 ... 19
2.5.1 材料的拉伸与压缩试验 ... 19
2.5.2 低碳钢拉伸时的力学性能 ... 20
2.5.3 其他材料在拉伸时的力学性能 ... 22
2.5.4 材料在压缩时的力学性能 ... 24
2.6 强度条件与截面设计的基本概念 ... 25
2.6.1 许用应力 ... 25
2.6.2 强度条件 ... 26

2.7 拉压超静定问题 ... 29
2.7.1 超静定问题的概念 ... 29
2.7.2 超静定问题的解法 ... 29
2.7.3 温度应力问题 ... 31
2.7.4 装配应力 ... 33
2.8 小结 ... 35
2.9 思考题 ... 35
2.10 习题 ... 36

第3章 剪切与扭转 ... 39
3.1 剪切 ... 39
3.1.1 剪力和切应力 ... 39
3.1.2 连接中的剪切和挤压强度计算 ... 40
3.2 杆件扭转时的内力扭矩 ... 43
3.3 薄壁圆筒的扭转 ... 45
3.4 剪切胡克定律与切应力互等定理 ... 46
3.4.1 剪切胡克定律 ... 46
3.4.2 切应力互等定理 ... 47
3.5 等直圆杆的扭转 ... 48
3.5.1 横截面上的应力 ... 48
3.5.2 斜截面上的应力 ... 53
3.5.3 等直圆杆的扭转变形 ... 55
3.6 非圆截面等直杆的自由扭转 ... 59
3.6.1 矩形截面杆 ... 59
3.6.2 开口薄壁截面杆 ... 61
3.6.3 闭口薄壁截面杆 ... 62
3.7 小结 ... 65
3.8 思考题 ... 67
3.9 习题 ... 67

第4章 梁的内力 ... 74
4.1 梁的计算简图 ... 74
4.2 梁的平面弯曲 ... 77

4.3	梁的内力、剪力和弯矩	77
4.4	剪力方程和弯矩方程 剪力图和弯矩图	81
4.5	内力与分布荷载间的关系及其应用	87
	4.5.1 弯矩、剪力和分布荷载集度间的关系	87
	4.5.2 常见荷载下梁的剪力图与弯矩图的特征	88
4.6	用叠加法作梁的弯矩图	91
4.7	小结	92
4.8	思考题	93
4.9	习题	94

第5章 梁的应力 ... 98

5.1	梁横截面上的正应力	98
	5.1.1 纯弯曲时梁横截面上的正应力	99
	5.1.2 横力弯曲时梁横截面上的正应力	103
5.2	梁横截面上的切应力	104
5.3	梁的强度条件	110
	5.3.1 梁的正应力强度条件	110
	5.3.2 梁的切应力强度条件	113
5.4	梁的合理强度设计	114
5.5	非对称截面梁的平面弯曲	117
	5.5.1 非对称截面梁的平面弯曲	117
	5.5.2 开口薄壁截面梁的弯曲中心	119
5.6	考虑材料塑性时梁的极限弯矩	121
5.7	小结	124
5.8	思考题	126
5.9	习题	127

第6章 梁的位移 ... 134

6.1	梁的挠曲线微分方程	134
6.2	用积分法求梁的位移	136
6.3	按叠加原理求梁的位移	140
6.4	梁的刚度条件	141
6.5	超静定梁的初步概念与求解	142
6.6	小结	144
6.7	思考题	145
6.8	习题	146

第7章 应力状态 ... 150

7.1	应力状态的概念	150
	7.1.1 点的应力状态(state of stresses at a given point)	150
	7.1.2 主平面和主应力的概念	151
7.2	平面应力状态分析——解析法	152
	7.2.1 任意斜截面上的应力	152
	7.2.2 主平面和主应力的确定	153
	7.2.3 最大切应力	153
7.3	平面应力状态分析——图解法	156
	7.3.1 主应力和主应力方位	158
	7.3.2 主切应力及方位	158
7.4	梁的主应力与主应力迹线	161
	7.4.1 梁的主应力	161
	7.4.2 主应力迹线	161
7.5	三向应力状态	162
7.6	广义胡克定律	164
7.7	三向应力状态下的变形能	166
	7.7.1 体积应变	166
	7.7.2 三向应力状态下的弹性变形比能	167
7.8	小结	168
7.9	思考题	169
7.10	习题	169

第8章 强度理论 ... 173

8.1	强度理论的概念	173
8.2	四个强度理论	174
	8.2.1 最大拉应力理论	174
	8.2.2 最大伸长线应变理论	174
	8.2.3 最大切应力理论	175
	8.2.4 形状改变比能理论	175
8.3	莫尔强度理论	176
8.4	各种强度理论的适用范围	176
	8.4.1 强度理论的选用原则	176

		8.4.2 强度计算的步骤 177

- 8.5 小结 179
- 8.6 思考题 180
- 8.7 习题 180

第 9 章 组合变形 182

- 9.1 组合变形的概念 182
- 9.2 斜弯曲 183
- 9.3 拉伸(压缩)与弯曲组合变形 ... 188
- 9.4 偏心压缩与偏心拉伸 192
- 9.5 截面核心 195
- 9.6 弯曲与扭转组合变形 199
- 9.7 小结 204
- 9.8 思考题 204
- 9.9 习题 205

第 10 章 压杆稳定 212

- 10.1 压杆稳定的概念 212
- 10.2 两端铰支中心压杆的欧拉公式 ... 214
- 10.3 不同约束条件下压杆的欧拉公式 ... 216
- 10.4 临界应力与欧拉公式应用范围 ... 220
  - 10.4.1 计算临界应力的欧拉公式 220
  - 10.4.2 欧拉公式的应用范围 ... 221
  - 10.4.3 超过比例极限时压杆的临界应力 221
- 10.5 压杆的稳定校核 224
- 10.6 提高压杆稳定性的措施 229
- 10.7 小结 230
- 10.8 思考题 231
- 10.9 习题 232

第 11 章 变形能法 235

- 11.1 基本概念 235
- 11.2 变形能的计算 235
  - 11.2.1 轴向拉伸(压缩)杆弹性变形能 235
  - 11.2.2 受扭圆轴的弹性变形能 ... 236

　　　11.2.3 杆在弯曲情况下的变形能 237
　　　11.2.4 弹性变形能的一般公式 ... 238
- 11.3 卡氏定理 239
- 11.4 小结 245
- 11.5 思考题 246
- 11.6 习题 247

第 12 章 材料研究的其他问题 ... 249

- 12.1 材料的疲劳破坏与疲劳极限 ... 249
  - 12.1.1 材料在交变应力下的疲劳破坏与疲劳极限 ... 249
  - 12.1.2 材料在对称与非对称循环交变应力下的疲劳破坏与疲劳极限 252
- 12.2 材料在动荷载作用下的力学性能 ... 253
- 12.3 材料在长期荷载作用下的蠕变现象 255
- 12.4 小结 256
- 12.5 思考题 257
- 12.6 习题 257

附录 1 截面图形的几何性质 259

- 附 1.1 静矩与形心 259
- 附 1.2 惯性矩 惯性积 极惯性矩 ... 261
  - 附 1.2.1 惯性矩和惯性积 261
  - 附 1.2.2 惯性半径 262
  - 附 1.2.3 极惯性矩 262
- 附 1.3 平行移轴公式 264
- 附 1.4 转轴公式与主惯性轴 266
- 附 1.5 习题 269

附录 2 型钢规格表 272

附录 3 简单荷载作用下梁的挠度和转角 285

附录 4 习题参考答案 288

参考文献 296

第1章 绪论 基本概念

提要： 本章首先介绍了材料力学的任务以及与其他相关课程之间的关系。

其次，在材料力学中是把实际材料看作均匀、连续、各向同性的可变形固体，且在大多数场合下局限在小变形并在弹性变形范围内进行研究。

给出了杆件变形的4种基本形式：轴向拉压、剪切、扭转和弯曲。

最后，简单介绍了用截面法求杆件内力的基本方法和步骤。

1.1 材料力学的任务及其与相关课程的关系

土木工程中，各种建筑物在施工和使用阶段所承受的所有外力统称为**荷载**(load)。例如吊车梁的重力、墙体的自重、家具和设备的重力、风载、雪载、地震力和爆炸力等。建筑物中承受荷载并且传递荷载的空间骨架称为**结构**(structure)，而任何结构都是由**构件**(member)所组成的。因此，为了保证结构能够正常的工作，就必须要求组成结构的每一个构件在荷载作用下能够正常的工作。

为保证构件在荷载作用下的正常工作，必须使它同时满足三方面的力学要求，即强度、刚度和稳定性的要求。

(1) 构件抵抗破坏的能力称为**强度**(strength)。对构件的设计应保证它在规定的荷载作用下能够正常工作而不会发生破坏。例如，钢筋混凝土梁在荷载作用下不会发生破坏。

(2) 构件抵抗变形的能力称为**刚度**(stiffness)。构件的变形必须要限制在一定的限度内，构件刚度不满足要求同样也不能正常工作。例如，吊车梁如果变形过大，将会影响吊车的运行。

(3) 构件在受到荷载作用时在原有形状下的平衡应保证为稳定的平衡，这就是对构件的**稳定性**(stability)要求。例如，厂房中的钢柱应该始终维持原有的直线平衡形态，保证不被压弯。

构件设计时，构件的强度、刚度和稳定性与其所用的材料的力学性能有关，而材料的力学性能需要通过试验的方法来测定。因此，试验研究和理论研究是材料力学的两个基本研究手段。

综上所述，通过对材料力学的学习，我们将了解构件设计的基本力学原理，以适当地选择材料以及构件的截面形状与尺寸。材料力学的任务就是在满足强度、刚度和稳定性要求下，使构件的设计既安全又经济。

材料力学是以理论力学为先修课程，而以结构力学为后续课程的。理论力学是研究物体机械运动一般规律的科学，理论力学的刚体静力学中关于平衡的概念以及建立平衡方程求解未知力的方法是材料力学中求解构件内力的基础。而材料力学对构件的强度、刚度和稳定性的研究将为结构力学中对结构的强度、刚度和稳定性的研究打下坚实的基础。因此，理论力学、材料力学、结构力学是三个密切相关的课程，材料力学起着承前启后的作用。

我们在学习的过程中，应该逐步掌握建立构件力学模型的方法和构件受力分析中的基本概念和方法。

1.2 材料力学的基本假设

理论力学的研究对象是刚体。但是在材料力学中，构件的变形不能忽略不计，因此我们把构件作为可变形体来研究，称它们为**可变形固体**(deformable solid)。在对可变形固体材料制成的构件进行强度、刚度和稳定性研究时，为抽象出某种理想的力学模型，通常根据其主要性质做出一定的假设，同时忽略一些次要因素，然后进行理论分析。在材料力学中，通常对可变形固体作如下基本假设：

(1) **连续性假设**(continuity assumption)。

这一假设认为，构件的材料在变形后仍然保持连续性，在其整个体积内都毫无空隙地充满了物质，忽略了体积内空隙对材料力学性质的影响。

(2) **均匀性假设**(homogenization assumption)。

这一假设认为，构件的材料各部分的力学性能是相同的。从任意一点取出的单元体，都具有与整体同样的力学性能。

(3) **各向同性假设**(isotropy assumption)。

这一假设认为，构件的材料在各个方向的力学性能是相同的。如工程上常用的金属材料，虽然从它们的晶粒来说，其力学性能并不一样；但从宏观上看，各个方向的力学性能接近相同。有些材料沿各方向的力学性能并不相同，像这样的材料称之为各向异性材料，如木材等。

(4) **小变形假设**(small transmogrification assumption)。

这一假设认为，材料力学中所研究的构件在承受荷载作用时，其变形量总是远小于其外形尺寸。所以，在研究构件的平衡以及内部受力和变形等问题时，一般可按构件的原始尺寸进行计算。

(5) **线弹性假设**(linear elasticity assumption)。

工程上所用的材料，在荷载作用下均将发生变形。如果在卸载后变形消失，物体恢复原状，则称这种变形为**弹性变形**(elastic deformation)；但当荷载过大时，则发生的变形只有一部分在卸载后能够消失，另一部分变形将不会消失而残留下来，这种残留下来的变形部分称为**塑性变形**(plastic deformation)。对每种材料来讲，在一定的受力范围内，其变形完全是弹性的，并且外力与变形之间成线性关系，本书后面会讲到，这种关系称为**胡克定律**(Hooke law)。在材料力学中所研究的大部分问题都局限在弹性变形范围内。

综上所述，在材料力学中是把实际材料看作均匀、连续、各向同性的可变形固体，且在大多数场合下局限在小变形并在弹性变形范围内进行研究。

1.3 杆件的几何特征

材料力学的研究对象主要是杆件。杆件有两个主要几何因素，即**横截面**(cross section)

和**轴线**(axis)。杆件分为直杆和曲杆。如图1.1所示，杆件是纵向(长度方向)尺寸比横向(垂直于长度方向)尺寸要大得多的构件。房屋的梁、柱等构件一般都被抽象为杆件。直杆的特征是轴线为直线，如图1.1(a)所示，曲杆的特征是轴线为曲线，如图1.1(b)所示，直杆和曲杆的轴线与横截面都是相互垂直的。在材料力学中所研究的直杆多数是等截面的，通常称为等截面直杆。横截面的大小沿轴线变化的杆件则称为变截面杆。

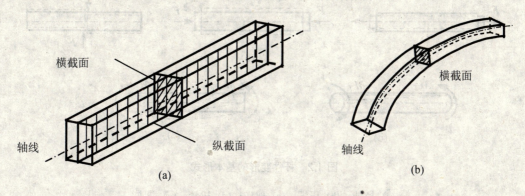

图1.1 杆件的轴线、横截面和纵截面

(a) 直杆轴线为直线；(b) 曲杆轴线为曲线

1.4 杆件的变形

1.4.1 杆件变形的基本形式

杆件在不同的受力情况下有不同的变形，杆件变形的基本形式有4种。

1. 轴向拉伸或轴向压缩

在一对等值、反向、作用线与杆轴线重合的外力作用下，直杆的主要变形是长度的改变。这种变形形式称为**轴向拉伸**(axial tension)或**轴向压缩**(axial compression)，如图1.2(a)和图1.2(b)所示。

2. 剪切

在一对相距很近的等值、反向的横向外力作用下，杆的主要变形是横截面沿外力作用方向发生的相对错动变形，这种变形形式称为**剪切**(shear)，如图1.2(c)所示。

3. 扭转

在一对等值、反向、作用面都垂直于杆轴的两个力偶作用下，杆件的任意两个相邻横截面绕轴线发生相对转动变形，而轴线仍维持直线，这种变形形式称为**扭转**(torsion)。如图1.2(d)所示。

4. 弯曲

在一对等值、反向、作用在杆件纵向平面内的两个力偶作用下，杆件将在纵向平面内发生弯曲变形,变形后的杆轴线将弯成曲线,这种变形形式称为**弯曲**(bending),如图 1.2(e) 所示。

工程实践中常用构件在荷载作用下同时发生几种基本变形的情况称为**组合变形** (combined deformation)。本课程首先分别讨论四种基本变形,然后再分析组合变形的问题。

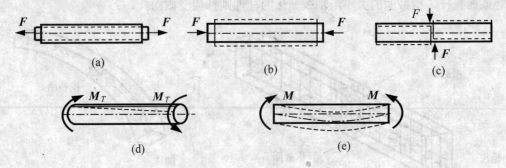

图 1.2 杆件变形的基本形式

(a) 拉伸;(b) 压缩;(c) 剪切;(d) 扭转;(e) 弯曲

1.4.2 应变的概念

假设杆件原长为 l,承受一对轴向拉力 F 作用后,杆长变为 l_1,如图 1.3 所示,则杆件的纵向伸长为

$$\Delta l = l_1 - l \tag{1.1}$$

图 1.3 杆件的纵向变形和横向变形

Δl 表示杆件的纵向总伸长量。显然,对于不同长度的杆件,即使伸长量相同,其变形程度也是不同的。为了量度杆件的变形程度,我们引入**应变**(strain)的概念。定义单位长度上的伸长量为线应变(通常也可简称为应变),用符号 ε 表示。则杆件的纵向线应变为

$$\varepsilon = \frac{\Delta l}{l} \tag{1.2}$$

由式(1.1)可知,线应变在伸长时为正,缩短时为负。

1.5 杆件的内力

1.5.1 杆件的内力 截面法

根据理论力学的知识,我们可以对一个构件进行受力分析。如图 1.4(a)所示杆件的整体

受力分析图，荷载 F、支座反力 F_{Ax}、F_{Ay} 和 F_{By} 对于该杆件来说都称为"外力"。由平面任意力系三个独立的平衡方程，可以求出杆件三个支座反力 $F_{Ax}=F\cos\alpha$，$F_{Ay}=F_{By}=\dfrac{1}{2}F\sin\alpha$，这样杆 AB 所受外力就全部确定了。在外力作用下，杆件内部各质点间的相对位置将发生变化，杆件内任意相邻部分之间的相互作用力也将会发生变化，杆件内部的相互作用力所产生的变化量称为杆件的内力。由于假设物体是均匀连续的可变形固体，所以在物体内部相邻部分之间相互作用的内力，实际上是一个连续分布的内力系，分布内力系的合成(力或力偶)，简称为内力。

现在，假想沿截面 C-C 把杆件切开，如图 1.4(b)所示，在切开的截面上，内力实际上是分布在整个截面上的一个连续分布的内力系。把这个分布内力系向截面形心 O 简化，即可得到截面内力的三个分量 F_N、F_Q 和 M。

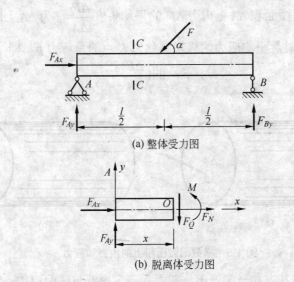

(a) 整体受力图

(b) 脱离体受力图

图 1.4 用截面法求内力

由于杆件整体是平衡的，因此其任一脱离体也应该处于平衡状态。假想沿截面 C-C 把杆件切开后，其左右两个脱离体仍然都能保持静力平衡状态。这样，我们可以利用静力平衡方程求出截面上的内力。

取杆件的左边部分为脱离体，如图 1.4(b)所示，对其进行受力分析，建立静力平衡方程

$$\sum x=0, \quad F_{Ax}+F_N=0 \tag{1.3}$$

$$\sum y=0, \quad F_{Ay}-F_Q=0 \tag{1.4}$$

$$\sum M_o=0, \quad F_{Ay}\cdot x-M=0 \tag{1.5}$$

联立求解可得到 F_N、F_Q 和 M 的值。值得注意的是，在式(1.5)中，是以被切断截面形心为矩心所建立的力矩平衡方程。如取右半部分为脱离体，可以求出相同的结果。

上述求杆件某一截面处内力的方法，称为**截面法**(method of section)。其一般步骤是：

(1) 在需求内力的截面处假想地把杆件截开，取其中某一部分为脱离体。

(2) 对所取的脱离体进行受力分析。脱离体所受的力包括作用于脱离体上的外力和切断截面上的内力。

(3) 对脱离体建立静力平衡方程求出截面未知内力。

截面法求解杆件内力的关键是截开杆件取脱离体，这样就使杆件的截面内力转化为脱离体上的外力。

1.5.2 应力的概念

在外力作用下，杆件某一截面上一点处内力的分布集度称为**应力**(stress)。

如图 1.5 所示，在杆件截面 $m-m$ 上任一点 K 的周围取一微面积 ΔA，设 ΔA 上分布内力的合力为 ΔF，则在微面积 ΔA 上内力 ΔF 的平均集度 $\dfrac{\Delta F}{\Delta A}$ 称为 ΔA 上的平均应力。当微面积 ΔA 无限趋近于 0 时，平均应力的极限值称为 K 点的总应力 p，即

$$p = \lim_{\Delta A \to 0} \frac{\Delta F}{\Delta A} \tag{1.6}$$

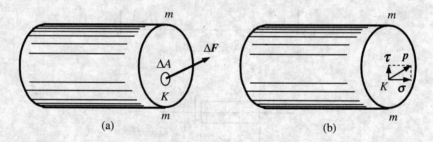

图 1.5 横截面微面积上的内力和应力

总应力 p 是矢量，其方向一般既不与截面垂直，也不与截面相切。通常将总应力 p 分解为与截面垂直的法向分量 σ 和与截面相切的切向分量 τ。法向分量 σ 称为正应力，切向分量 τ 称为切应力。应力的量纲为 $ML^{-1}T^{-2}$，应力的单位为 N/m^2，符号为 Pa(帕)，$1Pa=1N/m^2$，$1MPa=10^6 Pa$，$1GPa=10^9 Pa$。

1.6 小　　结

1. 材料力学的基本任务

为保证构件在荷载作用下的正常工作，必须使它同时满足三方面的力学要求，即强度、刚度和稳定性的要求。材料力学的任务就是在满足强度、刚度和稳定性要求下，使构件的设计既安全又经济。

2. 杆件的基本假设和基本变形

在材料力学中，通常对可变形固体作如下基本假设：连续性假设、均匀性假设、各向

同性假设、小变形假设和线弹性假设。在材料力学中所研究的大部分问题都局限在弹性范围内。

杆件的 4 种基本变形形式：轴向拉压、剪切、扭转和弯曲。

3. 截面法

用截面法求内力，首先是取其中某一部分为脱离体，然后对所取的脱离体进行受力分析，最后对脱离体建立静力平衡方程求出截面未知内力。

截面法求解杆件内力的关键是截开杆件取脱离体，这样就使杆件的截面内力转化为脱离体上的外力。

1.7 思 考 题

1. 内力与外力之间的相互关系。
2. 截面上正应力的大小处处相同吗？

第 2 章 杆件的拉伸与压缩

提要：轴向拉压是构件的基本受力形式之一，要对其进行分析，首先需要计算内力，在本章介绍了计算内力的基本方法——**截面法**。为了判断材料是否会发生破坏，还必须了解内力在截面上的分布状况，即应力。由试验观察得到的现象做出平面假设，进而得出横截面上的正应力计算公式。根据有些构件受轴力作用后破坏形式是沿斜截面断裂，进一步讨论斜截面上的应力计算公式。

为了保证构件的安全工作，需要满足**强度条件**，根据强度条件可以进行强度校核，也可以选择截面尺寸或者计算容许荷载。

本章还研究了轴向拉压杆的变形计算，一个目的是分析拉压杆的刚度问题，另一个目的就是为解决超静定问题做准备，因为超静定结构必须借助于结构的变形协调关系所建立的补充方程，才能求出全部未知力。在超静定问题中还介绍了温度应力和装配应力的概念及计算。

不同的材料具有不同的力学性能，本章介绍了塑性材料和脆性材料的典型代表低碳钢和铸铁在拉伸和压缩时的力学性能。

2.1 轴向拉伸和压缩的概念

在实际工程中，承受轴向拉伸或压缩的构件是相当多的，例如起吊重物的钢索、桁架中的拉杆和压杆、悬索桥中的拉杆等，这类杆件共同的受力特点是：外力或外力合力的作用线与杆轴线重合；共同的变形特点是：杆件沿着杆轴方向伸长或缩短。这种变形形式就称为轴向拉伸或压缩，这类构件称为拉杆或压杆。本章只研究直杆的拉伸与压缩。可将这类杆件的形状和受力情况进行简化，得到如图 2.1 所示的受力与变形的示意图，图中的实线为受力前的形状，虚线则表示变形后的形状。

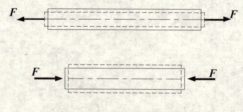

图2.1 轴向拉压杆件变形示意图

2.2 拉(压)杆的内力计算

2.2.1 轴力的概念

为了进行拉(压)杆的强度计算,必须首先研究杆件横截面上的内力,然后分析横截面上的应力。下面讨论杆件横截面上内力的计算。

取一直杆,在它两端施加一对大小相等、方向相反、作用线与直杆轴线相重合的外力,使其产生轴向拉伸变形,如图 2.2(a)所示。为了显示拉杆横截面上的内力,取横截面 $m-m$ 把拉杆分成两段。杆件横截面上的内力是一个分布力系,其合力为 F_N,如图 2.2(b)和 2.2(c)所示。由于外力 F 的作用线与杆轴线相重合,所以 F_N 的作用线也与杆轴线相重合,故称 F_N 为**轴力**(axial force)。由左段的静力平衡条件 $\sum X = 0$ 有:$F_N + (-F) = 0$,得 $F_N = F$。

为了使左右两段同一横截面上的轴力具有相同的正负号,对轴力的符号作如下规定:使杆件产生纵向伸长的轴力为正,称为**拉力**(tension);使杆件产生纵向缩短的轴力为负,称为**压力**(compression)。不难理解,拉力的方向是离开截面的,压力的方向是指向截面的。

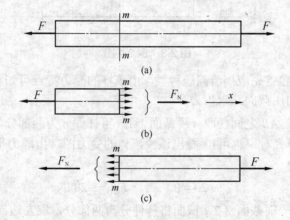

图 2.2 轴向拉压杆横截面的内力

2.2.2 用截面法求轴力

在上面分析轴力的过程中所采用的方法就是本书在 1.5.1 中已经介绍的**截面法**(section method),它是求内力的一般方法,也是材料力学中的基本方法之一。用截面法求轴向拉(压)杆轴力的基本步骤是:

(1) 在需要求内力的截面处,假想地用横截面将杆件截开为两部分。

(2) 任取一部分为研究对象,画出其受力图,注意,要将另一部分对其的作用力(轴力)加到该研究对象的受力图中。

(3) 利用平衡条件建立平衡方程,求出截面内力即轴力。

为了便于由计算结果直接判断内力的实际指向,无论截面上实际内力指向如何,一律先设为正方向,即未知轴力均设为拉力。求出来的结果如果是正值,说明实际指向与所设方向相同,即为拉力;如果求出来的结果是负值,说明实际指向与所设方向相反,即为压力。

2.2.3 轴力图

多次利用截面法，可以求出所有横截面上的轴力，轴力沿杆轴的分布可以用图形描述。一般以与杆件轴线平行的坐标轴表示各横截面的位置，以垂直于该坐标轴的方向表示相应的内力值，这样做出的图形称为**轴力图**(axial force diagram)，也称为 F_N 图。轴力图能够简洁地表示杆件各横截面的轴力大小及方向，它是进行应力、变形、强度、刚度等计算的依据。

下面说明轴力图的绘制方法：选取一坐标系，其横坐标表示横截面的位置，纵坐标表示相应横截面的轴力，然后根据各段内的轴力的大小与符号，就可绘出表示杆件轴力与截面位置关系的图线，即所谓轴力图。这样从轴力图上不但可以看出各段轴力的大小，而且还可以根据正负号看出各段的变形是拉伸还是压缩。

【**例 2.1**】 一等直杆，其受力情况如图 2.3 所示，试作其轴力图。

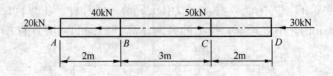

图 2.3 例 2.1 图

解：一般来说解题首先应搞清问题种类，由该杆的受力特点可知它是轴向拉压杆，其内力是轴力 F_N。下面用截面法求内力。

如图 2.4 所示，在 AB 之间任取一横截面 1-1，将杆件分为两部分，取左边部分为研究对象(以右边部分为研究对象也可)，画出该脱离体的受力图，由静力平衡条件列方程

由 $\sum X = 0$ 有

$$F_{N1} + 20 = 0 \quad 得 \quad F_{N1} = -20\text{kN}$$

在 BC 之间任取一横截面 2-2，截面将杆件分为两部分，取左边部分为研究对象(以右边部分为研究对象也可)，由静力平衡条件列方程

由 $\sum X = 0$ 有

$$F_{N2} + 20 - 40 = 0 \quad 得 \quad F_{N2} = 20\text{kN}$$

在 CD 之间任取一横截面 3-3，截面将杆件分为两部分，取左边部分为研究对象(以右边部分为研究对象也可)，由静力平衡条件列方程

由 $\sum X = 0$ 有

$$F_{N3} + 20 - 40 + 50 = 0 \quad 得 \quad F_{N3} = -30\text{kN}$$

根据 AB、BC、CD 段内轴力的大小和符号，画出轴力图，如图 2.4 所示。

注意，画轴力图时一般应与受力图对正，当杆件水平放置或倾斜放置时，正值应画在与杆件轴线平行的 x 横坐标轴的上方或斜上方，而负值则画在下方或斜下方，并且标出正负号。当杆件竖直放置时，正负值可分别画在不同侧并标出正负号；轴力图上可以适当地画一些纵标线，纵标线必须垂直于坐标轴；旁边应标明内力图的名称。熟练以后可以不必

画各隔离体的受力图。

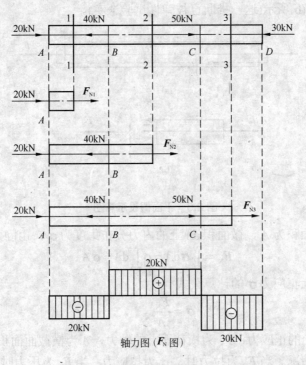

图 2.4 例 2.1 图

2.3 横截面及斜截面上的应力

2.3.1 横截面上的应力

横截面是垂直于杆轴线的截面，前面已经介绍了如何求杆件的轴力，但是仅知道杆件横截面上的轴力，并不能立即判断杆在外力作用下是否会因强度不足而破坏。例如，两根材料相同而粗细不同的直杆，受到同样大小的拉力作用，两杆横截面上的轴力也相同，随着拉力逐渐增大，细杆必定先被拉断。这说明杆件强度不仅与轴力大小有关，而且与横截面面积有关，所以必须用横截面上的内力分布集度(即应力)来度量杆件的强度。

在拉(压)杆横截面上，与轴力 F_N 相对应的是正应力，一般用 σ 表示。要确定该应力的大小，必须了解它在横截面上的分布规律。一般可通过观察其变形规律，来确定正应力 σ 的分布规律。

取一等直杆，在其侧面上面做两条垂直于轴线的横线 ab 和 cd，如图 2.5(a)所示，在两端施加轴向拉力 F，观察发现，在杆件变形过程中，ab 和 cd 仍保持为直线，且仍然垂直于轴线，只是分别平移到了 $a'b'$ 和 $c'd'$(图 2.5(a)中虚线)，这一现象是杆件变形的外在反应。根据这一现象，从变形的可能性出发，可以作出假设：原为平面的横截面变形后仍保持为平面，且垂直于轴线，这个假设称为**平面假设**(plane section assumption)，该假设意味着杆件变形后任意两个横截面之间所有纵向线段的伸长相等。又由于材料的均质连续性假设，由此推断：横截面上的应力均匀分布，且方向垂直于横截面，即横截面上只有正应力 σ 且均匀分布，如图 2.5(b)所示(这一推断已被弹性试验证实)。

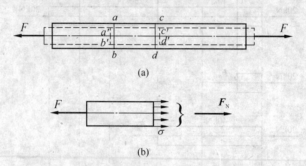

图 2.5　平面假设示意图

设杆的横截面面积为 A，微面积 dA 上的内力分布集度为 σ，由静力关系得：

$$F_N = \int_A \sigma dA = \sigma \int_A dA = \sigma A$$

得拉杆横截面上正应力 σ 的计算公式

$$\sigma = \frac{F_N}{A} \tag{2.1}$$

式中，σ 为横截面上的正应力，F_N 为横截面上的轴力，A 为横截面面积。公式(2.1)也同样适用于轴向压缩的情况。当 F_N 为拉力时，σ 为拉应力；当 F_N 为压力时，σ 为压应力，根据前面关于内力正负号的规定，所以拉应力为正，压应力为负。

应该指出，正应力均匀分布的结论只在杆上离外力作用点较远的部分才成立，在荷载作用点附近的截面上有时是不成立的。这是因为在实际构件中，荷载以不同的加载方式施加于构件，这对截面上的应力分布是有影响的。但是，实验研究表明，加载方式的不同，只对作用力附近截面上的应力分布有影响，这个结论称为**圣维南(Saint-Venant)原理**。根据这一原理，在拉(压)杆中，离外力作用点稍远的横截面上，应力分布便是均匀的了。一般在拉(压)杆的应力计算中直接用公式(2.1)。

当杆件受多个外力作用时，通过截面法可求得最大轴力 F_{Nmax}，如果是等截面杆件，利用公式(2.1)就可立即求出杆内最大正应力 $\sigma_{max} = \frac{F_{Nmax}}{A}$；如果是变截面杆件，则一般需要求出每段杆件的轴力，然后利用公式(2.1)分别求出每段杆件上的正应力，再进行比较确定最大正应力 σ_{max}。

【例 2.2】　一变截面圆钢杆 $ABCD$，如图 2.6(a)所示，已知 $F_1 = 20\text{kN}$，$F_2 = 35\text{kN}$，$F_3 = 35\text{kN}$，$d_1 = 12\text{mm}$，$d_2 = 16\text{mm}$，$d_3 = 24\text{mm}$。试求：

(1) 各截面上的轴力，并作轴力图。

(2) 杆的最大正应力。

解：(1) 求内力并画轴力图。分别取三个横截面 I-I、II-II、III-III 将杆件截开，以右边部分为研究对象，各截面上的轴力分别用 F_{N1}、F_{N2}、F_{N3} 表示，并设为拉力，各部分的受力图如图 2.6(b)所示。由各部分的静力平衡方程 $\sum X = 0$ 可得：

$$F_{N1} = F_1 = 20\text{kN}$$

$$F_{N2} + F_2 - F_1 = 0 \quad \Rightarrow F_{N2} = -15 \text{kN}$$

$$F_{N3} + F_3 + F_2 - F_1 = 0 \quad \Rightarrow F_{N3} = -50 \text{kN}$$

其中负号表示轴力与所设方向相反，即为压力。作出轴力图如图 2.6(c)所示。

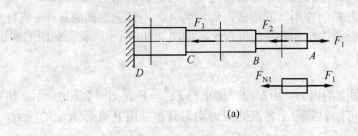

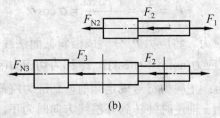

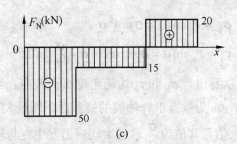

图 2.6　例 2.2 图

(2) 求最大正应力。由于该杆为变截面杆，AB、BC 及 CD 三段内不仅内力不同，横截面面积也不同，这就需要分别求出各段横截面上的正应力。利用式(2.1)分别求得 AB、BC 和 CD 段内的正应力为

$$\sigma_1 = \frac{F_{N1}}{A_1} = \frac{20 \times 10^3 \text{N}}{\frac{\pi \times 12^2}{4} \text{mm}^2} = 176.84 \text{N/mm}^2 = 176.84 \text{MPa}$$

$$\sigma_2 = \frac{F_{N2}}{A_2} = \frac{-15 \times 10^3 \text{N}}{\frac{\pi \times 16^2}{4} \text{mm}^2} = -74.60 \text{N/mm}^2 = -74.60 \text{MPa}$$

$$\sigma_3 = \frac{F_{N3}}{A_3} = \frac{-50 \times 10^3 \text{N}}{\frac{\pi \times 24^2}{4} \text{mm}^2} = -110.52 \text{N/mm}^2 = -110.52 \text{MPa}$$

由上述结果可见，该钢杆最大正应力发生在 AB 段内，大小为 176.84 MPa。

2.3.2 斜截面上的应力

前面讨论了拉(压)杆横截面上的正应力,但实验表明,有些材料拉(压)杆的破坏发生在斜截面上。为了全面研究杆件的强度,还需要进一步讨论斜截面上的应力。

设直杆受到轴向拉力 F 的作用,其横截面面积为 A,用任意斜截面 $m-m$ 将杆件假想的切开,设该斜截面的外法线与 x 轴的夹角为 α,如图 2.7(a)所示。设斜截面的面积为 A_α,则

$$A_\alpha = \frac{A}{\cos\alpha}$$

设 $F_{N\alpha}$ 为 $m-m$ 截面上的内力,由左段平衡求得 $F_{N\alpha} = F$,如图 2.7(b)所示。仿照横截面上应力的推导方法,可知斜截面上各点处应力均匀分布。用 P_α 表示其上的应力,则

$$P_\alpha = \frac{F}{A_\alpha} = \frac{F\cos\alpha}{A} = \sigma\cos\alpha$$

式中的 σ 为横截面上的正应力。将应力 P_α 分解成沿斜截面法线方向分量 σ_α 和沿斜截面切线方向分量 τ_α,σ_α 称为**正应力**(normal stress),τ_α 称为**切应力**(shear stress),如图 2.7(c)所示。关于应力的符号规定为:正应力符号规定同前,切应力绕截面顺时针转动时为正,反之为负。α 的符号规定:由 x 轴逆时针转到外法线方向时为正,反之为负。

由图 2.7(c)可知

$$\sigma_\alpha = P_\alpha\cos\alpha = \sigma\cos^2\alpha \tag{2.2}$$

$$\tau_\alpha = P_\alpha\sin\alpha = \sigma\sin\alpha\cos\alpha = \frac{\sigma}{2}\sin 2\alpha \tag{2.3}$$

从式(2.2)、式(2.3)可以看出,σ_α 和 τ_α 均随角度 α 而改变。当 $\alpha = 0°$ 时,σ_α 达到最大值,其值为 σ,斜截面 $m-m$ 为垂直于杆轴线的横截面,即最大正应力发生在横截面上;当 $\alpha = 45°$ 时,τ_α 达到最大值,其值为 $\frac{\sigma}{2}$,最大切应力发生在与轴线成 45° 角的斜截面上。

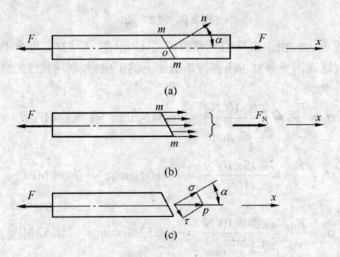

图 2.7 斜截面的应力

以上分析结果对于压杆也同样适用。

尽管在轴向拉(压)杆中最大切应力只有最大正应力大小的二分之一,但是如果材料抗剪比抗拉(压)能力要弱很多,材料就有可能由于切应力而发生破坏。有一个很好的例子就是铸铁在受轴向压力作用的时候,沿着 45°斜截面方向发生剪切破坏。

2.3.3 应力集中的概念

前面所介绍的应力计算公式适用于等截面的直杆,对于横截面平缓变化的拉压杆按该公式计算应力在工程实际中一般是允许的;然而在实际工程中某些构件常有切口、圆孔、沟槽等几何形状发生突然改变的情况。试验和理论分析表明,此时横截面上的应力不再是均匀分布,而是在局部范围内急剧增大,这种现象称为**应力集中**(stress concentration)。

如图 2.8(a)所示的带圆孔的薄板,承受轴向拉力 F 的作用,由试验结果可知:在圆孔附近的局部区域内,应力急剧增大;而在离这一区域稍远处,应力迅速减小而趋于均匀,如图 2.8(b)所示。在 I-I 截面上,孔边最大应力 σ_{max} 与同一截面上的平均应力 σ_n 之比,用 K 表示

$$K = \frac{\sigma_{max}}{\sigma_n} \tag{2.4}$$

K 称为**理论应力集中系数**(theoretical stress concentration factor),它反映了应力集中的程度,是一个大于 1 的系数。试验和理论分析结果表明:构件的截面尺寸改变越急剧,构件的孔越小,缺口的角越尖,应力集中的程度就越严重。因此,构件上应尽量避免带尖角、小孔或槽,在阶梯形杆的变截面处要用圆弧过渡,并尽量使圆弧半径大一些。

各种材料对应力集中的反应是不相同的。塑性材料(如低碳钢)具有屈服阶段,当孔边附近的最大应力 σ_{max} 到达屈服极限 σ_s 时,该处材料首先屈服,应力暂时不再增大,若外力继续增大,增大的内力就由截面上尚未屈服的材料所承担,使截面上其他点的应力相继增大到屈服极限,该截面上的应力逐渐趋于平均,如图 2.9 所示。因此,用塑性材料制作的构件,在静荷载作用下可以不考虑应力集中的影响。而对于脆性材料制成的构件,情况就不同了。因为材料不存在屈服,当孔边最大应力的值达到材料的强度极限时,该处首先产生裂纹。所以用脆性材料制作的构件,应力集中将大大降低构件的承载力。因此,即使在静载荷作用下也应考虑应力集中对材料承载力的削弱。不过有些脆性材料内部本来就很不均匀,存在不少孔隙或缺陷,例如含有大量片状石墨的灰铸铁,其内部的不均匀性已经造成了严重的应力集中,测定这类材料的强度指标时已经包含了内部应力集中的影响,而由构件形状引起的应力集中则处于次要地位,因此对于此类材料做成的构件,由其形状改变引起的应力集中就可以不再考虑了。

以上是针对静载作用下的情况,当构件受到冲击荷载或者周期性变化的荷载作用时,不论是塑性材料还是脆性材料,应力集中对构件的强度都有严重的影响,可能造成极大危害。

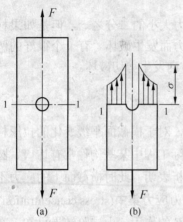

图 2.8 带圆孔薄板的应力集中　　　　图 2.9 塑性材料的应力集中

2.4 胡克定律

杆件在轴向拉伸或压缩时，其轴线方向的尺寸和横向尺寸将发生改变。杆件沿轴线方向的变形称为**纵向变形**，杆件沿垂直于轴线方向的变形称为**横向变形**。

设一等直杆的原长为 l，横截面面积为 A，如图 2.10 所示。在轴向拉力 F 的作用下，杆件的长度由 l 变为 l_1，其纵向伸长量为

$$\Delta l = l_1 - l$$

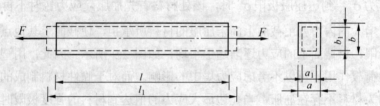

图 2.10 轴向伸长变形示意图

Δl 称为绝对伸长，它只反映总变形量，无法说明杆的变形程度。将 Δl 除以 l 得杆件纵向正应变为

$$\varepsilon = \frac{\Delta l}{l} \tag{2.5}$$

当材料应力不超过某一限值 σ_P（以后将会讲到，这个应力值称为材料的"比例极限"）时，应力与应变成正比，即

$$\sigma = E\varepsilon \tag{2.6}$$

这就是**胡克定律**(Hooke law)，是根据著名的英国科学家 Robert Hooke 命名的。公式(2.6)中的 E 是**弹性模量**，也称为杨氏模量(Young's modulus)，是根据另一位英国科学家

Thomas Young 命名的，由于 ε 是无量纲量，故 E 的量纲与 σ 相同，常用单位为 MPa(10^6Pa) GPa(10^9Pa)，E 随材料的不同而不同，对于各向同性材料它均与方向无关。公式(2.5)、公式(2.6)同样适用于轴向压缩的情况。

将公式(2.1)和公式(2.6)代入公式(2.5)，可得胡克定律的另一种表达式为

$$\Delta l = \frac{F_N l}{EA} \tag{2.7}$$

由该式可以看出，若杆长及外力不变，EA 值越大，则变形 Δl 越小，因此，EA 反映杆件抵抗拉伸(或压缩)变形的能力，称为杆件的**抗拉(抗压)刚度**(axial rigidity)。

公式(2.7)也适用于轴向压缩的情况，应用时 F_N 为压力，是负值，伸长量 Δl 算出来是负值，也就是杆件缩短了。

设拉杆变形前的横向尺寸分别为 a 和 b，变形后的尺寸分别为 a_1 和 b_1(图 2.10)，则

$$\Delta a = a_1 - a \qquad \Delta b = b_1 - b$$

由试验可知，二横向正应变相等，故

$$\varepsilon' = \frac{\Delta a}{a} = \frac{\Delta b}{b} \tag{2.8}$$

试验结果表明，当应力不超过材料的比例极限时，横向正应变与纵向正应变之比的绝对值为一常数，该常数称为**泊松比**(Poisson's ratio)，用 μ 来表示，它是一个无量纲的量，可表示为

$$\mu = \left|\frac{\varepsilon'}{\varepsilon}\right| = -\frac{\varepsilon'}{\varepsilon} \tag{2.9}$$

或

$$\varepsilon' = -\mu\varepsilon \tag{2.10}$$

公式(2.9)、公式(2.10)同样适用于轴向压缩的情况。和弹性模量 E 一样，泊松比 μ 也是材料的弹性常数，随材料的不同而不同，由试验测定。对于绝大多数各向同性材料，μ 介于 0~0.5 之间。几种常用材料的 E 和 μ 值，列于表 2-1 中。

表 2-1 材料的弹性模量和泊松比

弹性常数	钢与合金钢	铝合金	铜	铸铁	木(顺纹)
E(GPa)	200~220	70~72	100~120	80~160	8~12
μ	0.25~0.30	0.26~0.34	0.33~0.35	0.23~0.27	—

【例 2.3】 如图 2.11(a)所示的铅垂悬挂的等截面直杆，其长度为 l，横截面面积为 A，材料的比重为 γ，弹性模量为 E。试求该杆总的伸长量。

解：(1) 计算吊杆的内力。

以吊杆轴线为坐标轴，吊杆底部为原点取坐标系，则任一横截面的位置可用 x 来表示。任取一横截面，取下面部分为研究对象(图 2.11(b))，得杆内任意横截面上的轴力为

$$F_N(x) = \gamma A x$$

(2) 计算吊杆的变形。

因为杆的轴力是一变量，因此不能直接应用胡克定律来计算变形，在 x 处截取微段 $\mathrm{d}x$

来研究，受力情况如图2.11(c)所示。因 dx 极其微小，故该微段上下两面的应力可以认为相等，该微段的伸长为

$$\Delta \mathrm{d}x = \frac{F_\mathrm{N}(x)\mathrm{d}x}{EA}$$

则杆的总伸长量为

$$\Delta l = \int_0^l \Delta \mathrm{d}x = \int_0^l \frac{F_\mathrm{N}(x)\mathrm{d}x}{EA} = \int_0^l \frac{\gamma A x}{EA}\mathrm{d}x = \frac{\gamma l^2}{2E}$$

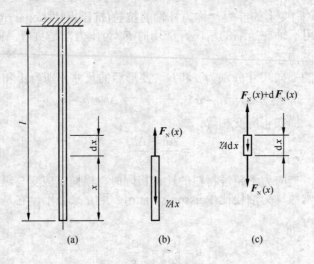

图2.11　例2.3图

【例2.4】 图 2.12(a)所示一简易托架，尺寸如图所示，杆件的横截面面积分别为 $A_{BC} = 268.80\mathrm{mm}^2$，$A_{BD} = 10.24\mathrm{cm}^2$，两杆的弹性模量 $E = 200\mathrm{GPa}$，$F = 60\mathrm{kN}$，试求 B 点的位移。

解：(1) 计算各杆的内力，截断 BC 和 BD 两杆，以结点 B 为研究对象，设 BC 杆的轴力为 $F_{\mathrm{N}1}$，BD 杆的轴力为 $F_{\mathrm{N}2}$，如图2.12(b)所示。根据静力平衡方程计算得

$$F_{\mathrm{N}1} = \frac{3F}{4} = 45\mathrm{kN}$$

$$F_{\mathrm{N}2} = -\frac{5F}{4} = -75\mathrm{kN}$$

(2) 计算 B 点的位移，由公式(2.7)可求出 BC 杆的伸长量为

$$\Delta l_{BC} = \frac{F_{\mathrm{N}1} l_{BC}}{EA_{BC}} = \frac{45 \times 10^3 \times 3 \times 10^3}{200 \times 10^3 \times 268.80} = 2.511\mathrm{mm}$$

BD 杆的变形量为

$$\Delta l_{BD} = \frac{F_{\mathrm{N}2} l_{BD}}{EA_{BD}} = \frac{-75 \times 10^3 \times 5 \times 10^3}{200 \times 10^3 \times 10.24 \times 100} = -1.83\mathrm{mm}$$

计算出的结果为负值，说明杆件是缩短的。

假想把托架从结点 B 拆开，那么 BC 杆伸长变形后成为 B_1C，BD 杆压缩变形后成为 B_2D，分别以 C 点和 D 点为圆心，以 CB 和 DB 为半径作弧相交于 B 处，该点即为托架变形后

B 点的位置。由于是小变形，BB_1 和 BB_2 是两段极短的弧，因而可分别用 BC 和 BD 的垂线来代替，两垂线的交点为 B_3，BB_3 即为 B 点的位移。这种作图法称为"切线代圆弧"法。

现用解析法计算位移。为了清楚起见，可将多边形 $BB_1B_3B_2$ 放大，如图 2.12(c)所示。由图可知：

B 点的水平位移和垂直位移分别为

$$\Delta B_x = \overline{BB_1} = \Delta l_{BC} = 2.511 \text{mm}$$

$$\Delta B_y = \overline{B_1B_4} + \overline{B_4B_3} = \overline{BB_2} \times \frac{4}{5} + \overline{B_2B_4} \times \frac{3}{4} = \Delta l_{BD} \times \frac{4}{5} + \left(\Delta l_{BC} + \Delta l_{BD} \times \frac{3}{5}\right) \times \frac{3}{4} = 4.171 \text{mm}$$

B 点的总位移为

$$\Delta l_B = \sqrt{\Delta B_x^2 + \Delta B_y^2} = \sqrt{2.511^2 + 4.171^2} = 4.87 \text{mm}$$

与结构原尺寸相比很小的变形称为**小变形**。在小变形的条件下，一般按结构的原有几何形状与尺寸计算支座反力和内力，并可以采用上述用切线代替圆弧的方法确定位移，从而大大简化计算。在以后的学习中也有很多地方利用它来简化计算。

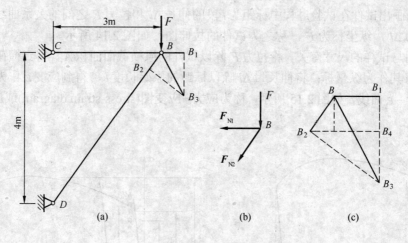

图 2.12 例 2.4 图

2.5 材料在拉伸压缩时的力学性能

2.5.1 材料的拉伸与压缩试验

前面讨论拉(压)杆的计算中曾经涉及材料的一些力学性能，例如弹性模量 E、泊松比 μ 等，后面将要学习的强度计算中还要涉及另外一些力学性能。所谓力学性能是指材料在外力作用下表现出的强度和变形方面的特性。它是通过各种试验测定得出的，材料的力学性能和加载方式、温度等因素有关。本节主要介绍材料在静载(缓慢加载)、常温(室温)下拉伸(压缩)试验的力学性能。

常温静载**拉伸实验**(tensile test)是测定材料力学性能的基本试验之一，在国家标准(《金属材料室温拉伸试验方法》，GB/T 228—2002)中对其方法和要求有详细规定。对于金属材料,通常采用圆柱形试件,其形状如图 2.13 所示,长度 l 为**标距**(gage length)。标距一般有两种,即 $l=5d$ 和 $l=10d$,前者称为短试件,后者称为长试件,式中的 d 为试件的直径。

图 2.13 金属材料圆柱形试件

低碳钢和铸铁是两种不同类型的材料,都是工程实际中广泛使用的材料,它们的力学性能比较典型,因此,以这两种材料为代表来讨论其力学性能。

2.5.2 低碳钢拉伸时的力学性能

低碳钢(Q235)是指含碳量在 0.3% 以下的碳素钢,过去俗称 A3 钢。将低碳钢试件两端装入**试验机**(Test-machine)上,缓慢加载,使其受到拉力产生变形,利用试验机的自动绘图装置,可以画出试件在试验过程中标距为 l 段的伸长 Δl 和拉力 F 之间的关系曲线。该曲线的横坐标为 Δl,纵坐标为 F,称之为试件的拉伸图,如图 2.14 所示。

拉伸图与试样的尺寸有关,将拉力 F 除以试件的原横截面面积 A,得到横截面上的正应力 σ,将其作为纵坐标;将伸长量 Δl 除以标距的原始长度 l,得到应变 ε 作为横坐标。从而获得 $\sigma - \varepsilon$ 曲线,如图 2.15 所示,称为**应力-应变图**(stress-strain diagram)或应力-应变曲线。

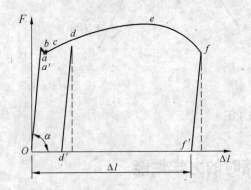

图 2.14 低碳钢试件的拉伸图　　　　图 2.15 低碳钢拉伸时的 $\sigma - \varepsilon$ 曲线图

由低碳钢的 $\sigma - \varepsilon$ 曲线可见,整个拉伸过程可分为下述的 4 个阶段。

(1) 弹性阶段 oa。当应力 σ 小于 a 点所对应的应力时,如果卸去外力,变形全部消失,这种变形称为**弹性变形**(elastic deformation)。因此,这一阶段称之为弹性阶段。相应于 a 点的应力用 σ_e 表示,它是材料只产生弹性变形的最大应力,故称为**弹性极限**(elastic limit)。在弹性阶段内,开始为一斜直线 oa',这表示当应力小于 a' 点相应的应力时,应力与应变成正比,即

$$\sigma = E\varepsilon \tag{2.11}$$

即符合胡克定律,由公式(2.11)可知,E 为斜线 oa' 的斜率。与 a' 点相应的应力用 σ_p 表示,

它是应力与应变成正比的最大应力,故称之为**比例极限**(proportional limit)。在 $\sigma - \varepsilon$ 曲线上,超过 a' 点后 $a'a$ 段的图线微弯,a 与 a' 极为接近,因此工程中对弹性极限和比例极限并不严格区分。低碳钢的比例极限 $\sigma_p \approx 200\text{MPa}$,弹性模量 $E \approx 200\text{GPa}$。

当应力超过弹性极限后,若卸去外力,材料的变形只能部分消失,另一部分将残留下来,残留下来的那部分变形称为**残余变形**或**塑性变形**。

(2) 屈服阶段 bc。当应力达到 b 点的相应值时,应力几乎不再增加或在一微小范围内波动,变形却继续增大,在 $\sigma - \varepsilon$ 曲线上出现一条近似水平的小锯齿形线段,这种应力几乎保持不变而应变显著增长的现象,称为屈服或流动,bc 阶段称之为屈服阶段。在屈服阶段内的最高应力和最低应力分别称为上屈服极限和下屈服极限。由于上屈服极限一般不如下屈服极限稳定,故规定下屈服极限为材料的**屈服强度**(yield strength),用 σ_s 表示。低碳钢的屈服强度为 $\sigma_s \approx 235\text{MPa}$。

若试件表面经过磨光,当应力达到屈服极限时,可在试件表面看到与轴线约 45°的一系列条纹,如图 2.16 所示。这可能是材料内部晶格间相对滑移而形成的,故称为**滑移线**(slip-lines)。由前面的分析知道,轴向拉压时,在与轴线成 45°的斜截面上,有最大的切应力。可见,滑移现象是由于最大切应力达到某一极限值而引起的。

图 2.16 低碳钢试件屈服时表面滑移线

(3) 强化阶段 ce。屈服阶段结束后,材料又恢复了抵抗变形的能力,增加拉力使它继续变形,这种现象称为材料的强化。从 c 点到曲线的最高点 e,即 ce 阶段为强化阶段。e 点所对应的应力是材料所能承受的最大应力,故称**极限强度**(ultimate strength),用 σ_b 表示。低碳钢的强度极限 $\sigma_b \approx 380\text{MPa}$。在这一阶段中,试件发生明显的横向收缩。

如果在这一阶段中的任意一点 d 处,逐渐卸掉拉力,此时应力-应变关系将沿着斜直线 dd' 回到 d' 点,且 dd' 近似平行于 oa。这时材料产生大的**塑性变形**(plastic deformation),横坐标中的 od' 表示残留的塑性应变,$d'g$ 则表示弹性应变。如果立即重新加载,应力-应变关系大体上沿卸载时的斜直线 dd' 变化,到 d 点后又沿曲线 def 变化,直至断裂。从图 2.15 中看出,在重新加载过程中,直到 d 点以前,材料的变形是弹性的,过 d 点后才开始有塑性变形。比较图中的 $oa'bcdef$ 和 $d'def$ 两条曲线可知,重新加载时其比例极限得到提高,故材料的强度也提高了,但塑性变形却有所降低。这说明,在常温下将材料预拉到强化阶段,然后卸载,再重新加载时,材料的比例极限提高而塑性降低,这种现象称为**冷作硬化**。在工程中常利用冷作硬化来提高材料的强度,例如用冷拉的办法可以提高钢筋的强度。可有时则要消除其不利的一面,例如冷轧钢板或冷拔钢丝时,由于加工硬化,降低了材料的塑性,使继续轧制和拉拔困难,为了恢复塑性,则要进行退火处理。

(4) 局部变形阶段 ef。在 e 点以前,试件标距段内变形通常是均匀的。当到达 e 点后,试件变形开始集中于某一局部长度内,此处横截面面积迅速减小,形成**颈缩**(necking)现象,如图 2.17 所示。由于局部的截面收缩,使试件继续变形所需的拉力逐渐减小,直到 f 点试件断裂。

图2.17 低碳钢试件的颈缩现象

从上述的实验现象可知,当应力达到σ_s时,材料会产生显著的塑性变形,进而影响结构的正常工作;当应力达到σ_b时,材料会由于颈缩而导致断裂。屈服和断裂,均属于破坏现象。因此,σ_s和σ_b是衡量材料强度的两个重要指标。

材料产生塑性变形的能力称为材料的**塑性性能**。塑性性能是工程中评定材料质量优劣的重要方面,衡量材料塑性的指标有延伸率δ和断面收缩率ψ,延伸率δ定义为

$$\delta = \frac{l_1 - l}{l} \times 100\% \tag{2.12}$$

式中,l_1为试件断裂后长度,l为原长度。

断面收缩率ψ定义为

$$\psi = \frac{A - A_1}{A} \times 100\% \tag{2.13}$$

式中,A_1为试件断裂后断口的面积,A为试件原横截面面积。

工程中通常将延伸率$\delta \geq 5\%$的材料称为**塑性材料**(ductile materials),$\delta < 5\%$的材料称为**脆性材料**(brittle materials)。低碳钢的延伸率$\delta = 25\% \sim 30\%$,截面收缩率$\psi = 60\%$,是塑性材料;而铸铁、陶瓷等属于脆性材料。

2.5.3 其他材料在拉伸时的力学性能

1. 铸铁拉伸时的力学性能

铸铁拉伸时的$\sigma - \varepsilon$曲线如图2.18所示。整个拉伸过程中$\sigma - \varepsilon$关系为一微弯的曲线,直到拉断时,试件变形仍然很小。在工程中,在较低的拉应力下可以近似地认为变形服从胡克定律,通常用一条割线来代替曲线,如图2.18中的虚线所示,并用它确定弹性模量E。这样确定的弹性模量称为**割线弹性模量**。由于铸铁没有屈服现象,因此强度极限σ_b是衡量强度的唯一指标。

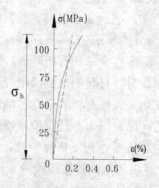

图2.18 铸铁拉伸时的$\sigma - \varepsilon$曲线图

2. 其他几种材料拉伸时的力学性能

图 2.19(a)中给出了几种塑性材料拉伸时的 $\sigma - \varepsilon$ 曲线,它们有一个共同特点是拉断前均有较大的塑性变形,然而它们的应力-应变规律却大不相同,除 16Mn 钢和低碳钢一样有明显的弹性阶段、屈服阶段、强化阶段和局部变形阶段外,其他材料并没有明显的屈服阶段。对于没有明显屈服阶段的塑性材料,通常以产生的塑性应变为 0.2%时的应力作为屈服极限,并称为**名义屈服极限**,用 $\sigma_{0.2}$ 来表示,如图 2.19(b)所示。常用材料的力学性能由表 2-2 给出。

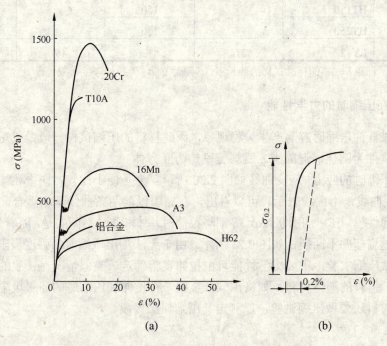

图 2.19 几种塑性材料拉伸时的 $\sigma - \varepsilon$ 曲线图

表 2-2 常用材料的力学性质

材料名称	牌 号	σ_s(MPa)	σ_b(MPa)	δ_5(%)	备 注
普通碳素钢	Q215	215	335～450	26～31	对应旧牌号 A2
	Q235	235	375～500	21～26	对应旧牌号 A3
	Q255	255	410～550	19～24	对应旧牌号 A4
	Q275	275	490～630	15～20	对应旧牌号 A5
优质碳素钢	25	275	450	23	25 号钢
	35	315	530	20	35 号钢
	45	355	600	16	45 号钢
	55	380	645	13	55 号钢
低合金钢	15MnV	390	530	18	15 锰钒
	16Mn	345	510	21	16 锰

续表

材料名称	牌 号	σ_s (MPa)	σ_b (MPa)	δ_5 (%)	备 注
合金钢	20Cr	540	835	10	20铬
	40Cr	785	980	9	40铬
	30CrMnSi	885	1080	10	30铬锰硅
铸钢	ZG200-400	200	400	25	
	ZG270-500	270	500	18	
灰铸铁	HT150		150		
	HT250		250		
铝合金	LY12	274	412	19	硬铝

注：δ_5 表示标距 $l = 5d$ 的标准试样的伸长率；灰铸铁的 σ_b 为拉伸强度极限。

2.5.4 材料在压缩时的力学性能

一般细长杆件压缩时容易产生失稳现象，因此材料的压缩试件一般做成短而粗。金属材料的压缩试件为圆柱，混凝土、石料等试件为立方体。

低碳钢压缩时的应力-应变曲线如图 2.20 所示。为了便于比较，图中还画出了拉伸时的应力-应变曲线，用虚线表示。可以看出，在屈服以前两条曲线基本重合，这表明低碳钢压缩时的弹性模量 E、屈服极限 σ_s 等都与拉伸时基本相同。不同的是，随着外力的增大，试件被越压越扁却并不断裂，如图 2.21 所示。由于无法测出压缩时的强度极限，所以对低碳钢一般不做压缩实验，主要力学性能可由拉伸实验确定。类似情况在一般的塑性金属材料中也存在，但有的塑性材料，如铬钼硅合金钢，在拉伸和压缩时的屈服极限并不相同，因此对这些材料还要做压缩试验，以测定其压缩屈服极限。

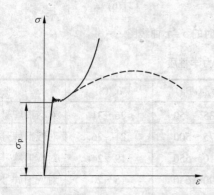

图 2.20 低碳钢压缩时的 $\sigma - \varepsilon$ 曲线图

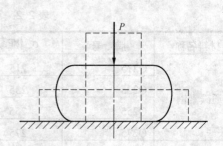

图 2.21 低碳钢压缩时的变形示意图

脆性材料拉伸时的力学性能与压缩时有较大区别。例如铸铁，其压缩和拉伸时的应力-应变曲线分别如图 2.22 中的实线和虚线所示。由图可见，铸铁压缩时的强度极限比拉伸时大得多，约为拉伸时强度极限的 3~4 倍。铸铁压缩时沿与轴线约成 45°的斜面断裂，如图 2.23 所示，说明是切应力达到极限值而破坏。拉伸破坏时是沿横截面断裂，说明是拉应力达到极限值而破坏。其他脆性材料，如混凝土和石料，也具有上述特点，抗压强度也远高于抗拉强度。因此，对于脆性材料，适宜做承压构件。

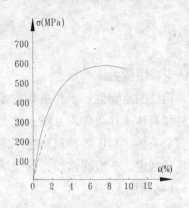
图 2.22　铸铁压缩时 $\sigma-\varepsilon$ 曲线图

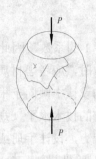
图 2.23　铸铁压缩时断裂示意图

综上所述，塑性材料与脆性材料的力学性能有以下区别：

(1) 塑性材料在断裂前有很大的塑性变形，而脆性材料直至断裂，变形却很小，这是二者基本的区别。因此，在工程中，对需经锻压、冷加工的构件或承受冲击荷载的构件，宜采用塑性材料。

(2) 塑性材料抵抗拉压的强度基本相同，它既可以用于制作受拉构件，也可以用于制作受压构件。在土木工程中，出于经济性的考虑，常使用塑性材料制作受拉构件。而脆性材料抗压强度远高于其抗拉强度，因此使用脆性材料制作受压构件，例如建筑物的基础等。

但是材料是塑性还是脆性是可以随着条件变化的，例如有些塑性材料在低温下会变得硬脆，有些塑性材料会随着时间的增加变脆。温度、应力状态、应变速率等都会使其发生变化。

2.6　强度条件与截面设计的基本概念

前面已经讨论了轴向拉伸或压缩时，杆件的应力计算和材料的力学性能，因此可进一步讨论杆的强度计算问题。

2.6.1　许用应力

由材料的拉伸或压缩试验可知：脆性材料的应力达到强度极限 σ_b 时，会发生断裂；塑性材料的应力达到屈服极限 σ_s（或 σ_b）时，会发生显著的塑性变形。断裂当然是不容许的，但是构件发生较大的变形一般也是不容许的，因此，断裂是破坏的形式，屈服或出现较大变形也是破坏的一种形式。材料破坏时的应力称为**极限应力**(ultimate stress)，用 σ_u 表示。塑性材料通常以屈服应力 σ_s 作为极限应力，脆性材料以强度极限 σ_b 作为极限应力。

根据分析计算所得构件的应力称为**工作应力**(working stress)。为了保证构件有足够的强度，要求构件的工作应力必须小于材料的极限应力。由于分析计算时采取了一些简化措施，作用在构件上的外力估计不一定准确，而且实际材料的性质与标准试样可能存在差异等因素可能使构件的实际工作条件偏于不安全，因此，为了有一定的强度储备，在强度计算中，引进一个**安全系数**(factor of safety) n，设定了构件工作时的最大容许值，即**许用应力**(allowable stress)，用$[\sigma]$表示

$$[\sigma]=\frac{\sigma_u}{n} \tag{2.14}$$

式中n是一个大于1的系数，因此许用应力低于极限应力。

确定安全系数时，应考虑材质的均匀性、构件的重要性、工作条件及载荷估计的准确性等。在建筑结构设计中倾向于根据构件材料和具体工作条件，并结合过去制造同类构件的实践经验和当前的技术水平，规定不同的安全系数。对于各种材料在不同工作条件下的安全系数和许用应力，设计手册或规范中有具体规定。一般在常温、静载下，对塑性材料取$n=1.5 \sim 2.2$，对脆性材料一般取$n=3.0 \sim 5.0$甚至更大。

2.6.2 强度条件

为了保证构件在工作时不至于因强度不够而破坏，要求构件的最大工作应力不超过材料的许用应力，于是得到**强度条件**(strength condition)为

$$\sigma_{\max} \leqslant [\sigma] \tag{2.15}$$

对于轴向拉伸和压缩的等直杆，强度条件可以表示为

$$\sigma_{\max}=\frac{F_{N\max}}{A} \leqslant [\sigma] \tag{2.16}$$

式中，$\sigma_{\max}$为杆件横截面上的最大正应力；$F_{N\max}$为杆件的最大轴力，A为横截面面积；$[\sigma]$为材料的许用应力。

如对截面变化的拉(压)杆件(如阶梯形杆)，需要求出每一段内的正应力，找出最大值，再应用强度条件。

根据强度条件，可以解决以下几类强度问题。

(1) 强度校核。若已知拉压杆的截面尺寸、荷载大小以及材料的许用应力，即可用公式(2.16)验算不等式是否成立，进而确定强度是否足够，即工作时是否安全。

(2) 设计截面。若已知拉压杆承受的荷载和材料的许用应力，则强度条件变成

$$A \geqslant \frac{F_{N\max}}{[\sigma]} \tag{2.17}$$

以确定构件所需要的横截面面积的最小值。

(3) 确定承载能力。若已知拉压杆的截面尺寸和材料的许用应力，则强度条件变成

$$F_{N\max} \leqslant A[\sigma] \tag{2.18}$$

以确定构件所能承受的最大轴力，再确定构件能承担的许可荷载。

最后还应指出，如果最大工作应力$\sigma_{\max}$略微大于许用应力，即一般不超过许用应力的5%，在工程上仍然被认为是允许的。

【**例 2.5**】 用绳索起吊钢筋混凝土管，如图2.24(a)所示，管子的重量$W=10$kN，绳索的直径$d=40$mm，容许应力$[\sigma]=10$MPa，试校核绳索的强度。

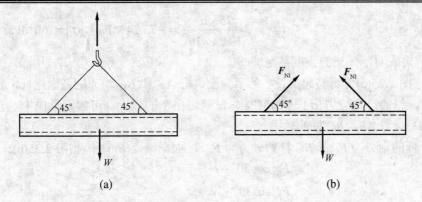

图 2.24 例 2.5 图

解：(1) 计算绳索的轴力。

以混凝土管为研究对象，画出其受力图如图 2.24(b)所示，根据对称性易知左右两段绳索轴力相等，记为 F_{N1}，根据静力平衡方程有

$$2F_{N1}\sin 45° = W$$

计算得

$$F_{N1} = \frac{\sqrt{2}}{2}W = 5\sqrt{2}\text{ kN}$$

(2) 校核强度。

$$\sigma = \frac{F_{N1}}{A} = \frac{4F_{N1}}{\pi d^2} = \frac{20\sqrt{2}\times 10^3}{3.14\times 40^2} = 5.63\text{ N/mm}^2 = 5.63\text{ MPa} < [\sigma] = 10\text{ MPa}$$

故绳索满足强度条件，能够安全工作。

【例 2.6】 例 2.4 所示结构(图 2.12(a))中，若 BC 杆为圆截面钢杆，其直径 $d=18.5\text{mm}$，BD 杆为 8 号槽钢，两杆的$[\sigma]=160\text{MPa}$，其他条件不变，试校核该托架的强度。

解：(1) 计算各杆的内力。

由例 2.4 的结果有 $\quad F_{N1} = 45\text{ kN}$

$$F_{N2} = -75\text{ kN}$$

(2) 校核两杆的强度。

对于 BC 杆，其横截面面积为 $A_{BC} = \dfrac{\pi d^2}{4} = 268.80\text{ mm}^2$，利用公式(2.1)，则该杆的工作应力为

$$\sigma_{BC} = \frac{F_{N1}}{A_{BC}} = \frac{45\times 10^3}{268.80} = 167.41\text{ MPa}$$

工作应力大于许用应力，但是其增大幅度并不大

$$\frac{167.41-160}{160}\times 100\% = 4.63\%$$

由于在工程上增幅在 5%以内被认为是允许的，所以强度符合要求。

对于 BD 杆，由型钢表查得其横截面面积为 10.24 cm^2，则杆的工作应力

$$\sigma_{BD} = -\frac{75 \times 10^3}{10.24 \times 10^2} = -73.24\,\text{MPa} < [\sigma] = 160\,\text{MPa}$$

计算结果表明，托架的强度是足够的。

【例 2.7】 图 2.25(a)为简易起重设备的示意图，杆 AB 和 BC 均为圆截面钢杆，直径均为 $d = 36\,\text{mm}$，钢的许用应力$[\sigma] = 170\,\text{MPa}$，试确定吊车的最大许可起重量$[W]$。

解：(1) 计算 AB、BC 杆的轴力。

设 AB 杆的轴力为 F_{N1}，BC 杆的轴力为 F_{N2}，根据结点 B 的平衡(图 2.25(b))，有

$$F_{N1}\cos 30° + F_{N2} = 0$$
$$F_{N1}\sin 30° - W = 0$$

解得

$$F_{N1} = 2W, \quad F_{N2} = -\sqrt{3}W$$

上式表明，AB 杆受拉伸，BC 杆受压缩。在强度计算时，可取绝对值。

(2) 求许可载荷。

由公式(2.18)可知，当 AB 杆达到许用应力时

$$F_{N1} = 2W \leqslant A[\sigma] = \frac{\pi \times 36^2}{4} \times 170 = 173.0\,\text{kN}$$

得

$$W \leqslant 86.5\,\text{kN}$$

当 BC 杆达到许用应力时

$$F_{N2} = \sqrt{3}W \leqslant A[\sigma] = \frac{\pi \times 36^2}{4} \times 170 = 173.0\,\text{kN}$$

得

$$W \leqslant 99.9\,\text{kN}$$

两者之间取小值，因此该吊车的最大许可载荷为$[W] = 86.5\,\text{kN}$。

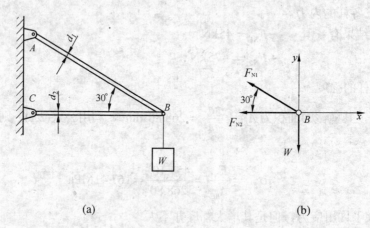

图 2.25　例 2.7 图

2.7 拉压超静定问题

2.7.1 超静定问题的概念

前面所讨论的问题中，约束反力和杆件的内力都可以用静力平衡方程全部求出。这种能用静力平衡方程式求解所有约束反力和内力的问题，称为**静定问题**(statically determinate problem)。但在工程实践上由于某些要求，需要增加约束或杆件，未知约束反力的数目超过了所能列出的独立静力平衡方程式的数目，这样，它们的约束反力或内力，仅凭静力平衡方程式不能完全求得。这类问题称为**超静定问题**或**静不定问题**(statically indeterminate problem)。例如图 2.26(a)所示的结构，其受力如图 2.26(b)所示，根据 AB 杆的平衡条件可列出三个独立的平衡方程，即 $\sum X = 0$、$\sum Y = 0$、$\sum M_C = 0$；而未知力有 4 个，即 F_{Ax}、F_{Ay}、F_{N1} 和 F_{N2}。显然，仅用静力平衡方程不能求出全部的未知量，所以该问题为超静定问题。未知力数比独立平衡方程数多出的数目，称为超静定次数，故该问题为一次超静定问题。

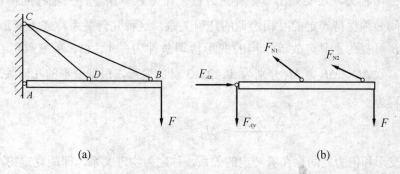

图 2.26 一次超静定问题的受力分析图

(a) 超静定结构示意图；(b) 超静定杆的受力分析

2.7.2 超静定问题的解法

超静定问题的解法一般从以下三个方面的条件来进行考虑：
(1) 静力平衡方程；
(2) 补充方程(变形协调条件)；
(3) 物理关系(胡克定律、热膨胀规律等)。
现以一简单问题为例来说明。

【例 2.8】 图 2.27(a)所示的结构，1、2、3 杆的弹性模量为 E，横截面面积均为 A，杆长均为 l。横梁 AB 的刚度远远大于 1、2、3 杆的刚度，故可将横梁看成刚体，在横梁上作用的荷载为 F。若不计横梁及各杆的自重，试确定 1、2、3 杆的轴力。

解：设在荷载 F 作用下，横梁 AB 移动到 $A_1C_1B_1$ 位置(图 2.27(b))，则各杆皆受拉伸。设各杆的轴力分别为 F_{N1}、F_{N2} 和 F_{N3}，且均为拉力(图 2.27(c))。由于该力系为平面平行力系，只有两个独立平衡方程，而未知力有三个，故为一次超静定问题。解决这类问题可以先列出静力平衡方程。

由 $\sum Y = 0$ 有 $F_{N1} + F_{N2} + F_{N3} = F$ (a)

由 $\sum M_A = 0$ 有 $F_{N2} \times a + F_{N3} \times 2a = 0$ (b)

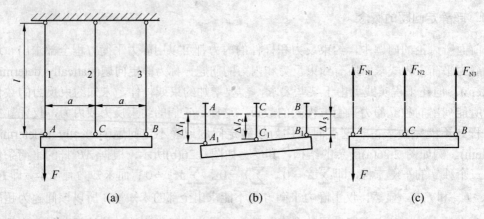

图 2.27 例 2.8 图

要求出三个轴力，还要列出一个补充方程。在力 F 作用下，三根杆的伸长不是任意的，它们之间必须保持一定的互相协调的几何关系，这种几何关系称之为变形协调条件。由于横梁 AB 可视为刚体，故该结构的变形协调条件为：A_1、C_1、B_1 三点仍在一直线上（图 2.27(b)）。设 Δl_1、Δl_2、Δl_3 分别为 1、2、3 杆的变形，根据变形的几何关系可以列出变形协调方程为

$$\frac{\Delta l_1 + \Delta l_3}{2} = \Delta l_2 \tag{c}$$

杆件的变形和内力之间存在着一定的关系，称之为物理关系，即胡克定律，当应力不超过比例极限时，由胡克定律可知

$$\Delta l_1 = \frac{F_{N1} l}{EA}, \quad \Delta l_2 = \frac{F_{N2} l}{EA}, \quad \Delta l_3 = \frac{F_{N3} l}{EA} \tag{d}$$

将物理关系代入变形协调条件，即可建立内力之间应保持的相互关系，这个关系就是所需的补充方程。也就是说，将式(d)代入式(c)得

$$\frac{\frac{F_{N1} l}{EA} + \frac{F_{N3} l}{EA}}{2} = \frac{F_{N2} l}{EA}$$

整理后得

$$\frac{F_{N1} + F_{N3}}{2} = F_{N2} \tag{e}$$

这就是我们所要建立的补充方程。

将式(a)、式(b)、式(e)式联立求解，得

$$F_{N1} = \frac{5}{6} F, \quad F_{N2} = \frac{1}{3} F, \quad F_{N3} = -\frac{1}{6} F$$

由计算结果可以看出：1、2 杆的轴力为正，说明实际方向与假设一致，变形为伸长；

F_{N3} 为负值,说明 3 杆实际方向与假设相反,变形为缩短。这说明横梁 AB 是绕着 CB 两点之间的某一点发生了逆时针转动。

一般说来,在超静定问题中内力不仅与荷载和结构的几何形状有关,也和杆件的抗拉刚度 EA 有关,单独增大某一根杆的刚度,该杆的轴力也相应增大,这也是静不定问题和静定问题的重要区别之一。

2.7.3 温度应力问题

在工程实际中,构件或结构物会遇到温度变化的情况。例如工作条件中温度的改变或季节的变化,这时杆件就会伸长或缩短。静定结构由于可以自由变形,当温度变化时不会使杆内产生应力。但在超静定结构中,由于约束增加,变形受到部分或全部限制,温度变化时就会使杆内产生应力,这种应力称为**温度应力**。计算温度应力的方法与荷载作用下的超静定问题的解法相似,不同之处在于杆内变形包括两个部分,一是由温度引起的变形,另一部分是外力引起的变形。

【例 2.9】 图 2.28(a)所示的杆件 AB,两端与刚性支承面联结。当温度变化时,固定端限制了杆件的伸长或缩短,AB 两端就产生了约束反力,试求反力 F_A 和 F_B(图 2.28(b))。

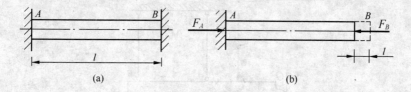

图 2.28 例 2.9 图

解: 由静力平衡方程 $\sum X = 0$ 得出

$$F_A = F_B \tag{a}$$

由于未知支反力有两个,而独立的平衡方程只有一个,因此是一个一次超静定问题。要求解该问题必须补充一个变形协调条件。假想拆去右端支座,这时杆件可以自由地变形,当温度升高 ΔT 时,杆件由于升温而产生的变形(伸长)为

$$\Delta l_T = \alpha l \Delta T \tag{b}$$

式中,α 为材料的线膨胀系数。然后,在右端作用 F_B,杆由于 F_B 作用而产生的变形(缩短)为

$$\Delta l_R = \frac{-F_B l}{EA} \tag{c}$$

式中,E 为材料的弹性模量,A 为杆件横截面面积。事实上,杆件两端固定,其长度不允许变化,因此必须有

$$\Delta l_T + \Delta l_R = 0 \tag{d}$$

这就是该问题的变形协调条件。将(b)、(c)两式代入式(d)得

$$\alpha l \Delta T - \frac{F_B l}{EA} = 0 \tag{e}$$

则

$$F_B = EA\alpha\Delta T$$

由于轴力 $F_N = -F_B$，故杆中的温度应力为 $\sigma_T = \dfrac{F_N}{A} = -E\alpha\Delta T$。

当温度变化较大时，杆内温度应力的数值是十分可观的。例如，一两端固定的钢杆，$\alpha = 12.5 \times 10^{-6}/℃$，当温度变化 40℃ 时，杆内的温度应力为

$$\sigma_T = E\alpha\Delta T = 200 \times 10^9 \times 12.5 \times 10^{-6} \times 40 = 100 \times 10^6\,\text{Pa} = 100\,\text{MPa}$$

在实际工程中，为了避免产生过大的温度应力，往往采取某些措施以有效地降低温度应力。例如，在管道中加伸缩节，在钢轨各段之间留伸缩缝，这样可以削弱对膨胀的约束，从而降低温度应力。

【例 2.10】 刚性无重横梁 AB 在 O 点处铰支，并用两根抗拉刚度相同的弹性杆悬吊着，如图 2.29(a) 所示。当两根吊杆温度升高 ΔT 时，求两杆内所产生的轴力。

解：(1) 列静力平衡方程。截取图 2.29(b) 所示的研究对象，设 1 杆的轴力为 F_{N1}，2 杆的轴力为 F_{N2}，由静力平衡方程 $\sum M_O = 0$ 可得

$$F_{N1} \times a + F_{N2} \times 2a = 0 \tag{a}$$

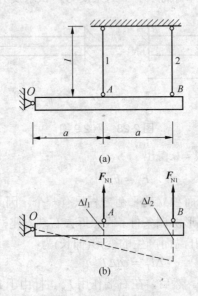

图 2.29 例 2.10 图

(2) 列变形协调方程。假想拆除两杆与横梁间的联系，允许其自由膨胀。这时，两杆由于温度而产生的变形均为 $\Delta l_T = \alpha l \Delta T$。把已经伸长的杆与横梁相连接时，两杆内就分别引起了轴力 F_{N1} 和 F_{N2} 并使两杆再次变形。由于两杆变形使横梁绕 O 点转动，最终位置如图 2.29(b) 中虚线所示，图中的 Δl_1 和 Δl_2 分别为 1、2 杆所产生的总变形，包括温度和轴力所引起的变形。由变形协调条件得

$$\Delta l_2 = 2\Delta l_1 \tag{b}$$

(3) 列出物理方程。

$$\Delta l_1 = \dfrac{F_{N1} l}{EA} + \alpha l \Delta T, \quad \Delta l_2 = \dfrac{F_{N2} l}{EA} + \alpha l \Delta T \tag{c}$$

将式(c)代入式(b)得

$$\frac{F_{N2} - 2F_{N1}}{EA} = \alpha l \Delta T \tag{d}$$

上式即为补充方程。

联立求解式(a)、式(d),得

$$F_{N1} = -\frac{2EA\alpha\Delta T}{5}, \quad F_{N2} = \frac{EA\alpha\Delta T}{5}$$

F_{N1} 为负值,说明1杆受压力,轴力与所设的方向相反。

2.7.4 装配应力

构件制造上的微小误差是难免的。在静定结构中,这种误差只会使结构的几何形状略微改变,不会使构件产生附加内力。但在超静定结构中,情况就不一样了,杆件几何尺寸的微小差异,还会使杆件内产生应力。如图2.30所示静定结构,若杆 AB 比预定的尺寸制作短了一点,则与杆 AC 连接后,只会引起 A 点位置的微小偏移,如图中虚线所示。而图2.31(a)所示的超静定结构中,设杆3比预定尺寸作短了一点,若使三杆连接,则需将杆3拉长,杆1、杆2压短,强行安装于 A' 点处。此时,杆3中产生拉力,杆1、杆2中产生压力。这种由于安装而引起的内力称为**装配内力**,与之相应的应力称为**装配应力**。计算装配应力的方法与解超静定问题的方法相似,仅在几何关系中考虑尺寸的差异。下面举例说明。

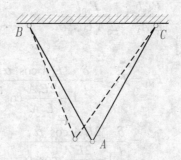

图 2.30 静定结构无装配内力

【例2.11】 图2.31(a)所示的桁架,杆3的设计长度为 l,加工误差为 δ,$\delta \ll l$。已知杆1和杆2的抗拉刚度均为 $E_1 A_1$,杆3的抗拉刚度为 $E_2 A_2$。求三杆中的轴力 F_{N1}、F_{N2} 和 F_{N3}。

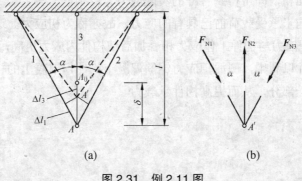

图 2.31 例 2.11 图

解：三杆装配后，杆 1 和杆 2 受压，轴力为压力分别设为 F_{N1}、F_{N2}；杆 3 受拉，轴力为拉力，设为 F_{N3}。取结点 A' 为研究对象，受力图如图 2.31(b)所示。由于该结点仅有两个独立的静力平衡方程，而未知力数目为 3，故是一次超静定问题。

根据结点 A 的平衡有

$$\sum X = 0, \quad F_{N1}\sin\alpha - F_{N2}\sin\alpha = 0 \tag{a}$$

$$\sum Y = 0, \quad F_{N3} - F_{N1}\cos\alpha - F_{N2}\cos\alpha = 0 \tag{b}$$

由此可得

$$F_{N1} = F_{N2}$$

$$F_{N3} - 2F_{N1}\cos\alpha = 0 \tag{c}$$

由图 2.31(a)可知，其变形的几何关系为

$$\Delta l_3 + \frac{\Delta l_1}{\cos\alpha} = \delta \tag{d}$$

根据物理关系可得

$$\Delta l_3 = \frac{F_{N3}l}{E_2 A_2} \tag{e}$$

$$\Delta l_1 = \frac{F_{N1}l}{E_1 A_1 \cos\alpha} \tag{f}$$

将式(e)、式(f)代入式(d)可得补充方程为

$$\frac{F_{N3}l}{E_2 A_2} + \frac{F_{N1}l}{E_1 A_1 \cos^2\alpha} = \delta \tag{g}$$

联立求解(c)、(g)两式可得

$$F_{N1} = F_{N2} = \frac{\delta}{l} \frac{E_1 A_1 \cos^2\alpha}{1 + \frac{2E_1 A_1}{E_2 A_2}\cos^3\alpha}$$

$$F_{N3} = \frac{\delta}{l} \frac{2E_1 A_1 \cos^3\alpha}{1 + \frac{2E_1 A_1}{E_2 A_2}\cos^3\alpha}$$

计算结果为正，所以轴力的方向与所设方向相同。由本例的结果看到，在超静定问题中，各杆的轴力与各杆间的刚度有关，刚度越大的杆，承受的轴力也越大。用各杆中的轴力除以该杆横截面面积，即可得到各杆的装配应力。

装配应力是结构未承受载荷前已具有的应力，故亦称为**初应力**。这种初应力可以带来不利后果，例如装配应力与构件工作应力相叠加后使构件内应力更高，则应避免它的存在；但是也可以被人们加以利用，例如预应力钢筋混凝土构件，混凝土的初始压应力会与构件工作应力相互抵消一部分，从而提高构件承载力。

2.8 小结

1. 截面法求拉压杆件内力

这一方法的主要步骤是假想地把杆件截开，取任一脱离体为研究对象，作受力图，然后用平衡方程求解。

2. 拉压等直杆件横截面正应力公式

$$\sigma = \frac{F_N}{A}$$

3. 拉压杆件应力与应变的关系(胡克定律)

$$\sigma = E\varepsilon$$

对于轴力为常数的等直杆也可以写成

$$\Delta l = \frac{F_N l}{EA}$$

胡克定律的应用条件为材料不超过比例极限。

4. 拉压杆的强度条件

$$\sigma_{\max} \leqslant [\sigma]$$

运用这一条件可以进行三个方面的计算：①强度校核；②截面设计；③确定容许荷载。

5. 材料在拉伸与压缩时的力学性能

6. 超静定结构的初步概念与求解

7. 本章的重要概念还有内力、轴力、正应力和切应力、斜截面上的应力、平面假设，泊松比及其与弹性模量的关系、抗拉刚度、拉压应变能、应力集中等

2.9 思考题

1. 有中间荷载作用的多力杆，能否在中间荷载作用的截面上使用截面法？
2. 图 2.32 所示有凹槽的杆，公式(2.1)对凹槽段是否适用？

图 2.32　思考题 2 图

3. 图 2.33 所示杆由钢和铝两种材料牢固黏结而成，问公式(2.1)是否适用？

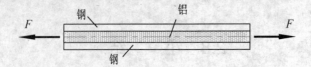

图 2.33 思考题 3 图

4. 低碳钢的拉伸中,应该说是应力的增加导致了试件的破坏,为什么 $\sigma - \varepsilon$ 曲线中出现颈缩以后图中的应力反而下降了?

5. 图 2.34 所示结构变形后结点 A 的新位置 A' 哪个正确?为什么?

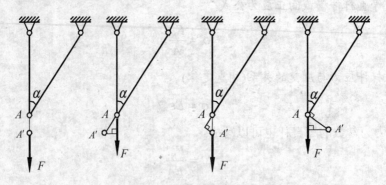

图 2.34 思考题 5 图

2.10 习　　题

1. 求图 2.35 所示各杆指定截面上的轴力。

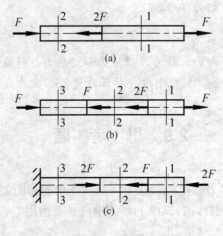

图 2.35 习题 1 图

2. 求图 2.36 所示等直杆指定横截面上的内力,并画出轴力图。

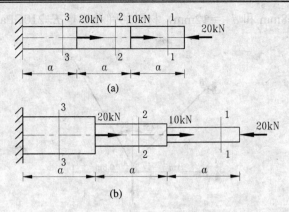

图 2.36 习题 2 图

3. 计算题 2 中所示杆件各横截面的应力,已知图 2.36(a)图中横截面面积 $A = 200\text{mm}^2$,图 2.36(b)中横截面面积分别为 $A_1 = 200\text{mm}^2$, $A_2 = 300\text{mm}^2$, $A_3 = 400\text{mm}^2$。

4. 图 2.37 所示杆受自重,杆长为 l,密度为 ρ,横截面面积为 A,试画其轴力图,并求横截面上最大正应力。

5. 一根边长为 50mm 的正方形截面杆与另一根边长为 100mm 的正方形截面杆,受同样大小的轴向拉力,试求它们横截面上的应力比。

6. 图 2.38 所示拉杆承受轴向拉力 $F = 15\text{kN}$,杆件横截面面积 $A = 150\text{mm}^2$,α 为斜截面与横截面的夹角,试求当 $\alpha = 30°$、$45°$ 时各斜截面上的正应力和切应力。

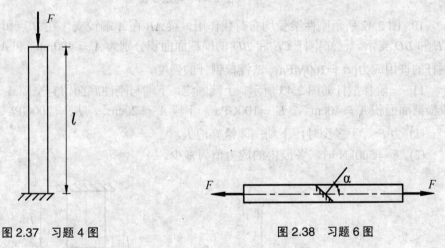

图 2.37 习题 4 图　　　　图 2.38 习题 6 图

7. 杆件受图 2.39 所示轴向外力作用,杆的横截面面积 $A=500\text{mm}^2$,$E=200\text{GPa}$,求图示杆的变形量。

图 2.39 习题 7 图

2.8 如图 2.40 所示结构,在 A 点处作用竖直向下的力 $F=24\text{kN}$。已知实心杆 AB 和 AC

的直径分别为 d_1=8mm 和 d_2=12mm，材料的弹性模量 E=210GPa。试求 A 点在铅垂方向的位移。

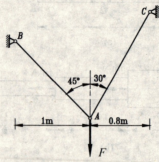

图 2.40 习题 8 图

9. 如图 2.41 所示钢杆，两端固定。已知 $A_1=100\text{mm}^2$，$A_2=200\text{mm}^2$，E=210GPa，$\alpha=12.5\times10^{-6}/\text{℃}$。试求当温度升高 30℃时杆内的最大应力。

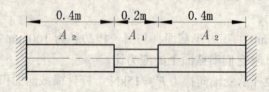

图 2.41 习题 9 图

10. 图 2.42 所示刚性梁受均布荷载作用，梁 AB 在 A 端铰支，在 B 点和 C 点由两钢杆 CE 和 BD 支承。已知钢杆 CE 和 BD 的横截面面积分别为 $A_1=400\text{mm}^2$ 和 $A_2=200\text{mm}^2$，钢杆的许用应力$[\sigma]$=160MPa，试校核钢杆的强度。

11. 一阶梯型杆如图 2.43 所示，上端固定，下端与刚性底面留有空隙 $\Delta=0.08\text{mm}$，上段横截面面积 $A_1=40\text{cm}^2$，$E_1=100\text{GPa}$，下段 $A_2=20\text{cm}^2$，$E_2=200\text{GPa}$。问：

(1) 力 F 等于多少时，下端空隙恰好消失。

(2) $F=500\text{kN}$ 时，各段内的应力值为多少。

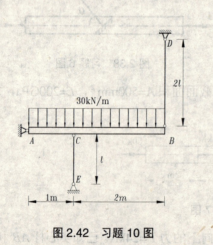

图 2.42 习题 10 图

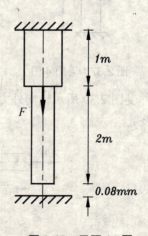

图 2.43 习题 11 图

第 3 章 剪切与扭转

提要：本章将讨论杆件的剪切和扭转这两种基本变形。

剪切是杆件的基本变形之一，杆件横截面上的内力为剪力 F_Q。为了保证连接件的正常工作，一般需要进行连接件的剪切强度、挤压强度计算。本章将探讨采用实用计算法来进行简化计算。

扭转也是杆件的基本变形之一。杆件横截面上的内力偶矩为扭矩 T。本章将根据传动轴的功率 P 和转速 n 来计算杆件所承受的外力偶矩，并通过截面法来计算扭矩；还将探讨扭矩图的绘制方法。

本章将研究薄壁圆筒的扭转变形及其横截面上的切应力分布，并由薄壁圆筒的扭转实验推出剪切胡克定律，还要探讨切应力互等定理。

为了保证杆件在受扭情况下能正常工作，除了要满足强度要求外，还须满足刚度要求。本章将从变形几何关系、物理关系和静力学关系三方面入手导出等直圆杆扭转时横截面上的切应力公式，并以之为基础建立扭转的强度条件；同时在研究等直圆杆扭转变形的基础上，建立扭转的刚度条件。本章还将探讨杆件斜截面上的应力分布。

本章研究等直圆杆的扭转仅限于线弹性范围内，且材料符合胡克定律，并以平面假设为基本依据。

在实际工程中，有时也会遇到非圆截面等直杆的扭转问题。本章将简单介绍矩形截面杆、开口薄壁截面杆和闭口薄壁截面杆的自由扭转问题。

3.1 剪 切

3.1.1 剪力和切应力

剪切(shear)是杆件的基本变形之一，其计算简图如图 3.1(a)所示。在杆件受到一对相距很近、大小相同、方向相反的横向外力 F 的作用时，将沿着两侧外力之间的横截面发生相对错动，这种变形形式就称为剪切。当外力 F 足够大时，杆件便会被剪断。发生相对错动的横截面则称为**剪切面**(shear surface)。

既然外力 F 使得剪切面发生相对错动，那么该截面上必然会产生相应的内力以抵抗变形，这种内力就称为**剪力**(shearing force)，用符号 F_Q 表示。运用截面法，可以很容易地分析出位于剪切面上的剪力 F_Q 与外力 F 大小相等、方向相反，如图 3.1(b)所示。材料力学中通常规定：剪力 F_Q 对所研究的分离体内任意一点的力矩为顺时针方向的为正，逆时针方向的为负。图 3.1(b)中的剪力为正。

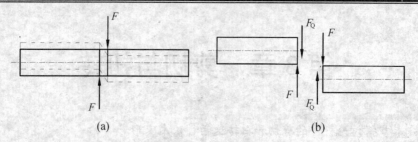

图 3.1 剪切的计算简图

正如轴向拉伸和压缩中杆件横截面上的轴力 F_N 与正应力 σ 的关系一样,剪力 F_Q 同样是**切应力**(shearing stress) τ 合成的结果。由于剪切变形仅仅发生在很小一个范围内,而且外力又只作用在变形部分附近,因而剪切面上剪力的分布情况十分复杂。为了简化计算,工程中通常假设剪切面上各点处的切应力相等,用剪力 F_Q 除以剪切面的面积 A_S 所得到的切应力平均值 τ 作为计算切应力(也称名义切应力),即

$$\tau = \frac{F_Q}{A_S} \tag{3.1}$$

切应力的方向和正负号的规定均与剪力 F_Q 一致。

3.1.2 连接中的剪切和挤压强度计算

建筑结构大都是由若干构件组合而成,在构件和构件之间必须采用某种**连接件**(connective element)或特定的连接方式加以连接。工程实践中常用的连接件,诸如铆钉、螺栓、焊缝、榫头、销钉等,都是主要承受剪切的构件。当然,以上连接件在受剪的同时往往也伴随着其他变形,只不过剪切是主要因素而已。以螺栓连接为例,如图 3.2(a)所示,连接处可能产生的破坏包括:在两侧与钢板接触面的压力 F 作用下,螺栓将沿 a-a 截面被剪断,如图 3.2(b) 所示;螺栓与钢板在接触面上因为相互挤压而产生松动导致失效;钢板在受螺栓孔削弱的截面处产生塑性变形。相应地,为了保证连接件的正常工作,一般需要进行连接件的剪切强度、挤压强度计算和钢板的抗拉强度计算。

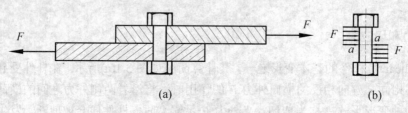

图 3.2 螺栓连接

(a) 螺栓连接的钢板;(b) 螺栓的受力图

考虑到连接件的变形比较复杂,在工程设计中通常采用**工程实用计算法**(engineering method of practical analysis)进行简化计算。下面继续以螺栓连接为例介绍剪切强度和挤压强度的实用计算。至于钢板的抗拉强度计算和铆钉连接、榫接、焊接等的连接计算,可参阅相关教材。

1. 剪切强度计算

在图 3.2(a)中,由螺栓连接的两块钢板承受力 F 的作用,显然螺栓在此受力情况下将

沿 a-a 截面发生相对错动,发生剪切变形。如前所述,剪切面上的切应力为

$$\tau = \frac{F_Q}{A_S}$$

为保证螺栓不被剪断,必须使切应力 τ 不超过材料的许用切应力 $[\tau]$。于是,剪切强度条件可表示为

$$\tau = \frac{F_Q}{A_S} \leqslant [\tau] \tag{3.2}$$

许用切应力 $[\tau]$ 是通过实验来确定的:在剪切实验中得到剪切破坏时材料的极限切应力 τ_u,再除以安全因数,即得该种材料许用切应力 $[\tau]$。对于钢材,工程上常取 $[\tau] = (0.75 \sim 0.8)[\sigma]$,$[\sigma]$ 为钢材的许用拉应力。对于大多数连接件来说,剪切变形和剪切强度是主要的。

2. 挤压强度计算

在图 3.2(a)中,在螺栓与钢板相接触的侧面上会发生相互间的局部承压现象,我们称之为**挤压**(bearing),在接触面上的压力称之为**挤压力**(bearing force),用符号 F_{bs} 表示。当挤压力足够大时,将使螺栓压扁或钢板在孔缘处压皱,从而导致连接松动而失效。在工程设计中,通常假定在挤压面上应力是均匀分布的,挤压力根据所受外力由静力平衡条件求得,因而挤压面上名义挤压应力为

$$\sigma_{bs} = \frac{F_{bs}}{A_{bs}} \tag{3.3}$$

式中,A_{bs} 为**计算挤压面**(effective bearing surface)面积。当接触面为平面(如键连接中键与轴的接触面)时,计算挤压面面积 A_{bs} 取实际接触面的面积;当接触面为圆柱面(如螺栓连接中螺栓与钢板的接触面)时,计算挤压面面积 A_{bs} 取圆柱面在直径平面上的投影面积,如图 3.3(a)所示。

实际上,**挤压应力**(bearing stress)在接触面上的分布是很复杂的,与接触面的几何形状及材料性质直接相关。根据理论分析,圆柱状连接件与钢板接触面上的理论挤压应力沿圆柱面的分布情况如图 3.3(b)所示,而按式(3.3)计算得到的名义挤压应力与接触面中点处的最大理论挤压应力值相近。

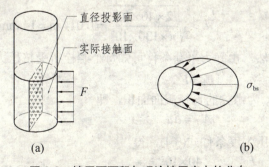

图 3.3 挤压面面积与理论挤压应力的分布

(a) 挤压面面积的计算;(b) 理论挤压应力分布

为了防止因连接松动而失效，必须使挤压应力不超过材料的许用挤压应力$[\sigma_{bs}]$。于是，挤压强度条件可表示为

$$\sigma_{bs} = \frac{F_{bs}}{A_{bs}} \leqslant [\sigma_{bs}] \tag{3.4}$$

材料的许用挤压应力$[\sigma_{bs}]$也应根据实验结果来确定。对于钢材，工程上常取$[\sigma_{bs}] = (1.7 \sim 2.0)[\sigma]$，$[\sigma]$为钢材的许用拉应力。必须注意的是，当连接件和被连接件的材料不同时，应选取抵抗挤压能力较弱的材料的许用挤压应力$[\sigma_{bs}]$。

【例 3.1】 一螺栓接头如图 3.4 所示。已知 $F = 40\text{kN}$，螺栓、钢板的材料均为 Q235 钢，许用切应力$[\tau] = 130\text{MPa}$，许用挤压应力$[\sigma_{bs}] = 300\text{MPa}$。试计算螺栓所需的直径。

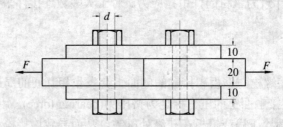

图 3.4 例 3.1 图

解： 这是一个截面选择问题，先根据剪切强度条件式(3.2)求得螺栓的直径，再根据挤压强度条件式(3.4)来校核。

首先分析每个螺栓所受到的力。显然，每个螺栓有两个剪切面，但只受到一个力 F 的作用，由截面法可得每个剪切面上的剪力为

$$F_Q = \frac{F}{2}$$

将剪力和有关的已知数据代入剪切强度条件式(3.2)，即得

$$\tau = \frac{F_Q}{A_S} = \frac{\dfrac{F}{2}}{\dfrac{\pi}{4}d^2} = \frac{2 \times 40 \times 10^3}{\pi \times d^2} \leqslant 130 \times 10^6 \text{ Pa}$$

于是求得螺栓直径为

$$d \geqslant \sqrt{\frac{2 \times 40 \times 10^3}{\pi \times 130 \times 10^6}} = 0.014 \text{ m} = 14 \text{ mm}$$

校核挤压强度。显然，由静力平衡条件可知每个螺栓所受挤压力为

$$F_{bs} = F$$

计算挤压面面积 A_{bs} 为螺栓的直径截面面积，即

$$A_{bs} = \delta d$$

将相关数据代入挤压强度条件式(3.4)，得

$$\sigma_{bs} = \frac{F_{bs}}{A_{bs}} = \frac{F}{\delta d} = \frac{40 \times 10^3}{20 \times 10^{-3} \times 0.014} = 143 \times 10^6 \text{ Pa} = 143 \text{ MPa} < [\sigma_{bs}]$$

可见，螺栓直径取 14mm 满足挤压强度条件。

3.2 杆件扭转时的内力扭矩

扭转(torsion)也是杆件的基本变形之一。其计算简图如图 3.5(a)所示：在一对大小相等、方向相反、作用面垂直于杆件轴线的外力偶(其矩为 M_e)作用下，直杆的任意两横截面(如图中 $m-m$ 截面和 $n-n$ 截面)将绕轴线相对转动，杆件的轴线仍将保持直线，而其表面的纵向线将成螺旋线。这种变形形式就称为扭转。

在工程中，受扭杆件是很常见的，例如机械中的传动轴、汽车的转向轴、土工实验用的钻杆、建筑结构中的雨篷梁等，但单纯发生扭转的杆件不多。如果杆件的变形以扭转为主，其他次要变形可忽略不计的，可以按照扭转变形对其进行强度和刚度计算；如果杆件除了扭转外还有其他主要变形的(如雨篷梁还受弯、钻杆还受压)，则要通过组合变形计算。这类问题将在第 9 章讨论。

要研究受扭杆件的应力和变形，首先得计算轴横截面上的内力。

以工程中常用的传动轴为例，我们往往只知道它所传递的功率 P 和转速 n，但作用在轴上的外力偶矩可以通过功率 P 和转速 n 换算得到。因为功率是每秒钟内所做的功，有

$$P = M_e \times 10^{-3} \times \omega = M_e \times \frac{2n\pi}{60} \times 10^{-3}$$

于是，作用在轴上的外力偶矩为

$$M_e = 9\,549 \frac{P}{n} \tag{3.5}$$

式中，功率 P 的单位是 kW，外力偶矩 M_e 的单位是 N·m，ω 的单位是 rad/s，转速 n 的单位是 r/min。

杆件上的外力偶矩确定后，可用截面法计算任意横截面上的内力。对图 3.5(a)所示圆轴，欲求 $m-m$ 截面的内力，可假设沿 $m-m$ 截面将圆轴一分为二，并取其左半段分析，如图 3.5(b)所示，由平衡方程

$$\sum M_x = 0, \quad T - M_e = 0$$

得

$$T = M_e$$

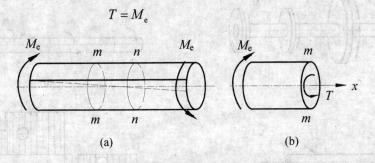

图 3.5 扭转的计算简图

T 是横截面上的内力偶矩，称为**扭矩**(torsional moment, torque)。如果取圆轴的右半段分析，则在同一横截面上可求得扭矩的数值大小相等而方向相反。为使从两段杆所求得的同一横截面上的扭矩在正负号上一致，材料力学中通常规定：按右手螺旋法则确定扭矩矢

量，如果扭矩矢量的指向与截面的外法向方向一致，则扭矩为正，反之为负。

当杆件上作用有多个外力偶矩时，为了表现沿轴线各横截面上扭矩的变化情况，从而确定最大扭矩及其所在位置，可仿照轴力图的绘制方法来绘制**扭矩图**(torque diagram)。

【例 3.2】 一传动轴如图 3.6(a)所示，轴的转速 $n=500r/min$，主动轮的输入功率为 $P_A=600kW$，三个从动轮的输出功率分别为 $P_B=P_C=180kW$，$P_D=240kW$。试计算轴内的最大扭矩，并作扭矩图。

解：首先计算外力偶矩(图 3.6(a))。

$$M_A = 9\,549 \times \frac{600}{500} = 11.46 \times 10^3 \text{ N·m} = 11.46 \text{kN·m}$$

$$M_B = M_C = 9\,549 \times \frac{180}{500} = 3.44 \times 10^3 \text{ N·m} = 3.44 \text{kN·m}$$

$$M_D = 9\,549 \times \frac{240}{500} = 4.58 \times 10^3 \text{ N·m} = 4.58 \text{kN·m}$$

然后，由轴的计算简图(图 3.6(b))，计算各段轴内的扭矩。先考虑 AC 段，从任一截面 2-2 处截开，取截面左侧进行分析，如图 3.6(c)所示，假设 T_2 为正，由平衡方程

$$\sum M_x = 0, \quad M_B - M_A + T_2 = 0$$

得

$$T_2 = M_A - M_B = 11.46 - 3.44 = 8.02 \text{kN·m}$$

同理，在 BA 段内，有

$$T_1 = -M_B = -3.44 \text{kN·m}$$

在 CD 段内，有

$$T_3 = M_D = 4.58 \text{kN·m}$$

要注意的是，在求各截面的扭矩时，通常采用"设正法"，即假设扭矩为正。若所得结果为负值的话，则说明该截面扭矩的实际方向与假设方向相反。

根据这些扭矩即可做出扭矩图，如图 3.6(d)所示。从图可见，最大扭矩发生在 AC 段，其值为 8.02kN·m。

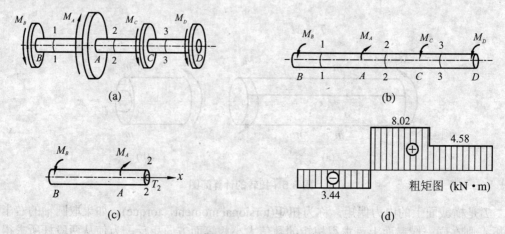

图 3.6 例 3.2 图

3.3 薄壁圆筒的扭转

在讨论等直圆杆的扭转之前,先研究一个比较简单的扭转问题——薄壁圆筒扭转。

设一薄壁圆筒,其壁厚 δ 远小于其平均半径 r,两端承受外力偶矩 M_e,如图 3.7(a) 所示。圆筒任一横截面上的扭矩都是由截面上的应力与微面积 dA 之乘积合成的,因此横截面上的应力只能是切应力。

为得到沿横截面圆周各点处切应力的变化规律,可在圆筒受扭前,在筒表面画出一组等间距的纵向线和圆周线,形成一系列的矩形小方格。然后在两端施加外力偶矩 M_e,圆筒发生扭转变形。此时可以观察到:

(1) 圆筒表面各纵向线在小变形下仍保持直线,但都倾斜了同一微小角度 γ。
(2) 各圆周线的形状、大小和间距都保持不变,但绕轴线旋转了不同的角度。

因筒壁很薄,故可将圆周线的转动视为整个横截面绕轴线的转动。圆筒两端截面之间相对转动的角度称为**相对扭转角**(relative angle of twist),用符号 φ 表示,如图 3.7(b)所示,它表示杆的扭转变形。此外,圆筒任意两横截面之间也有相对转动,从而使筒表面的各矩形小方格的直角都改变了相同的角度 γ,如图 3.7(c)所示,这种改变量 γ 称为**切应变** (shearing strain),是横截面上切应力作用的结果。又因薄壁圆筒的壁厚 δ 远小于其平均半径 r,故可近似认为切应力沿壁厚不变。

依据以上分析,可知薄壁圆筒扭转时,横截面上各处的切应力 τ 值均相等,其方向与圆周相切。由截面上的扭矩 T 都是该截面上的应力 τ 与微面积 dA 之乘积的合成,如图 3.7(d)所示,可知

$$T = \int_A \tau dA \cdot r = 2\pi r \delta \tau r = 2\pi r^2 \delta \tau$$

从而有

$$\tau = \frac{T}{2\pi r^2 \delta} \tag{3.6}$$

薄壁圆筒表面上的切应变 γ 和相距为 l 的两端面之间的相对扭转角 φ 之间的关系式可由图 3.7(b)所示的几何关系求得

$$\gamma = \frac{\varphi r}{l} \tag{3.7}$$

式中切应变 γ 是一个无量纲的量。

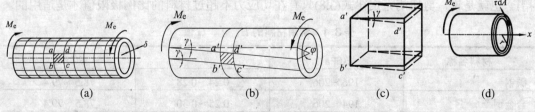

图 3.7 薄壁圆筒的扭转变形

3.4 剪切胡克定律与切应力互等定理

3.4.1 剪切胡克定律

通过薄壁圆筒的扭转实验可以得到材料在纯剪应力状态下应力与应变间的关系。

从零开始,逐渐增加外力偶矩 M_e(其在数值上等于扭矩 T),并记录相对应的相对扭转角 φ,可以发现当外力偶矩在一定范围内时,相对扭转角 φ 与扭矩 T 之间成正比,如图 3.8(a)所示。利用式(3.6)和式(3.7),可以得到切应变 γ 和切应力 τ 之间的线性关系,如图 3.8(b)所示,其表达式为

$$\tau = G\gamma \tag{3.8}$$

上式称为材料的**剪切胡克定律**(Hooke law in shear)。式中的比例常数 G 称为材料的**切变模量**(shear modulus),也称剪切弹性模量,其量纲与弹性模量 E 的量纲相同,在国际单位制中,单位常取为 MPa 或 GPa。

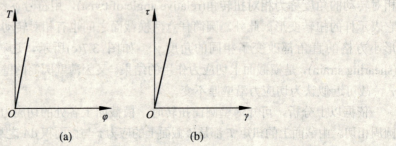

图 3.8 $T-\varphi$ 曲线与 $\tau-\gamma$ 曲线

(a) $T-\varphi$ 曲线;(b) $\tau-\gamma$ 曲线

在上一章曾提到各向同性材料的两个弹性常数——弹性模量 E 与泊松比 ν,可以证明 E、ν 和 G 之间存在以下关系

$$G = \frac{E}{2(1+\nu)} \tag{3.9}$$

上式表明,各向同性材料的三个弹性常数只有两个是独立的。表 3-1 给出了一些常用材料的 E、ν、G 值。

在 $\tau-\gamma$ 曲线上,当切应力 τ 达到材料的剪切比例极限 τ_p 后也会出现屈服现象,即扭矩不变而相对扭转角继续增大。屈服终止后,也会出现强化现象(要注意防止薄壁发生皱褶)。也就是说,剪切胡克定律式(3.8)只有在切应力不超过材料的比例极限值才是适用的。

表 3-1 常用材料的 E、ν、G 值

材料名称	E(GPa)	ν	G(GPa)
碳钢	196~206	0.24~0.28	78.5~79.4
合金钢	194~206	0.25~0.30	78.5~79.4
灰口铸铁	113~157	0.23~0.27	44.1
青铜	113	0.32~0.34	41.2

续表

材料名称	E(GPa)	ν	G(GPa)
硬铝合金	69.6	—	26.5
混凝土	15.2~35.8	0.16~0.18	—
橡胶	0.00785	0.461	—
木材(顺纹)	9.8~11.8	0.0539	—
木材(横纹)	0.49~0.98	—	—

3.4.2 切应力互等定理

在承受扭转的薄壁圆筒上，用两个横截面、两个径向截面和两个圆柱面截取一微小的正六面体，称为单元体，其边长分别为 dx、dy 及 dz，如图 3.9(a)所示。

现在分析此单元体各侧面上的应力。在其左、右两侧面(即圆筒的横截面)上只有切应力 τ，方向平行于 y 轴，而在其前、后两平面(即与圆筒表面平行的面)上无任何应力。由于单元体处于平衡状态，故由平衡方程 $\sum F_y = 0$ 可知，其左、右两侧面作用的剪力 $\tau dy dz$ 大小相等、方向相反，并组成一个力偶，其矩为 $(\tau dy dz)dx$，使单元体有转动的趋向。因此为满足另外两个平衡条件 $\sum F_x = 0$ 和 $\sum M_z = 0$，在单元体的上、下两平面(即圆筒的径向截面)上必有大小相等、方向相反的一对剪力 $\tau' dx dz$，并组成矩为 $(\tau' dx dz)dy$ 的力偶。由平衡条件，有

$$(\tau' dx dz)dy = (\tau dy dz)dx$$

于是可得

$$\tau' = \tau \tag{3.10}$$

上式表明，在两个相互垂直的平面上，切应力必然成对存在，且数值相等，两者都垂直于两平面的交线，其方向均共同指向或背离该交线。这就是**切应力互等定理**(theorem of conjugate shearing sress)。该定理在有正应力存在的情况下同样适用，具有普遍意义。

图 3.9(a)所示的单元体在其两对相互垂直的平面上只有切应力而无正应力，这种应力状态称为**纯剪切应力状态**(shearing state of stresses)，简称纯剪应力状态。薄壁圆筒和等直圆杆在发生扭转时均处于纯剪应力状态。由于这种单元体的前、后两平面上无任何应力，故可将其改用平面图加以表示，如图 3.9(b)所示。

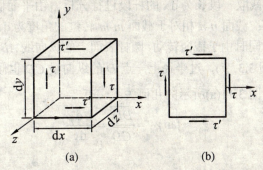

图 3.9 切应力互等

(a) 单元体纯剪应力状态；(b) 平面图表示

3.5 等直圆杆的扭转

3.5.1 横截面上的应力

1. 横截面上的应力

如前所述,等直圆杆在发生扭转时处于纯剪应力状态,横截面上只有切应力而无正应力。为推导圆杆扭转时横截面上的切应力公式,可以从三方面着手分析:先由变形几何关系找出切应变的变化规律,再利用物理关系找出切应力在横截面上的分布规律,最后根据静力学关系导出切应力公式。

1) 变形几何关系

为研究圆杆横截面上切应变的变化规律,在其表面画上纵向线和圆周线,如图3.10(a)所示。当杆的两端施加外力偶矩 M_e 后,可以发现图3.10(b)所示的现象:各圆周线的形状和间距均保持不变;在小变形条件下,各纵向线仍近似为直线,但都倾斜了一微小的角度 γ。根据以上观察到的现象,可以合理假设:在扭转时横截面如同刚性平面一样围绕杆的轴线转动,也就是说,圆杆的横截面变形后仍保持为平面,其形状、大小不变,半径也保持为直线,且相邻两横截面间的距离不变。这一假设称为**平面假设**(plane assumption)。实验表明,在杆扭转变形后只有等直圆杆的圆周线才仍在垂直于轴线的平面内,故平面假设仅适用于等直圆杆。由此假设推导出的应力、变形公式已得到实验和理论的证实。

图3.10 等直圆杆的扭转变形

(a) 画网格的圆杆;(b) 受外力偶矩后圆杆的变形

现在假设从圆杆上截取一段长为 dx 的杆段进行分析。由平面假设可知,杆段变形后的情况如图3.11(a)所示:截面 $n\text{-}n$ 相对于截面 $m\text{-}m$ 转过的角度为 $d\varphi$,故其上的半径 O_2B 也转动了同一角度 $d\varphi$;同时由于截面转动,圆杆表面上的纵向线 AB 倾斜了一微小角度 γ,即 A 点处的切应变(参阅3.3节),过半径上一点 D 的纵向线 CD 也倾斜了一微小角度 γ_ρ,即 C 点处的切应变。由图3.11(a)所示的几何关系,有

$$\gamma_\rho \approx \tan\gamma_\rho = \frac{\overline{DD'}}{\overline{CD}} = \frac{\rho\, d\varphi}{dx}$$

即

$$\gamma_\rho = \rho \frac{d\varphi}{dx} \tag{a}$$

式中，ρ 为 D 到圆心 O_2 的距离，$\dfrac{d\varphi}{dx}$ 表示相对扭转角 φ 沿轴线的变化率，在同一截面上为常量。上式表明等直圆杆横截面上各点处的切应变正比于该点到圆心的距离。

2) 物理关系

在线弹性范围内，剪切胡克定律成立，切应力与切应变成正比。将式(a)代入剪切胡克定律式(3.8)，即可得到横截面上距圆心 ρ 处的切应力 τ_ρ 变化规律的表达式

$$\tau_\rho = G\gamma_\rho = G\rho\frac{d\varphi}{dx} \tag{b}$$

上式表明，在同一半径 ρ 的圆周上各点处的切应力 τ_ρ 值相等，并与半径 ρ 成正比。由于切应变垂直于半径的平面内，故切应力的方向垂直于半径。切应力沿任一半径的变化规律如图 3.11(b)所示。

3) 静力学关系

横截面上切应力变化规律表达式(b)中 $\dfrac{d\varphi}{dx}$ 尚未确定，需要进一步考虑静力学关系，才能求出切应力。在圆杆的横截面上取微面积 dA，如图 3.11(b)所示，其上的切向力为 $\tau_\rho dA$，整个截面上的切向力对圆心的力矩之和，就是该横截面上的扭矩 T，即

$$\int_A \rho\tau_\rho dA = T \tag{c}$$

将式(b)代入式(c)，整理后可得

$$G\frac{d\varphi}{dx}\int_A \rho^2 dA = T \tag{d}$$

若定义

$$I_p = \int_A \rho^2 dA \tag{3.11}$$

则有

$$\frac{d\varphi}{dx} = \frac{T}{GI_p} \tag{3.12}$$

I_p 称为横截面对圆心的**极惯性矩**(polar moment of inertia of an area)，只与横截面的几何量有关，其单位为 m^4。将式(3.12)代入式(b)，即得

$$\tau_\rho = \frac{T\rho}{I_p} \tag{3.13}$$

上式即等直圆杆在扭转时横截面上任一点处切应力的公式。

由图 3.11(b)及式(3.13)可知，在横截面周边各点处，即 $\rho = r$ 处，切应力达到最大值，即

$$\tau_{max} = \frac{Tr}{I_p} \tag{3.14}$$

若定义

$$W_p = \frac{I_p}{r} \tag{3.15}$$

则有

$$\tau_{\max} = \frac{T}{W_p} \tag{3.16}$$

式中，W_p 称为**扭转截面系数**(section modulus of torsion)，单位为 m^3。

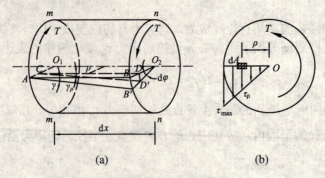

图 3.11 等直圆杆扭转时的切应变和切应力

(a) 等直圆杆扭转时的切应变；(b) 等直圆杆扭转时的切应力分布

切应力公式的推导主要依据平面假设，且材料符合胡克定律，因此公式只适用于在线弹性范围内的等直圆杆，包括实心圆截面杆和空心圆截面杆。

对于实心圆截面，如图 3.12(a)所示，其极惯性矩(参阅附录 1)为

$$I_p = \frac{\pi d^4}{32} \tag{3.17}$$

将上式代入式(3.15)，得实心圆截面的扭转截面系数为

$$W_p = \frac{I_p}{r} = \frac{I_p}{d/2} = \frac{\pi d^3}{16} \tag{3.18}$$

对于空心圆截面，如图 3.12(b)所示，可将空心圆截面设想为大圆面积减去小圆面积，利用式(3.17)可得

$$I_p = \frac{\pi}{32}(D^4 - d^4) = \frac{\pi D^4}{32}(1 - \alpha^4) \tag{3.19}$$

空心圆截面的扭转截面系数为

$$W_p = \frac{I_p}{D/2} = \frac{\pi(D^4 - d^4)}{16D} = \frac{\pi D^3}{16}(1 - \alpha^4) \tag{3.20}$$

式中，$\alpha = \dfrac{d}{D}$，为空心圆截面内外直径之比。

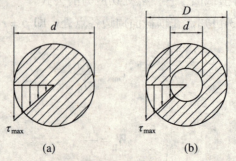

图 3.12 圆截面与空心圆截面上的切应力分布

【例 3.3】 长度都为 l 的两根受扭圆轴，一为实心圆轴，一为空心圆轴，如图 3.13 所示，两者材料相同，在圆轴两端都承受大小为 M_e 的外力偶矩，圆轴外表面上纵向线的倾斜角度也相等。实心轴的直径为 D_1；空心轴的外径为 D_2，内径为 d_2，且 $\alpha = d_2/D_2 = 0.9$。试求两杆的外径之比 D_1/D_2 以及两杆的重量比。

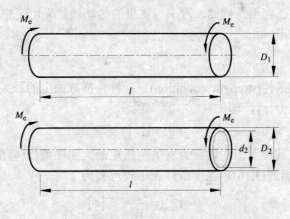

图 3.13 例 3.3 图

解： 圆轴外表面上纵向线的倾斜角度相等，也就是两轴横截面外边缘处的切应变相等，即

$$\gamma_{1\max} = \gamma_{2\max}$$

两轴的材料相同，故 $G_1 = G_2$，由剪切胡克定律式(3.8)，可得

$$\tau_{1\max} = \tau_{2\max}$$

两轴的扭转截面系数分别为

$$W_{p1} = \frac{\pi D_1^3}{16}$$

和

$$W_{p2} = \frac{\pi D_2^3}{16}(1-\alpha^4)$$

将上两式分别代入式(3.16)，可得两轴的最大切应力为

$$\tau_{1\max} = \frac{T_1}{W_{p1}} = \frac{16 T_1}{\pi D_1^3}$$

和

$$\tau_{2\max} = \frac{T_2}{W_{p2}} = \frac{16 T_2}{\pi D_2^3 (1-\alpha^4)}$$

根据上面求得的 $\tau_{1\max} = \tau_{2\max}$，并将 $T_1 = T_2 = M_e$ 和 $\alpha = 0.9$ 代入，经整理可得

$$\frac{D_1}{D_2} = \sqrt[3]{1-\alpha^4} = \sqrt[3]{1-0.9^4} = 0.7$$

因为两轴的材料和长度均相同，故两轴的重量比即为其横截面面积之比。于是有

$$\frac{A_1}{A_2} = \frac{\frac{\pi}{4}D_1^2}{\frac{\pi}{4}D_2^2(1-\alpha^2)} = \frac{D_1^2}{D_2^2(1-\alpha^2)} = \frac{0.7}{1-0.9^2} = 3.7$$

由此可见，在最大切应力相等的情况下，空心圆轴比实心圆轴节省材料。因此，空心圆轴在工程中得到广泛应用。例如，汽车、飞机的传动轴就采用了空心轴，可以减轻零件的重量，提高运行效率。

2. 强度条件

受扭杆件的**强度条件**(strength condition)是：杆件横截面上的最大工作切应力τ_{max}不能超过材料的许用切应力$[\tau]$，即

$$\tau_{max} \leq [\tau] \tag{3.21}$$

对于等直圆杆，其最大工作切应力发生在扭矩最大的横截面(即危险截面)上的边缘各点(即危险点)处。依据式(3.16)，强度条件表达式可写为

$$\tau_{max} = \frac{T_{max}}{W_p} \leq [\tau] \tag{3.22}$$

而对于变截面圆杆，如阶梯状圆轴，其最大工作切应力并不一定发生在扭矩最大的截面上，需要综合考虑扭矩T和扭转截面系数W_p才能确定。

利用强度条件表达式(3.22)，就可以对实心(或空心)圆截面杆进行强度计算，如强度校核、截面选择和许可荷载的计算。

实验表明，在静荷载作用下，材料的扭转许用切应力和许用拉应力之间存在着一定的关系，例如钢材有$[\tau] = (0.5 \sim 0.6)[\sigma]$，铸铁则有$[\tau] = (0.8 \sim 1)[\sigma]$。也就是说，通常可以根据材料的许用拉应力来确定其许用切应力。对于像传动轴之类的构件，由于作用于其上的并非静荷载，而且还要考虑其他因素(如忽略次要影响进行简化计算)，故其许用切应力的值较静荷载下的要略低。

【例3.4】 例题3.2中的传动轴(图3.6(a))是空心圆截面轴，其内、外直径之比$\alpha = 0.6$，材料的许用切应力$[\tau] = 60\text{MPa}$，试按强度条件选择轴的直径。

解：例题3.2中已经求得$T_{max} = 8.02\text{kN} \cdot \text{m}$。将已知数据代入式(3.20)，可得

$$W_p = \frac{\pi D^3}{16}(1-\alpha^4) = \frac{\pi D^3}{16}(1-0.6^4) = 0.0544\pi D^3$$

将上式代入式(3.22)，经整理后可得空心圆轴按强度条件所需的外直径为

$$D = \sqrt[3]{\frac{T_{max}}{0.0544\pi[\tau]}} = \sqrt[3]{\frac{8.02 \times 10^3}{\pi(60 \times 10^6)}} = 0.035\text{ m} = 35\text{ mm}$$

【例3.5】 有一阶梯形圆轴，如图3.14(a)所示，轴的直径分别为$d_1 = 50\text{mm}$，$d_2 = 80\text{mm}$，扭转力偶矩分别为$M_{e1} = 0.8\text{kN} \cdot \text{m}$，$M_{e2} = 1.2\text{kN} \cdot \text{m}$，$M_{e3} = 2\text{kN} \cdot \text{m}$。若材料的许用切应力$[\tau] = 40\text{MPa}$，试校核该轴的强度。

解：用截面法求出圆轴各段的扭矩，并做出扭矩图，如图3.14(b)所示。

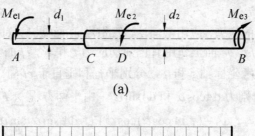

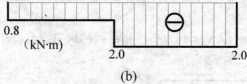

图 3.14 例 3.5 图

由扭矩图可见，CD 段和 DB 段的直径相同，但 DB 段的扭矩大于 CD 段，故这两段只要校核 DB 段的强度即可。AC 段的扭矩虽然也小于 DB 段，但其直径也比 DB 段小，故 AC 段的强度也需要校核。

AC 段

$$\tau_{max} = \frac{T_{AC}}{W_{p1}} = \frac{T_{AC}}{\frac{\pi d_1^3}{16}} = \frac{0.8 \times 10^3 \times 16}{\pi \times (50 \times 10^{-3})^3} = 32.6 \times 10^6 \text{ Pa} = 32.6 \text{ MPa} < [\tau]$$

DB 段

$$\tau_{max} = \frac{T_{DB}}{W_{p2}} = \frac{T_{DB}}{\frac{\pi d_2^3}{16}} = \frac{2 \times 10^3 \times 16}{\pi \times (80 \times 10^{-3})^3} = 19.9 \times 10^6 \text{ Pa} = 19.9 \text{ MPa} < [\tau]$$

计算结果表明，该轴满足强度要求。

3.5.2 斜截面上的应力

在圆杆的扭转实验中，可以发现这样一种现象：低碳钢试件的破坏是沿杆件的横截面断开的，如图 3.15(a)所示；而铸铁试件的破坏则是沿着与杆轴线约成 45°角的螺旋形曲面断开的，如图 3.15(b)所示。为了分析这种现象的成因，有必要研究圆杆扭转时斜截面上的应力。

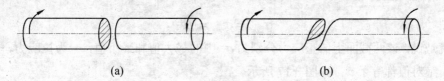

图 3.15 扭转破坏

(a) 低碳钢的扭转破坏；(b) 铸铁的扭转破坏

在 3.4 节中曾讨论过，纯剪应力状态下的单元体可以采用平面图表示(图 3.9(b))。现在在此单元体内任取一垂直于前后平面的斜截面 ef，其外法线 n 的方向与 x 轴成 α 角，如图 3.16(a)所示。α 角的符号规定如下：从 x 轴方向至外法线 n 为逆时针方向转动时取正值，顺时针方向转动时取负值。

为求斜截面 ef 上的应力，应用截面法，假想沿 ef 面截开，对其左边部分 edf 进行分析，如图 3.16(b)所示。在 fd、de 面上作用有已知切应力 τ 和 τ'，ef 面上作用有未知的正应力 σ_α 和切应力 τ_α。选取参考坐标轴 ξ 和 η，分别平行和垂直于 ef 面。设 ef 面的面积为 dA，则 fd 面和 de 面的面积分别为 $dA\cos\alpha$ 和 $dA\sin\alpha$。由平衡方程 $\sum F_\xi = 0$ 和 $\sum F_\eta = 0$ 分别可得

$$\tau_\alpha dA - (\tau dA \cos\alpha)\cos\alpha + (\tau' dA \sin\alpha)\sin\alpha = 0$$

和

$$\sigma_\alpha dA + (\tau dA \cos\alpha)\sin\alpha + (\tau' dA \sin\alpha)\cos\alpha = 0$$

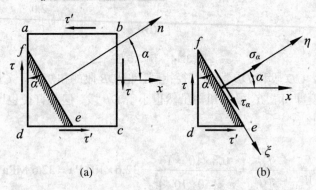

图 3.16 斜截面上的应力

(a) 纯剪应力状态下任取一斜面；(b) 斜截面上的应力分析

利用切应力互等定理 $\tau' = \tau$，整理上两式，即可得到任一斜截面上的正应力和切应力的计算公式

$$\sigma_\alpha = -\tau\sin 2\alpha \tag{a}$$

和

$$\tau_\alpha = \tau\cos 2\alpha \tag{b}$$

由式(b)可知，在 $\alpha = 0°$ 和 $\alpha = 90°$ 的截面(即单元体的四个侧面)上切应力达到极值，其大小均为 τ，而在 $\alpha = \pm 45°$ 的斜截面上切应力则为 0。由式(a)可知，在 $\alpha = \pm 45°$ 的斜截面上正应力达到极值，有

$$\sigma_{-45°} = \sigma_{\max} = +\tau$$

和

$$\sigma_{+45°} = \sigma_{\min} = -\tau$$

也就是说，该两截面上的正应力分别为 σ_α 中的最大值和最小值，一为拉应力，一为压应力，其绝对值都等于 τ，如图 3.17 所示。

必须说明的是，以上结论并不仅限于等直圆杆扭转的情况，而是在纯剪应力状态下的普遍特点。

根据以上分析，即可解释不同材料试件在扭转实验中出现的不同结果：低碳钢等塑性材料的剪切强度低于拉伸强度，其试件的扭转破坏是最大切应力作用的结果；铸铁等脆性材料的拉伸强度低于剪切强度，其试件的扭转破坏是最大拉应力作用的结果。

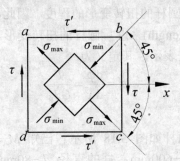

图 3.17 正应力与切应力的极值

对于用铸铁等脆性材料制成的杆件,本应依据斜截面上的最大拉应力来建立其强度条件,但考虑到斜截面上的最大拉应力与横截面上的最大切应力之间的固定关系,故工程上仍习惯采用式(3.21)进行强度计算。这在形式上虽然模糊了材料强度破坏的实质,但实际上是一样的。

3.5.3 等直圆杆的扭转变形

1. 扭转变形

等直圆杆的扭转变形是通过两横截面的相对扭转角 φ 来度量的。将前面得到的 $\dfrac{d\varphi}{dx}$ 表达式(3.12)改写为

$$d\varphi = \frac{T}{GI_p}dx$$

将上式沿杆轴线方向积分,可得

$$\varphi = \int_l d\varphi = \int_0^l \frac{T}{GI_p}dx \tag{3.23}$$

对于两端承受一对外力偶矩 M_e 作用的等直圆杆,其任一横截面上的扭矩 T 均等于 M_e。若圆杆为同一材料制成,则 G 和 I_p 也为常量。于是由上式可得相距 l 的两端面间的相对扭转角为

$$\varphi = \frac{Tl}{GI_p} \tag{3.24}$$

或

$$\varphi = \frac{M_e l}{GI_p} \tag{3.25}$$

φ 的单位是弧度(rad)。上式中的 GI_p 称为等直圆杆的**扭转刚度**(torsion rigidity),相对扭转角 φ 反比于扭转刚度 GI_p。对于各段扭矩不等或横截面不同的圆杆,杆两端的相对扭转角 φ 为

$$\varphi = \sum_{i=1}^n \frac{T_i l_i}{GI_{p i}} \tag{3.26}$$

在很多情况下,由于杆件的长度不同,有时各横截面上的扭矩也不相同,此时两端面

间的相对扭转角 φ 无法表示出圆杆的扭转变形的程度。因此，在工程中通常采用**单位长度扭转角**(torsional angle perunit length)来度量圆杆的扭转变形。单位长度扭转角也就是扭转角沿杆长度的变化率，用 φ' 来表示，其定义为

$$\varphi' = \frac{d\varphi}{dx} = \frac{T}{GI_P} \tag{3.27}$$

式中，φ' 的单位是 rad/m。

【例 3.6】 一实心钢制圆截面杆如图 3.18 所示。已知 M_A=900N·m，M_B=1700N·m，M_C=800N·m，l_1=400mm，l_2=600mm，杆的直径 d_1=80mm，d_2=60mm，钢的切变模量 G=80GPa。试求截面 C 相对于截面 A 的扭转角 φ_{AC}。

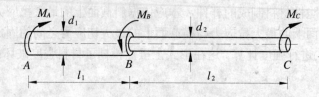

图 3.18　例 3.6 图

解： 首先用截面法求出 AB 段和 BC 段的扭矩，有

$$T_1 = M_A = 900\,\text{N·m}$$
$$T_2 = -M_C = -800\,\text{N·m}$$

由于 AB 段和 BC 段的扭矩不同，其横截面也不同，故分别计算截面 B 相对于截面 A 的扭转角 φ_{AB} 截面 C 相对于截面 B 的扭转角 φ_{BC}。两者的代数和即为截面 C 相对于截面 A 的扭转角 φ_{AC}，扭转角的转向则取决于扭矩的转向。于是有

$$\varphi_{AB} = \frac{T_1 l_1}{GI_{P1}} = \frac{900 \times 400 \times 10^{-3}}{80 \times 10^9 \times \frac{\pi}{32} \times (80 \times 10^{-3})^4} = 1.12 \times 10^{-3}\,\text{rad}$$

$$\varphi_{BC} = \frac{T_2 l_2}{GI_{P2}} = \frac{-800 \times 600 \times 10^{-3}}{80 \times 10^9 \times \frac{\pi}{32} \times (60 \times 10^{-3})^4} = -4.72 \times 10^{-3}\,\text{rad}$$

因此，截面 C 相对于截面 A 的扭转角 φ_{AC} 为

$$\varphi_{AC} = \varphi_{AB} + \varphi_{BC} = 1.12 \times 10^{-3} - 4.72 \times 10^{-3} = -3.60 \times 10^{-3}\,\text{rad}$$

其转向与 M_C 相同。

2. 刚度条件

等直圆杆扭转时，除了要满足强度条件外，有时还需限制它的扭转变形，也就是要满足**刚度条件**(stiffness condition)。例如机床主轴扭转角过大会影响机床的加工精度，机器传动轴的扭转角过大会使机器产生较强的振动。在工程中，刚度要求通常是规定单位长度扭转角的最大值 $\varphi'_{\max}$ 不得超过许用单位长度扭转角 $[\varphi']$，即

$$\varphi'_{\max} \leqslant [\varphi'] \tag{3.28}$$

在实际工程中 $[\varphi']$ 的单位通常采用 °/m，其值根据轴的工作要求而定。例如对于精密机器的轴，其 $[\varphi']$ 值一般取 0.15°/m～0.5°/m；对于一般传动轴，其 $[\varphi']$ 值一般取 0.5°/m～

1.0°/m;至于精度要求不高的轴,其$[\varphi']$值则可放宽到2°/m左右。各类轴的许用单位长度扭转角$[\varphi']$的具体数值可参阅有关的机械设计手册。

必须注意的是,依据式(3.27)求得的φ'值的单位是 rad/m,故此应先将其单位换算为°/m,再代入式(3.28),即可得

$$\frac{T_{max}}{GI_p} \times \frac{180}{\pi} \leqslant [\varphi'] \tag{3.29}$$

利用上式,就可以对实心(或空心)圆截面杆进行刚度计算,如刚度校核、截面选择和许可荷载的计算。

【例3.7】 例题3.4中,材料的切变模量$G=80$GPa,许用单位长度扭转角$[\varphi']=0.9°$/m。试选择轴的直径。

解: 在例题3.4中按照强度条件已求得该空心圆轴的外直径不得小于35mm,现在按照刚度条件来计算轴的外直径。

在例题3.2中已经求得$T_{max}=8.02$kN·m。将已知数据代入式(3.19),可得

$$I_p = \frac{\pi D^4}{32}(1-\alpha^4) = \frac{\pi D^4}{32}(1-0.6^4) = 0.0272\pi D^4$$

将上式代入式(3.29),即可得满足刚度条件所需的外直径为

$$D = \sqrt[4]{\frac{T_{max}}{G \times 0.0272\pi} \times \frac{180}{\pi} \times \frac{1}{[\varphi']}}$$

$$= \sqrt[4]{\frac{180 \times 8.02 \times 10^3}{80 \times 10^9 \times 0.0272 \times \pi^2 \times 0.9}}$$

$$= 0.093 \text{ m} = 93 \text{ mm}$$

虽然空心圆轴的外直径只要大于35mm就能满足强度条件,但考虑到刚度条件的要求,该圆轴的外直径必须不小于93mm。

【例3.8】 例题3.5中,若材料的切变模量$G=80$GPa,许用单位长度扭转角$[\varphi']=1°$/m,试校核该轴的刚度。

解: 在例题3.5中已进行了强度校核,计算结果表明,该轴满足强度要求。现在进行刚度校核。

例题3.5中已求出圆轴各段的扭矩,其扭矩图如图3.14(b)所示。

由扭矩图可见,CD段和DB段的直径相同,但DB段的扭矩大于CD段,故这两段只要校核DB段的刚度即可。AC段的扭矩虽然也小于DB段,但其直径也比DB段小,故AC段的刚度也需要校核。

AC段

$$\varphi'_{max} = \frac{T_{AC}}{GI_{P1}} \times \frac{180}{\pi} = \frac{0.8 \times 10^3 \times 180}{80 \times 10^9 \times \frac{\pi}{32} \times (50 \times 10^{-3})^4 \times \pi}$$

$$= 0.93 °/m < [\varphi']$$

DB 段

$$\varphi'_{max} = \frac{T_{BD}}{G I_{P2}} \times \frac{180}{\pi} = \frac{2.0 \times 10^3 \times 180}{80 \times 10^9 \times \frac{\pi}{32} \times (80 \times 10^{-3})^4 \times \pi}$$

$$= 0.36\ °/m < [\varphi']$$

计算结果表明，该轴也满足刚度要求。

【例 3.9】 一两端固定的圆截面杆 AB 如图 3.19(a)所示，在截面 C、D 处分别作用有扭转力偶矩 M_1 和 M_2。已知杆的扭转刚度为 GI_p，试求 A、B 两端的支反力偶矩。

解：本题只有一个独立的静力学平衡方程 $\sum M_x = 0$，但却有两个未知的支反力偶 M_A 和 M_B，故为扭转的一次**超静定问题**(statically indeterminate problem)。对于扭转超静定问题，可综合运用变形的几何相容条件、力与变形间的物理关系和静力学平衡条件来求解。

解除固定端 B 的多余约束，加上相应的未知力偶 M_B，如图 3.19(b)所示。从图 3.19(a)可以看出，B 作为固定端，其扭转角应为 0。因此，可得到变形几何方程为

$$\varphi_B = 0$$

固定端 B 的扭转角可看作是由 M_1、M_2 和 M_B 分别引起的，故上式可写为

$$\varphi_B = \varphi_{M_1} + \varphi_{M_2} - \varphi_{M_B} = 0 \tag{a}$$

当杆处于线弹性范围时，扭转角与力偶矩间的物理方程为

$$\varphi_{M_1} = \frac{M_1 l}{G I_p} \tag{b}$$

$$\varphi_{M_2} = \frac{M_2 \cdot 2l}{G I_p} = \frac{2 M_2 l}{G I_p} \tag{c}$$

$$\varphi_{M_B} = \frac{M_B \cdot 3l}{G I_p} = \frac{3 M_B l}{G I_p} \tag{d}$$

将式(b)、式(c)和式(d)代入式(a)，即得补充方程，并由此得到

$$M_B = \frac{1}{3} M_1 + \frac{2}{3} M_2 \tag{e}$$

最后由静力学平衡方程 $\sum M_x = 0$，有

$$M_A + M_B = M_1 + M_2 \tag{f}$$

将式(e)代入式(f)，可得

$$M_A = \frac{2}{3} M_1 + \frac{1}{3} M_2$$

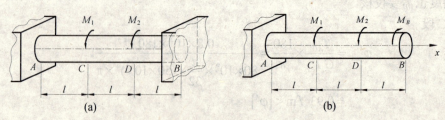

图 3.19 例 3.9 图

3.6 非圆截面等直杆的自由扭转

在实际工程中，有时也会遇到非圆截面等直杆的扭转问题。例如建筑结构中很多的受扭构件都是非圆截面构件，前面提到的雨篷梁的扭转就是一个矩形截面杆的扭转问题；在航空结构中也会采用薄壁截面的杆件来承受扭转。

在上节分析等直圆杆的扭转问题时，是以平面假设为前提的。而非圆截面等直杆在扭转时，其横截面会产生**翘曲**(warping)，如图 3.20 所示，不再保持为平面，平面假设不成立了。因此，等直圆杆扭转时的计算公式并不适用于非圆截面等直杆的扭转问题。对于此类问题的求解，一般要采用弹性力学的方法。

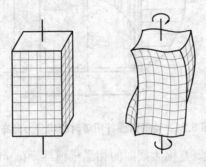

图 3.20 矩形截面杆的自由扭转

非圆截面等直杆的扭转可分为**自由扭转**(free torsion)和**约束扭转**(constrained torsion)。若杆件各横截面可自由翘曲时，称为自由扭转，也称**纯扭转**(pure torsion)，此时，杆件任意两相邻横截面的翘曲情况将完全相同，纵向纤维的长度保持不变，因此横截面上只有切应力而无正应力。若杆件受到约束而不能自由翘曲时，称为约束扭转，此时各横截面的翘曲情况各不相同，将在横截面上引起附加的正应力。对于一般实心截面杆，由约束扭转引起的正应力很小，可忽略不计；对于薄壁截面杆，由约束扭转引起的正应力则不能忽略。本节将简单介绍矩形截面杆和薄壁截面杆的自由扭转问题。

3.6.1 矩形截面杆

弹性力学的分析结果表明，矩形截面杆在自由扭转时，其横截面上的切应力分布具有以下特点：

(1) 截面周边各点处的切应力方向必定与周边相切，且截面顶点处的切应力必定为 0。此结论亦可由切应力互等定理推出。

(2) 最大切应力发生在长边的中点处，而短边中点处的切应力则为该边上切应力的最大值。

如图 3.21 所示，最大切应力 τ_{max}、单位长度扭转角 φ' 和短边中点处的切应力 τ_1 可根据以下公式计算：

$$\tau_{\max} = \frac{T}{W_t} \tag{3.30a}$$

$$\varphi' = \frac{T}{GI_t} \tag{3.30b}$$

$$\tau_1 = \nu \tau_{\max} \tag{3.30c}$$

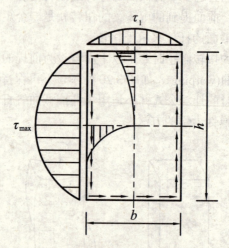

图 3.21 矩形截面杆扭转时的切应力分布

式中，W_t 称为扭转截面系数，I_t 称为截面的相当极惯性矩(equivalent polar moment of an area)，GI_t 则称为非圆截面杆的扭转刚度。W_t、I_t 与圆截面的 W_p 和 I_p 量纲相同，但在几何意义上则完全不同。矩形截面的 W_t、I_t 与截面尺寸之间的关系为

$$W_t = \alpha h b^2 \tag{3.31a}$$

$$I_t = \beta h b^3 \tag{3.31b}$$

系数 α、β 和 ν 与矩形截面的边长比 h/b 有关，其值可查表 3-2。

表 3-2 矩形截面杆在自由扭转时的系数

h/b	1.0	1.2	1.5	2.0	2.5	3.0	4.0	5.0	6.0	8.0	10.0	∞
α	0.208	0.219	0.231	0.246	0.258	0.267	0.282	0.291	0.299	0.307	0.313	0.333
β	0.141	0.166	0.196	0.229	0.249	0.263	0.281	0.291	0.299	0.307	0.313	0.333
ν	1.000	0.930	0.858	0.796	0.767	0.753	0.745	0.743	0.743	0.743	0.743	0.743

由上表可以看出，对于 $h/b>10$ 的狭长矩形截面，有 $\alpha = \beta \approx \frac{1}{3}$，$\nu = 0.743$。为了与一般矩形相区别，现以 δ 表示狭长矩形的短边长度。将 $\alpha = \beta \approx \frac{1}{3}$ 代入式(3.31)，有

$$W_t = \frac{1}{3} h \delta^2 \tag{3.32a}$$

$$I_t = \frac{1}{3} h \delta^3 = W_t \delta \tag{3.32b}$$

将上式代入式(3.30)，即可得狭长矩形截面的最大切应力和单位长度扭转角

$$\tau_{\max} = \frac{3T}{h\delta^2} \tag{3.33a}$$

$$\varphi' = \frac{3T}{Gh\delta^3} \tag{3.33b}$$

狭长矩形截面上的切应力分布如图 3.22 所示,切应力在沿长边各点处的方向均与长边相切,其数值除靠近两端的部分外均相等。

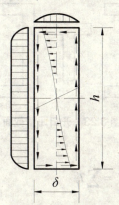

图 3.22 狭长矩形截面杆的扭转切应力分布

【例 3.10】 一矩形截面等直杆,其横截面长边长度为 400mm,短边长度为 30mm,杆长 2m,在杆两端承受一对大小为 6kN·m 的扭转力偶。若材料的许用切应力为 $[\tau]$=60MPa,切变模量 G=80GPa,许用单位长度扭转角 $[\varphi']$=1.5°/m,试校核该杆的强度和刚度。

解:该杆横截面的边长比 h/b=400/30>10,可看作狭长截面矩形杆。将已知数据代入式 (3.33),有

$$\tau_{\max} = \frac{3T}{h\delta^2} = \frac{3 \times 6 \times 10^3}{0.4 \times 0.03^2} = 50 \times 10^6 \,\text{Pa} = 50\text{MPa} < [\tau]$$

$$\varphi' = \frac{3T}{Gh\delta^3} = \frac{3 \times 6 \times 10^3}{80 \times 10^9 \times 0.4 \times 0.03^3} = 0.021\,\text{rad}$$
$$= 1.2°/\text{m} < [\varphi']$$

计算结果表明,该杆满足强度条件和刚度条件。

3.6.2 开口薄壁截面杆

在工程中,为了减轻结构自重,提高材料的利用率,常常会采用一些薄壁截面的杆件。如果薄壁截面杆的截面的壁厚中线是一条不封闭的曲线或折线,则称为**开口薄壁截面杆** (thin-walled bar with open cross section),如图 3.23 所示的截面都是开口薄壁截面。工程上常用的各类轧制型钢(如角钢、工字钢、槽钢等)的截面就可以认为是开口薄壁截面。

对于开口薄壁截面杆,其横截面可以看作是若干狭长矩形的组合截面。在自由扭转情况下,薄壁截面发生转动,但薄壁截面在其变形前的平面内的投影形状可以认为是不变的。因此,当杆件扭转时,截面的各组成部分的单位长度扭转角与整个横截面的单位长度扭转角 φ' 相同,故变形相容条件为

$$\varphi'_i = \varphi' \qquad (i=1,2,\cdots,n) \tag{a}$$

式中 φ'_i 是截面第 i 个组成部分的单位长度扭转角。再由式(3.30b)，即可得补充方程

$$\frac{T_i}{GI_{ti}} = \frac{T}{GI_t} \qquad (i=1,2,\cdots,n) \tag{b}$$

式中，I_{ti}、T_i 分别是截面第 i 个组成部分的相当极惯性矩和承受的扭矩，I_t、T 则是整个截面的相当极惯性矩和承受的扭矩。

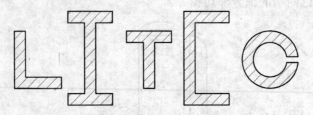

图 3.23 开口薄壁截面

此外，由静力学关系，有

$$T = \sum_{i=1}^{n} T_i \tag{c}$$

联立式(b)、式(c)，可求得

$$I_t = \sum_{i=1}^{n} I_{ti} \tag{d}$$

由于截面的各组成部分可看作是狭长矩形截面，故可根据式(3.32b)将上式改写为

$$I_t = \frac{1}{3} \sum_{i=1}^{n} h_i \delta_i^3 \tag{e}$$

式中的 h_i、δ_i 是第 i 个狭长矩形的边长。根据式(3.30a)、式(3.32b)和式(b)，可得任一狭长矩形截面上的最大切应力为

$$\tau_{\max i} = \frac{T_i}{W_{ti}} = \frac{T_i}{I_{ti}} \delta_i = \frac{T}{I_t} \delta_i \tag{f}$$

由上式可知，整个横截面上的最大切应力发生在厚度最大的狭长矩形的长边中点处，其值为

$$\tau_{\max} = \frac{T}{I_t} \delta_{\max} = \frac{3T \delta_{\max}}{\sum_{i=1}^{n} h_i \delta_i^3} \tag{3.34}$$

对于中心线为曲线的开口薄壁截面杆，计算时可展开截面，将其作为一狭长矩形截面来处理。

3.6.3 闭口薄壁截面杆

在工程中还有另外一类薄壁截面杆，其横截面的壁厚中线是一条封闭的曲线或折线，称为**闭口薄壁截面杆**(thin-walled bar with closed cross section)，如图 3.24 所示的箱形和环形截面就是闭口薄壁截面。例如箱形截面梁在桥梁工程中就得到了广泛的使用。

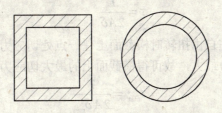

图 3.24 箱形和环形薄壁截面

现在分析如图 3.25 所示的壁厚可变的闭口薄壁截面杆,其两端作用着一对扭转外力偶。因为壁厚很薄,故可假设切应力沿壁厚均匀分布,且其方向与壁厚的中线相切,如图 3.26(a) 所示。

图 3.25 闭口薄壁截面杆的自由扭转

用相距 dx 的两个横截面以及两个与壁厚中线相交的纵截面从杆壁中切取单元体 $abcd$,设横截面上 b 和 c 两点处的切应力分别为 τ_1 和 τ_2,而壁厚则分别为 δ_1 和 δ_2,如图 3.26(b) 所示。根据切应力互等定理可知,在上、下两纵截面上的切应力分别为 τ_1 和 τ_2。由平衡方程 $\sum F_x = 0$ 可得

$$\tau_1 \delta_1 \, dx = \tau_2 \delta_2 \, dx$$

即

$$\tau_1 \delta_1 = \tau_2 \delta_2$$

因为两纵截面是任意选取的,故由上式可知,横截面上任意位置处的切应力与该处壁厚的乘积为一常数,即

$$\tau \delta = 常数$$

$\tau\delta$ 称为剪力流。从上式可以看出,壁厚可变的闭口薄壁截面杆在自由扭转时,横截面上的切应力随着壁厚的不同而发生改变,壁厚最小处的切应力最大。

现在来推导切应力 τ 的计算公式。沿壁厚中线取微段弧长 ds,在该段上的内力元素为 $\tau \delta ds$,其方向与中线相切,如图 3.26(c) 所示。由静力学关系可知,横截面上的切应力对横截面内任一点 O 的力矩之和等于横截面上的扭矩 T,即

$$T = \int_s (\tau \delta ds) r = \tau \delta \int_s r ds$$

式中,r 是矩心 O 到微元 ds 的垂直距离。由图 3.26(c) 可知,rds 为图中阴影三角形面积的两倍,故其沿壁厚中线长度 s 的积分等于该中线所围面积 A 的两倍。于是可得

$$T = 2\tau \delta A$$

可改写为

$$\tau = \frac{T}{2A\delta} \tag{3.35}$$

上式即为闭口薄壁截面杆在自由扭转时横截面上任一点处切应力的计算公式。从上面已经知道，壁厚最小处的切应力最大，故可得横截面上的最大切应力为

$$\tau_{\max} = \frac{T}{2A\delta_{\min}} \tag{3.36}$$

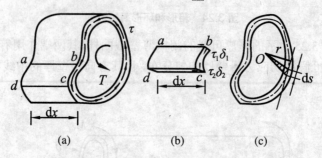

图 3.26 闭口薄壁截面杆扭转时的切应力分布

(a) 切应力沿壁厚的分布；(b) 微元段上切应力分析；(c) 切应力分析

闭口薄壁截面杆的单位长度扭转角可根据能量原理来求解：应变能在数值上等于外力所做的功(应变能的讨论参阅第 11 章)，即

$$\int_s \frac{\tau^2}{2G} \delta \, \mathrm{d}s = \frac{T\varphi'}{2}$$

将式(3.35)代入上式，即可求得闭口薄壁截面杆的单位长度扭转角

$$\varphi' = \frac{T}{4GA^2} \int_s \frac{\mathrm{d}s}{\delta} \tag{3.37}$$

当壁厚相等(即 δ 为常数)时，则有

$$\varphi' = \frac{Ts}{4GA^2\delta} \tag{3.38}$$

式中，s 为壁厚中线的长度。

【例 3.11】 试比较开口薄壁圆管与闭口薄壁圆管的最大切应力和单位长度扭转角，设二者的材料、长度、直径 d、壁厚 δ 以及承受的扭矩 T 都相同。开口薄壁圆管是在闭口薄壁圆管上沿纵向切开一细缝而得到的。

解：由前述可知，对于开口薄壁圆管，计算时可展开截面，将其作为一狭长矩形截面来处理。由式(3.22)可知

$$W_t = \frac{1}{3}h\delta^2 = \frac{1}{3}\pi d\delta^2$$

$$I_t = \frac{1}{3}h\delta^3 = \frac{1}{3}\pi d\delta^3$$

将上两式代入式(3.30a)和式(3.30b)，有

$$\tau_{\max 1} = \frac{T}{W_t} = \frac{3T}{\pi d\delta^2}$$

$$\varphi_1' = \frac{T}{GI_t} = \frac{3T}{G\pi d\delta^3}$$

对于闭口薄壁圆管，由式(3.36)和式(3.38)，有

$$\tau_{\max 2} = \frac{T}{2A\delta} = \frac{T}{2\pi(\frac{d}{2})^2\delta} = \frac{2T}{\pi d^2\delta}$$

$$\varphi_2' = \frac{Ts}{4GA^2\delta} = \frac{T\pi d}{4G(\frac{\pi d^2}{4})^2\delta} = \frac{4T}{G\pi d^3\delta}$$

故开口薄壁圆管与闭口薄壁圆管的最大切应力之比为

$$\frac{\tau_{\max 1}}{\tau_{\max 2}} = \frac{\dfrac{3T}{\pi d\delta^2}}{\dfrac{2T}{\pi d^2\delta}} = \frac{3d}{2\delta} \gg 1$$

开口薄壁圆管与闭口薄壁圆管单位长度扭转角之比为

$$\frac{\varphi_1'}{\varphi_2'} = \frac{\dfrac{3T}{G\pi d\delta^3}}{\dfrac{4T}{G\pi d^3\delta}} = \frac{3}{4}(\frac{d}{\delta})^2 \gg 1$$

从以上的计算结果可以看出，闭口薄壁圆管的强度和刚度都远远大于开口薄壁圆管，故此在工程上受扭杆件都尽量避免采用开口薄壁杆件。产生这种现象的主要原因是这两种截面上切应力沿壁厚分布情况的不同，如图3.27所示。

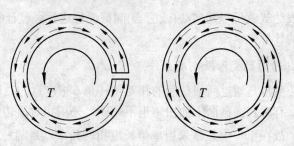

图3.27 开口薄壁圆管与闭口薄壁圆管截面上的切应力分布

3.7 小　　结

1. 连接件的剪切和挤压强度计算

为了保证连接件的正常工作，一般需要采用实用计算法进行连接件的剪切强度、挤压强度校核，

剪切强度式为

$$\tau = \frac{F_Q}{A_s} \leqslant [\tau] \tag{3.2}$$

挤压强度式为

$$\sigma_{bs} = \frac{F_{bs}}{A_{bs}} \leqslant [\sigma_{bs}] \tag{3.4}$$

2. 薄壁圆筒扭转时的变形和切应力分布

其横截面上的切应力计算公式为

$$\tau = \frac{T}{2\pi r^2 \delta} \tag{3.6}$$

3. 剪切胡克定律和切应力互等定理

剪切胡克定律：切应力 τ 和切应变 γ 之间成正比关系，即

$$\tau = G\gamma \tag{3.8}$$

切应力互等定理：在两个相互垂直的平面上，切应力必然成对存在，且数值相等，两者都垂直于两平面的交线，其方向均共同指向或背离该交线。

4. 等直圆杆在扭转时横截面上切应力的分布及强度条件

横截面上最大切应力在横截面周边各点处，其值为

$$\tau_{max} = \frac{T}{W_p} \tag{3.16}$$

强度条件式为

$$\tau_{max} = \frac{T_{max}}{W_p} \leqslant [\tau] \tag{3.22}$$

利用强度条件表达式就可以对实心(或空心)圆截面杆进行强度计算，如强度校核、截面选择和许可荷载的计算。

5. 等直圆杆在扭转时的变形及刚度条件

等直圆杆的扭转变形是通过两横截面的相对扭转角 φ 来度量的。但考虑到在很多情况下杆件的长度不同，有时各横截面上的扭矩也不相同，采用相对扭转角 φ 无法表示出圆杆的扭转变形的程度，故在工程中通常采用单位长度扭转角来度量圆杆的扭转变形

$$\varphi' = \frac{d\varphi}{dx} = \frac{T}{GI_p} \tag{3.27}$$

等直圆杆扭转时，除了要满足强度条件外，还要满足刚度条件。刚度条件式为

$$\frac{T_{max}}{GI_p} \times \frac{180}{\pi} \leqslant [\varphi'] \tag{3.29}$$

利用刚度条件式就可以对实心(或空心)圆截面杆进行刚度计算，如刚度校核、截面选择和许可荷载的计算。

6. 矩形截面杆和薄壁截面杆的自由扭转

矩形截面杆受扭后，横截面会发生明显的翘曲，不能使用平面假设。矩形截面杆的最大切应力和单位长度扭转角的计算公式与等直圆杆的相应公式形式类似，但其中的 W_t、I_t

与圆截面的 W_p 和 I_p 并不具有相同的几何意义。

在薄壁截面杆的自由扭转中，应注意的是在基本情形相同的情况下，闭口薄壁圆管的强度和刚度都远远大于开口薄壁圆管。

3.8 思 考 题

1. 什么是剪切？试述剪切变形的特征。
2. 压缩与挤压有什么不同？为什么挤压许用应力大于压缩许用应力？
3. 铆钉所受的剪切是纯剪切吗？为什么？
4. 外力偶矩与扭矩有什么不同？它们是如何计算的？
5. 等直圆杆的切应力公式是如何建立的？其基本假设是什么？
6. 两根长度与直径均相同的由不同材料制成的等直圆杆，在其两端作用相同的扭转力偶矩，试问：

(1) 最大切应力是否相同？为什么？

(2) 相对扭转角是否相同？为什么？

7. 如果将等直圆杆的直径增大一倍，其余条件不变，则最大切应力和扭转角将怎样变化？
8. 试根据切应力互等定理，标出图示单元体所有侧面上的切应力。
9. 受扭空心圆轴比实心圆轴节省材料的原因是什么？
10. 由空心圆杆 I 和实心圆杆 II 组成的受扭圆轴如图所示。若扭转过程中两杆之间没有相对滑动，试在下列条件下画出横截面上切应力沿水平直径的变化情况：①两杆材料相同，$G_I=G_{II}$；②两杆材料不同，$G_I=2G_{II}$。

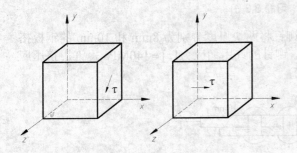

图 3.28 思考题 8 图

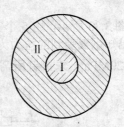

图 3.29 思考题 10 图

3.9 习 题

1. 一托架如图 3.30 所示，铆钉和钢板之间为搭接。已知铆钉的直径 $d=20$mm，外力 $F=35$kN。试求最危险的铆钉剪切面上切应力的数值及方向。
2. 如图 3.31 所示为一拉杆头部，已知 $D=32$mm，$d=20$mm，$h=12$mm，杆件材料的许

用切应力$[\tau]=100\mathrm{MPa}$，许用挤压应力$[\sigma_{bs}]=240\mathrm{MPa}$。试校核该杆的剪切强度和挤压强度。

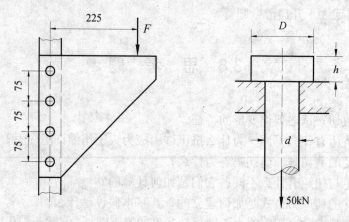

图 3.30　习题 3.1 图　　　　图 3.31　习题 3.2 图

3. 两块钢板由两个相同的螺栓连接在一起，如图 3.32 所示。已知两块钢板的厚度均为 10mm，螺栓的直径为 17mm。已知钢板受到的拉力为 $F=60\mathrm{kN}$，螺栓的许用切应力 $[\tau]=140\mathrm{MPa}$，许用挤压应力$[\sigma_{bs}]=280\mathrm{MPa}$。试校核该连接件的强度，并确定该接头的许可荷载$[F]$。

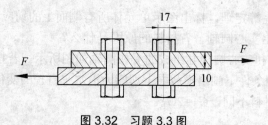

图 3.32　习题 3.3 图

4. 如图 3.33 所示，用 5 个完全相同的铆钉将两块厚度分别为 8mm 和 10mm 的钢板搭接起来，已知钢板受到的拉力为 $F=200\mathrm{kN}$，铆钉的许用切应力$[\tau]=140\mathrm{MPa}$，许用挤压应力$[\sigma_{bs}]=320\mathrm{MPa}$。求铆钉所需的直径。

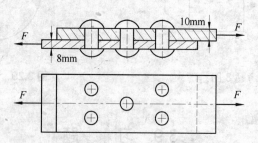

图 3.33　习题 3.4 图

5. 图 3.34 所示传动轴以 200r/min 的转速匀速转动，主动轮 B 的输入功率为 60kW，从动轮 A、C、D、E 的输出功率分别为 18kW、12kW、22kW 和 8kW。试作轴的扭矩图。

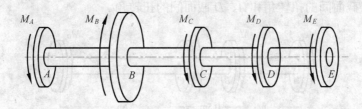

图 3.34 习题 5 图

6. 圆轴的直径为 48mm，转速为 200r/min。如果该轴横截面上的最大切应力为 100MPa，则其传递的功率为多大？

7. 作图 3.35 所示各轴的扭矩图并求最大切应力。注意图(c)中 AB 段承受的是均布外力偶 m 的作用，$m = \dfrac{M_e}{l}$。

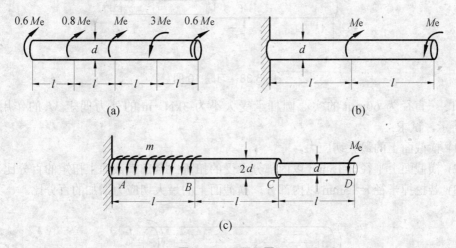

图 3.35 习题 7 图

8. 如图 3.36 所示，等直圆杆在 BC 段受均布力偶作用，其集度为 m，圆杆材料的切变模量为 G。试作圆杆的扭矩图，并计算 A、C 两截面间的相对扭转角。

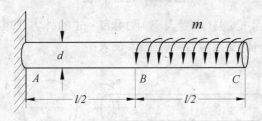

图 3.36 习题 8 图

9. 如图 3.37 所示传动轴的直径为 100mm，已知材料的切变模量 $G=80\text{GPa}$，$M_A=1\text{kN}\cdot\text{m}$，$M_B=2\text{kN}\cdot\text{m}$，$M_C=3.5\text{kN}\cdot\text{m}$，$M_D=0.5\text{kN}\cdot\text{m}$，试求：

(1) 作扭矩图。
(2) 横截面上的最大切应力。

(3) C、D 截面间的扭转角和 A、D 截面间的扭转角。

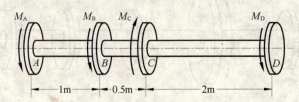

图 3.37　习题 9 图

10. 如图 3.38 所示阶梯状圆杆由同一材料制成，若 AB 段和 BC 段的单位长度扭转角相同，则 M_1 与 M_2 的比值为多少？

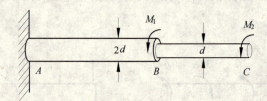

图 3.38　习题 10 图

11. 一直径为 60mm 的实心圆杆承受大小为 3kN·m 的外力偶矩 M_e 的作用，如图 3.39 所示，试求：

(1) 横截面上的最大切应力。

(2) 横截面上半径 $r=15$mm 以内部分承受的扭矩占全部横截面上扭矩的百分比。

(3) 若挖掉半径 $r=15$mm 以内部分，横截面上的最大切应力增加的百分比。

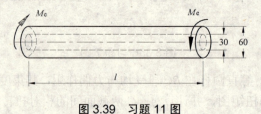

图 3.39　习题 11 图

12. 如图 3.40 所示实心圆杆承受大小为 14kN·m 的外力偶矩 M_e 的作用，其直径为 100 mm，长 1m，材料的切变模量 $G=80$GPa。试求：

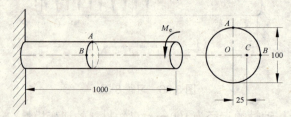

图 3.40　习题 12 图

(1) 最大切应力及两端面间的相对扭转角。

(2) 图示截面上 A、B、C 三点处切应力的数值和方向。

(3) C 点处的切应变。

13. 由同一材料制成的实心和空心圆截面杆的长度和质量均相等,实心杆的直径为 D_1,空心杆的外径为 D_2,内径为 d_2,且 $\alpha = d_2/D_2$,二者承受的外力偶矩分别为 M_1 和 M_2,若两杆横截面上的最大切应力相等,试求 M_1 和 M_2 的比值。

14. 一等直圆杆如图 3.41 所示,已知 d=40mm,l=400mm,G=80GPa,φ_{AC}=1°。试求:

(1) 杆内的最大切应力。

(2) D 截面相对于 B 截面的扭转角。

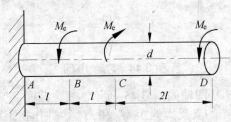

图 3.41　习题 14 图

15. 如图 3.42 所示一长为 l 的圆锥形杆,两端面的直径分别为 d_1 和 d_2,在两端承受外力偶矩 M_e 作用。试求杆两端面间的相对扭转角。

图 3.42　习题 15 图

16. 一实心圆杆要传递的功率为 P=330kW,转速 n=300r/min,材料的许用切应力 $[\tau]$=60MPa,切变模量 G=80GPa。若要求该杆在 2m 的长度内相对扭转角不得超过 1°,试确定该杆的直径。

17. 已知某圆轴的许用切应力 $[\tau]$=21MPa,切变模量 G=80GPa,许用单位长度扭转角 $[\varphi']$=0.3°/m。问该轴的直径达到多大时,轴的直径应由强度条件决定,而刚度条件自然满足。

18. 一实心等直圆杆受力如图 3.43 所示,已知 M_A=2.99kN·m,M_B=7.2kN·m,M_C=4.21kN·m,材料的许用切应力 $[\tau]$=70MPa,切变模量 G=80GPa,许用单位长度扭转角 $[\varphi']$=1°/m。试确定该杆的直径。

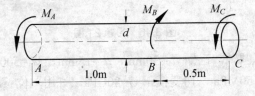

图 3.43　习题 18 图

19. 如图 3.44 所示一端固定的空心圆截面杆长 4m，外径为 60mm，内径为 50mm，受到集度为 0.2kN·m/m 的均布力偶 m 的作用。杆材料的许用切应力 $[\tau]=40$MPa，切变模量 $G=80$GPa，许用单位长度扭转角 $[\varphi']=0.3°$/m。试校核该杆的强度和刚度。

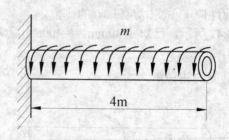

图 3.44　习题 19 图

20. 一两端固定的阶梯状圆轴如图 3.45 所示，其在截面突变处承受外力偶矩 M_e 的作用。若 $d_1=2d_2$，试求固定端的支反力偶矩 M_A 和 M_B，并作扭矩图。

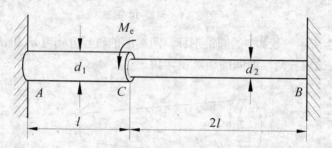

图 3.45　习题 20 图

21. 如图 3.46 所示一端固定的组合圆截面轴是由两种不同的材料制成的，且内外两轴结合紧密。外面空心轴的外径为 100mm，内径为 50mm，切变模量为 26.2GPa；里面实心轴的直径为 50mm，切变模量为 78.6GPa。若在轴的另一端承受外力偶矩 $M_e=1.2$kN·m 的作用，试绘制该组合轴横截面上的切应力分布。

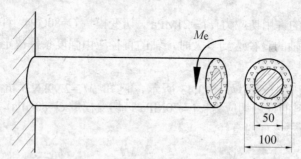

图 3.46　习题 21 图

22. 如图 3.47 所示圆轴，已知 $d_1=30$mm，$d_2=15$mm，$M_1=500$N·m，$M_2=300$N·m，材料的许用切应力 $[\tau]=50$MPa，切变模量 $G=80$GPa，许用单位长度扭转角 $[\varphi']=2.5°$/m。试校核该轴的强度和刚度。

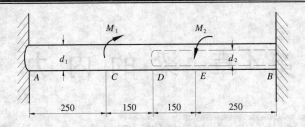

图 3.47　习题 22 图

23. 如图 3.48 所示各受扭杆件的横截面面积均为 10 000mm²。若各杆件为同一材料制成，其许用切应力 $[\tau]=50$MPa，试根据强度条件比较它们的抗扭承载能力。

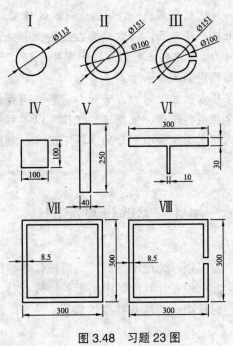

图 3.48　习题 23 图

第4章 梁的内力

提要：在前面的章节中，已经介绍过轴向拉(压)杆件和受扭杆件的内力的计算，本章将讨论受弯杆件的内力计算。

以弯曲为主要变形的构件称为梁(beam)，如房屋建筑中的楼板梁(图 4.1)与火车的轮轴(图 4.2)。本章主要研究外力作用在同一平面，变形也在同一平面(即平面弯曲)的梁。

梁的内力计算与前面一样仍然采用截面法，由于荷载的作用，梁在各横截面产生内力，包括剪力和弯矩。截断梁上任一横截面，任取截面左或右侧部分为研究对象，通过静力平衡方程可以求出该横截面内力。通过列出剪力方程和弯矩方程，可以绘制剪力图和弯矩图，从而反映出梁上所有横截面的内力大小和方向。

通过分析剪力方程和弯矩方程发现剪力、弯矩和荷载之间存在微分关系，相应的在剪力图、弯矩图和荷载之间存在某些规律，依据这些规律可以不写剪力方程和弯矩方程，直接作出内力图。在材料服从胡克定律和小变形的前提下还可以利用叠加法，更方便地作出内力图。

4.1 梁的计算简图

梁的约束条件及荷载千差万别，为便于计算，一般抓住主要因素对其做出简化，得出计算简图。首先是梁的简化，一般在计算简图中用梁的轴线代替梁。另外，还需要对支座和荷载进行简化，下面分别讨论梁上支座和荷载的简化。

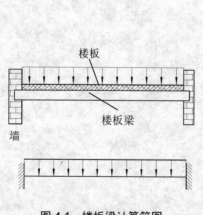

图 4.1 楼板梁计算简图

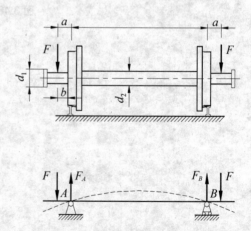

图 4.2 火车轮轴计算机简图

1. 支座的简化

根据结构中梁的约束情况,支座一般可简化为以下三种基本形式。

(1) 可动铰支座。图 4.3(a)是可动铰支座的简化形式。该支座限制此截面沿垂直于支承面方向的移动,因此可动铰支座只有一个约束,相应只有一个支反力,即垂直于支承面的反力 Y。

(2) 固定铰支座。有两个约束,相应的约束反力为两个,分别是水平反力 X 和垂直反力 Y(图 4.3(b))。

(3) 固定端。它使梁在固定端内不能发生任何方向的移动和转动,约束反力除 X、Y 之外,还有阻止转动的反力偶 m (图 4.3(c))。

这里需要指出的是,理想的"自由转动"和"绝对固定"实际上是不存在的,比如由于摩擦力的存在,转动不会完全自由,由于约束材料的变形,梁也不会完全被固定,只是这些运动相对较小,所以我们把它忽略了。

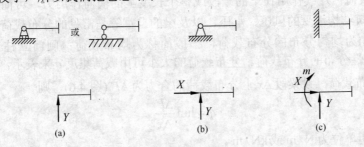

图 4.3 各种支座的约束反力

(a) 可动铰支座;(b) 固定铰支座;(c) 固定端

2. 载荷的简化

梁上的载荷通常可以简化为以下三种形式。

(1) 集中力。作用在梁上很小区域上的横向力,其特点是分布范围远小于轮轴或大梁的长度,因此可以简化为集中力,如火车轮轴上的 F(图 4.2)、吊车大梁所挂的重物 Q(图 4.4(a))等,它的常用单位为牛顿(N)或千牛顿(kN)。

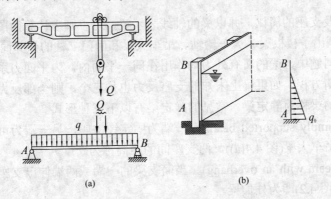

图 4.4 集中力、均布载荷和分布载荷示意图

(a) 吊车梁载荷与分布示意图;(b) 闸门立柱的静水压力分布示意图

(2) 集中力偶。工程中的某些梁，通过与梁连接的构件，承受与梁轴线平行的外力作用，如图 4.5(a)所示。在做梁的受力分析时，可将该力向梁轴线简化，得到一轴向外力 P_x 和一作用在梁的载荷平面内的外力偶 M_0 (图 4.5(b))。该外力偶只作用在承力构件与梁连接处的很小区域上，称为集中力偶。集中力偶的常用单位是 N·m 或 kN·m。

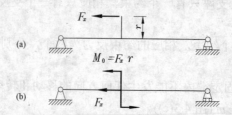

图 4.5 集中力偶示意图

(a) 承受与梁平行外力的示意图；(b) 力向梁轴线简化后的示意图

(3) 分布载荷。连续作用在梁的一段或整个长度上的横向作用力，可简化为沿轴线的分布载荷。建筑结构承受的风压、水压，以及梁的自重等是常见的分布载荷。吊车大梁的自重(图 4.4(a))为均匀分布的分布载荷，一般简称为均布载荷；闸门立柱上的静水压力(图 4.4(b))为线性分布的分布载荷。分布载荷的大小可用载荷集度 q 来表示，q 为常数的分布荷载就是均布载荷。设梁段 Δx 上分布载荷的合力为 ΔF (图 4.6)，则

$$q = \lim \frac{\Delta F}{\Delta x} \tag{4.1}$$

式中，q 的常用单位为 N/m 或 kN/m。

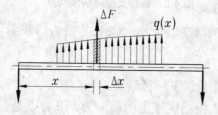

图 4.6 分布载荷示意图

3. 静定梁的基本形式

经过对载荷及支座的简化，并以梁的轴线表示梁，可以画出计算简图。图 4.1、图 4.2 及图 4.4 中分别画出了楼板梁、火车轮轴、吊车大梁和闸门立柱的计算简图。

在平面弯曲问题中，梁的所有外力均作用在同一平面内，为平面力系，因而可建立三个独立的静力平衡方程。如果梁上未知的支座反力也是三个，则全部反力可通过静力平衡方程求解，这样的梁称为**静定梁**。常见的静定梁有以下三种形式。

(1) 简支梁(simply supported beam)。一端为固定铰支座，另一端为可动铰支座的梁，称为简支梁。如吊车大梁(图 4.4(a))，两支座间的距离称为跨度。

(2) 外伸梁(beam with an overhang)。当简支梁的一端或两端伸出支座之外，称为外伸梁。如火车轮轴(图 4.2)即为外伸梁。

(3) 悬臂梁(cantilever beam)。一端为固定端、另一端自由的梁称为悬臂梁，如闸门立柱(图 4.4(b))。

工程中另有一些梁,其支座反力的数目多于有效平衡方程的数目,这样的梁称为**静不定梁或者超静定梁**(图 4.1)。为确定静不定梁的全部支反力,除静力平衡方程外,还需考虑梁的变形,这将在后面章节进行介绍。

4.2 梁的平面弯曲

弯曲是杆件的基本变形之一。如果杆件上作用有垂直于轴线的外力(通常称为横向力),使变形前原为直线的轴线变为曲线,这种变形称为**弯曲变形**(bending deformation)。凡是以弯曲变形为主要变形的杆件,通常称为**梁**(beam)。

在工程实际中,杆件在外载荷作用下发生弯曲变形的事例是很多的,例如,楼板梁(图 4.1)、火车轮轴(图 4.2)、桥式吊车的大梁(图 4.4(a))、闸门立柱(图 4.4(b))等杆件,在垂直于轴线的载荷作用下均发生弯曲变形。

绝大多数受弯杆件的横截面都具有对称轴,如图 4.7(a)中的虚线。因而,杆件具有对称面(图 4.7(b)中的阴影面),杆的轴线包含在对称面内,当所有外力(或者外力的合力)作用在同一纵向对称面内时,杆件的轴线在对称面内弯曲成一条平面曲线,这种变形称为**平面弯曲**。它是最常见、最基本的情况,火车轮轴、吊车大梁和闸门立柱等都是平面弯曲的实例。

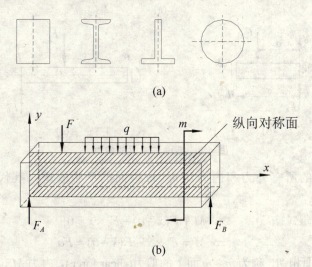

图 4.7 受弯杆件的对称轴和对称面

(a) 受弯杆件的对称轴;(b) 受弯杆件的对称面

4.3 梁的内力、剪力和弯矩

为了研究梁在弯曲时的强度和刚度问题,首先应该确定梁在外力作用下任一横截面上的内力。一般采用截面法这一内力分析的普遍方法计算静定梁中任一指定截面上的内力。

图 4.8(a)所示简支梁 AB,承受两个集中力 F 作用,求 $m-m$ 截面上的内力。首先以整

个梁为研究对象，画出受力图后，根据静力平衡方程可以确定支座反力 F_A 和 F_B 大小均为 F，方向向上，然后按截面法，假想一平面在 $m-m$ 截面处将梁截开，并在截断的横截面上加上剪力 F_Q 和弯矩 M，它们是大小相等、方向相反的两对内力(图 4.8(b)、(c))。本来梁上的内力应该还有轴力，但是由于受弯杆件上的外力均垂直于轴线，$m-m$ 截面上的轴向力为零，在这里就不再表示出来。

由于梁 AB 处于平衡状态，所以截开后的左右两段仍应保持平衡。现以左段梁 AC 为研究对象，在该段梁上，作用有内力 F_Q、M 和外力 F 和 F_A(图 4.8(b))。将这些内力和外力在 y 轴上投影，其代数和应为零，即 $\sum Y = 0$，由此得

$$F_A - F - F_Q = 0$$
$$\Rightarrow F_Q = F_A - F = 0 \qquad (a)$$

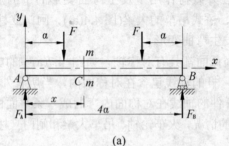

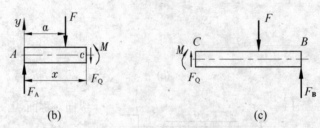

图 4.8 截面法求梁的内力

若将左段梁上的所有外力和内力对 $m-m$ 截面的形心取矩，其代数和应为零，即 $\sum M_C = 0$，由此得

$$M + F(x-a) - F_A \times x = 0$$
$$\Rightarrow M = F_A \times x - F(x-a) = Fa \qquad (b)$$

内力 F_Q 与横截面相切，称为 $m-m$ 面上的**剪力**(shear force)，内力 M 位于梁的对称面内，称为 $m-m$ 面上的**弯矩**(bending moment)。

若取右段梁为研究对象(图 4.8(c))，利用平衡方程所求得截面 $m-m$ 上的剪力 F_Q 和弯矩 M 在数值上与左段梁求得的结果相同，但方向相反。

为了使截面左右两段梁上分别求得的剪力和弯矩不但数值相等，而且符号也相同，我们一般联系变形现象来规定它们的符号：

剪力——使微段梁两横截面间发生左上右下错动(或使微段梁发生顺时针转动)的剪力为正，反之为负(图 4.9(a))。

弯矩——使微段梁发生凸面向下弯曲(或使微段梁下侧纤维受拉)的弯矩为正，反之为负(图 4.9(b))。

图 4.9 剪力与弯矩符号规定

(a) 剪刀符号规定；(b) 弯矩符号规定

【例 4.1】 图 4.10(a)所示外伸梁，自由端受集中力 F 作用，试计算 1-1、2-2、3-3 横截面的剪力和弯矩。

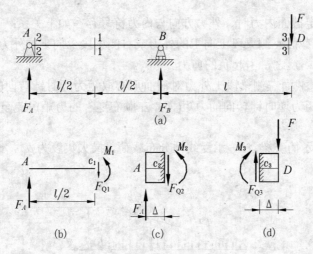

图 4.10 例 4.1 图

解：(1)计算支反力。以整体为研究对象，由静力平衡方程

$$\sum M_A = 0, \quad F_B \times l - F \times 2l = 0$$
$$\sum M_B = 0, \quad F_A \times l + F \times l = 0$$

求得

$$F_A = -F, \quad F_B = 2F$$

F_A 为负值，表示其方向与图示所设方向相反，而如果为正值，则表示实际方向与图示所设方向相同。

(2) 计算 1-1 截面的剪力和弯矩。在截面 1-1 处将梁假想地切开，选择左段为研究对象，并假定 1-1 截面上的剪力 F_{Q1} 和弯矩 M_1 均为正方向(图 4.10(b))，列平衡方程

$$\sum Y = 0 \quad \Rightarrow \quad F_{Q1} = F_A = -F$$
$$\sum M_{C1} = 0 \quad \Rightarrow \quad M_1 - F_A \times \frac{l}{2} = 0 \quad \Rightarrow \quad M_1 = -\frac{Fl}{2}$$

(3) 计算 2-2 和 3-3 截面的剪力和弯矩。在截面 2-2 处将梁假想地截开，选择左段为研究对象(图 4.10(c))，列平衡方程

$$\sum Y = 0 \quad \Rightarrow \quad F_{Q2} = F_A = -F$$
$$\sum M_{C2} = 0 \quad \Rightarrow \quad M_2 - F_A \times \Delta = 0 \quad \Rightarrow \quad M_2 = 0$$

同理，假想地截开截面 3-3 后，选择右段作研究对象(图 4.10(d))，列平衡方程
$$\sum Y = 0 \quad \Rightarrow \quad F_{Q3} = F$$
$$\sum M_{C2} = 0 \quad \Rightarrow \quad M_3 + F \times \Delta = 0 \quad \Rightarrow \quad M_3 = 0$$

从以上计算过程可知：

(1) 横截面上的剪力，在数值上等于该截面左侧(或右侧)梁上所有外力在垂直轴线方向上投影的代数和。

(2) 横截面上的弯矩，在数值上等于该截面左侧(或右侧)梁上所有外力对该截面形心力矩的代数和。

采用上述规律确定截面内力时，外力方向与内力符号存在如下关系：

(1) 确定剪力时，截面左侧梁段上向上的外力或右侧梁段上向下的外力(即"左上右下"的外力)引起正的剪力；反之，引起负的剪力。

(2) 确定弯矩时，截面左侧梁段上外力对截面形心取矩为顺时针转向的，或右侧梁段上外力对截面形心取矩为逆时针转向的力矩(即"左顺右逆"的力矩)引起正的弯矩；反之，引起负的弯矩。

【例 4.2】 图 4.11 所示简支梁 AB，承受线性分布载荷，最大集度为 q_0，试求 C 截面的剪力和弯矩。

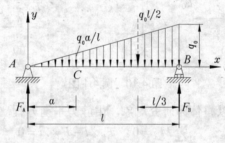

图 4.11 例 4.2 图

解：(1) 计算支反力。在计算支反力 $\boldsymbol{F}_A$ 和 $\boldsymbol{F}_B$ 时，梁上载荷可用其合力来代替。利用积分可知，合力的大小相当于求三角形分布荷载的面积，为 $\dfrac{q_0 l}{2}$，方向向下，作用点离支座 B 的距离为 $\dfrac{l}{3}$，如图 4.11 中的虚线表示，根据平衡方程

$$\sum M_A = 0, \quad F_B \times l - \frac{q_0 l}{2} \times \frac{2l}{3} = 0$$

和

$$\sum M_B = 0, \quad F_A \times l - \frac{q_0 l}{2} \times \frac{l}{3} = 0$$

求得

$$F_A = \frac{q_0 l}{6}, \quad F_B = \frac{q_0 l}{3}$$

它们的方向如图 4.11 所示。

(2) 计算 C 截面的剪力和弯矩。C 截面上的内力可以直接利用左侧梁段 AC 上的外力来确定。由于在 C 点处梁上的载荷集度为 $\dfrac{q_0}{l}a$，故在 AC 梁段上分布载荷的合力为

$$\frac{1}{2} \times \frac{q_0}{l} a \times a = \frac{q_0 a^2}{2l}$$

其作用线到 C 截面的距离为 $\dfrac{a}{3}$，方向向下，它使 C 截面引起负的剪力和负的弯矩，而左侧梁段上向上的支反力为 $\dfrac{q_0 l}{6}$，它使 C 截面引起正的剪力和正的弯矩。因此得到 C 截面上的剪力 F_{QC} 与弯矩 M_C 分别为

$$F_{QC} = F_A - \frac{q_0 a^2}{2l} = \frac{q_0 a}{6l}(l^2 - 3a^2)$$

$$M_C = F_A \times a - \frac{q_0 a^2}{2l} \times \frac{a}{3} = \frac{q_0 a}{6l}(l^2 - a^2)$$

如果根据 C 截面右侧梁段上的所有外力来计算，也会获得相同的结果。

4.4 剪力方程和弯矩方程 剪力图和弯矩图

一般说来，梁的内力沿轴线方向是变化的。如果用横坐标 x（其方向可以向左也可以向右）表示横截面沿梁轴线的位置，则剪力 F_Q 和弯矩 M 都可以表示为坐标 x 的函数，即

$$F_Q = F_Q(x)$$
$$M = M(x)$$

这两个方程分别称为梁的**剪力方程**和**弯矩方程**。

与绘制轴力图或扭矩图一样，可用图线表示梁的各横截面上剪力和弯矩沿梁轴线的变化情况，称为**剪力图**(shear force diagram)和**弯矩图**(bending moment diagram)。

作剪力图时，取平行于梁轴线的直线为横坐标 x 轴，x 值表示各横截面的位置，以纵坐标表示相应截面上的剪力的大小及其正负。

作弯矩图的方法与剪力图大体相仿，不同的是，要把弯矩图画在梁纵向纤维受拉的一面，而且可以不标正负号。根据 4.3 节的规定，弯矩以使梁下部纵向纤维受拉为正，也就是说，梁的正弯矩应当画在横轴的下方。这样的做法主要是为了与后续课程和土木工程专业的设计习惯取得一致。

下面举例说明建立剪力方程、弯矩方程以及绘制剪力图、弯矩图的方法。

【**例 4.3**】 简支梁 AB 受集中力 P 作用，如图 4.12(a)所示。试列出剪力方程和弯矩方程，并绘制剪力图和弯矩图。

解：(1) 计算支座反力。以整体为研究对象，列平衡方程

$$\sum M_A = 0, \quad F_B \times l - P \times a = 0$$
$$\sum M_B = 0, \quad F_A \times l - P \times b = 0$$

求得

$$F_A = \frac{Fb}{l}, \quad F_B = \frac{Fa}{l}$$

方向如图 4.12(a)所示。

(2) 建立剪力、弯矩方程。由于梁在 C 截面上作用集中力 F，在建立剪力方程和弯矩方程时，必须分为 AC、CB 两段来考虑。

在 AC 段内任取一横截面，距 A 点距离用 x 表示，根据平衡条件，则 AC 段上的剪

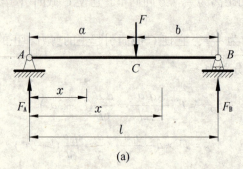

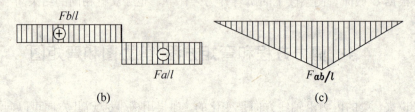

图 4.12　例 4.3 图

力方程和弯矩方程分别为

$$F_{Q1}(x) = F_A = \frac{Fb}{l}, \quad (0 < x < a) \tag{a}$$

$$M_1(x) = F_A \times x = \frac{Fb}{l}x, \quad (0 \leq x \leq a) \tag{b}$$

在 CB 段内任取一横截面，距 A 端距离为 x，根据平衡条件，则任一截面上的剪力方程和弯矩方程分别为

$$F_{Q2}(x) = F_A - F = \frac{Fb}{l} - F = -\frac{Fa}{l}, \quad (a < x < l) \tag{c}$$

$$M_2(x) = F_A \times x - F(x-a) = \frac{Fa}{l}(l-x), \quad (a \leq x \leq l) \tag{d}$$

实际上，在列 CB 段的内力方程时，选用右侧梁段为研究对象将会更简单。

(3) 绘制剪力、弯矩图。由(a)、(c)两式可知，AC、CB 两段上剪力分别为常数，故剪力图为两条平行于 x 轴的直线，如图 4.12(b)所示，由(b)、(d)两式可知，弯矩方程均为一次函数，故弯矩图为两条斜直线，如图 4.12(c)所示。在这里，弯矩使梁的下部纤维受拉，所以弯矩图画在梁的下方。由内力图可知，最大弯矩在集中力作用点处，其值为 $M_{\max} = \frac{Fab}{l}$。

在该截面处，剪力图上有突变，其突变量等于集中力的大小。

【例 4.4】 图 4.13 所示简支梁跨度为 l，试建立自重 q 作用下梁的剪力方程和弯矩方程，并绘制剪力图和弯矩图。

解：(1) 计算支座反力。根据对称性易知 A、B 两端的支座反力相等，即

$$F_A = F_B = ql/2 \tag{a}$$

方向如图 4.13(a) 所示。

(2) 建立剪力、弯矩方程。以左端 A 为 x 的坐标原点，任取一横截面，以其左端为研究对象，该横截面的位置可以用 x 来表示，设该截面上的剪力为 $F_Q(x)$、弯矩为 $M(x)$，均设为正方向，如图 4.13(b) 所示。列平衡方程

$$\sum Y = 0, \quad F_A - qx - F_Q(x) = 0$$

$$\sum M_C = 0 \quad M(x) - F_A \times x + qx \times \frac{x}{2} = 0$$

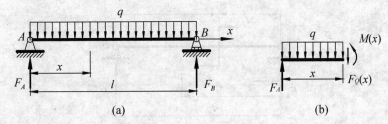

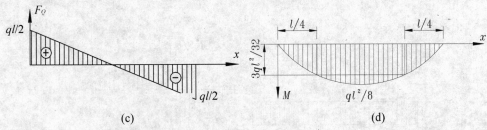

图 4.13　例 4.4 图

将式(a)代入上面两式，解得

$$F_Q(x) = \frac{ql}{2} - qx, \quad (0 < x < l) \tag{b}$$

$$M(x) = \frac{ql}{2}x - \frac{q}{2}x^2, \quad (0 \leq x \leq l) \tag{c}$$

(b)、(c) 两式分别为剪力方程和弯矩方程。

(3) 绘制剪力图、弯矩图。由式(b)可知，剪力图为一直线。只需算出任意两个横截面的剪力值，如 A、B 两截面的剪力，即可作出剪力图，如图 4.13(c) 所示；由式(c)可知，弯矩图为一抛物线，需要算出多个截面的弯矩值，才能作出曲线。例如计算下列五个截面的弯矩值：

x	0	$\dfrac{l}{4}$	$\dfrac{l}{2}$	$\dfrac{3l}{4}$	l
M	0	$\dfrac{3ql^2}{32}$	$\dfrac{ql^2}{8}$	$\dfrac{3ql^2}{32}$	0

由此作出的弯矩图，如图 4.13(d)所示。

由剪力图和弯矩图可知，在 A、B 支座处的横截面上剪力的绝对值最大，其值为

$$|F_Q|_{\max} = \frac{ql}{2}$$

在梁的跨中截面上，剪力 $F_Q = 0$，弯矩达到最大，其值为

$$M_{\max} = \frac{ql^2}{8}$$

在本例中，以某一梁段为研究对象，由平衡条件推出剪力方程和弯矩方程，这是建立剪力方程和弯矩方程的基本方法。另外，由于剪力图、弯矩图中 x、F_Q、M 坐标比较明确，所以在以后各图中坐标系可以省去。

【例 4.5】 简支梁 AB 承受集中力偶 M_0 作用，如图 4.14(a)所示。试作梁的剪力图、弯矩图。

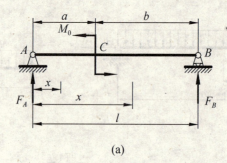

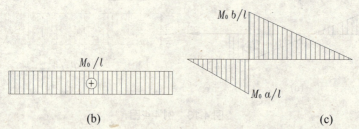

图 4.14 例 4.5 图

解：(1) 计算支反力。由平衡方程分别求得支反力为

$$F_A = \frac{M_0}{l}, \quad F_B = -\frac{M_0}{l}$$

反力 F_A 的方向如图所示，F_B 为负值，表示其方向与图 4.14(a)中假设的方向相反。两个支反力形成的力偶矩刚好与集中力偶 M_0 平衡。

(2) 建立剪力、弯矩方程。由于梁上作用有集中力偶，剪力、弯矩方程同样应分段列出。利用截面法分别在 AC 与 CB 段内截取横截面，根据截面左侧(或右侧)梁段上的外力，列出剪力方程和弯矩方程为

AC 段

$$F_{Q1}(x) = F_A = \frac{M_0}{l} \qquad (0 < x \leqslant a) \tag{a}$$

$$M_1(x) = F_A \cdot x = \frac{M_0}{l} x \qquad (0 \leqslant x < a) \tag{b}$$

CB 段

$$F_{Q2}(x) = F_A = \frac{M_0}{l} \qquad (a \leqslant x < l) \tag{c}$$

$$M_2(x) = F_A \cdot x - M_0 = -\frac{M_0}{l}(l-x) \qquad (a < x \leqslant l) \tag{d}$$

(3) 绘制剪力、弯矩图。由(a)、(c)两式可知，两段梁上的剪力相等，因此，AB 梁的剪力图为一条平行于 x 轴的直线(图 4.14(b))；由(d)、(b)两式可知，左右两段梁上的弯矩图各为一条斜直线(图 4.14(c))，而且在 AB 和 BC 段，弯矩分别使梁的上部和下部纤维受拉，所以弯矩图分别画在横轴的上方和下方。由图可见，当 $a < b$ 时，绝对值最大的弯矩发生在集中力偶作用处的右侧截面上，其值为

$$|M|_{\max} = \frac{M_0 b}{l}$$

而且，在集中力偶作用处，弯矩图有突变，其突变量等于集中力偶的大小。

【例 4.6】 作图 4.15(a)所示简支梁的剪力图与弯矩图。

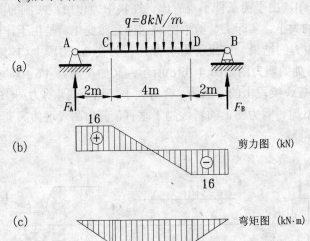

图 4.15 例 4.6 图

解：(1) 计算支座反力。根据荷载及支座反力的对称性得到

$$F_A = F_B = \frac{8 \times 4}{2} = 16\text{kN}$$

(2) 建立剪力、弯矩方程。根据荷载情况，分 AC、CD、DB 三段分别列出剪力方程和弯矩方程。设坐标轴 x 以支座 A 为原点，三段内的剪力方程、弯矩方程分别为

AC 段

$$F_Q(x) = F_A = 16$$

$$M(x) = F_A x = 16x$$

CD 段

$$F_Q(x) = F_A - q(x-2) = 16 - 8(x-2) = 32 - 8x$$

$$M(x) = F_A x - \frac{q}{2}(x-2)^2 = 16x - 4(x-2)^2$$

DB 段

$$F_Q(x) = -F_B = -16$$

$$M(x) = F_B(8-x) = 16(8-x)$$

(3) 绘制剪力、弯矩图。根据方程可知，AC、DB 段剪力图为水平直线，弯矩图为斜直线；CD 段剪力图为斜直线，弯矩图为二次抛物线。作出剪力图和弯矩图如图 4.15(b)、图 4.15(c)所示。由图可见，最大剪力发生在 AC、DB 两段内，最大弯矩发生在跨中横截面上。

由以上例题可见，在集中力(包括集中荷载和支座反力)作用的截面上，剪力似乎没有确定的值，剪力图有突变，其突变的绝对值等于集中力的数值，且突变的方向从左往右看与集中力的方向相同(例题 4.3)；在集中力偶作用处，弯矩图有突变，其突变的绝对值等于集中力偶的数值(例题 4.5)。为了分析内力图上突变的原因，假设在集中力作用点两侧，截取 Δx 梁段(图 4.16(a))，由平衡条件不难看出，在集中力作用点两侧的剪力 F_{Q1} 和 F_{Q2} 的差值必然为集中力 F 的大小。实际上，剪力图的这种突然变化，是由于作用在小范围内的分布外力被简化为集中力的结果。如果将集中力 F 视为在 Δx 梁段上均匀分布的分布力的合力(图 4.16(b))，则该处的剪力图如图 4.16(c)所示。又如在例题 4.6 中，如果把均布荷载变成集中力作用在跨中 Δx 梁段上的分布力，合力大小仍然不变，剪力图(图 4.15(b))中的斜线就会变陡。当 $\Delta x \to 0$ 时，剪力图上的斜线趋于垂直，剪力图表现为突变。对集中力偶作用的截面可做同样的解释。

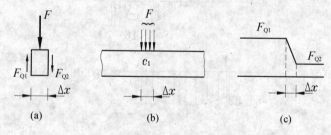

图 4.16 剪力图突变示意图

(a) 微段上受力示意图；(b) 集中力视为分布力的示意图；(c) 集中力视为分布力后的剪力图

在工程中，常常遇到几根杆件组成的框架结构，例如房屋建筑中梁和柱构成的结构，在结点处，梁和柱的截面不能发生相对转动，或者说，在结点处两杆件间的夹角保持不变，这样的结点称为**刚结点**(stiff joint)，具有刚结点的结构称为**刚架**(rigid frame)。

如果刚架的支座反力和内力均能由静力平衡条件确定，这样的刚架称为静定刚架。作刚架内力图的方法基本上与梁相同。通常平面刚架的内力除剪力、弯矩之外还有轴力，作图时要分杆进行。下面举例说明静定刚架弯矩图的作法，至于轴力图和剪力图，需要时可按类似的方法绘制。

【例 4.7】 平面刚架 ABC，承受图 4.17(a)所示载荷作用，已知均布荷载集度为 q，集中力 $F = qa$，试作刚架的弯矩图。

解：(1)计算支反力。利用整体刚架的平衡条件确定支座反力，设固定铰支座 A 的反力

为 F_{Ax} 和 F_{Ay}，可动铰支座 C 的反力为 F_C，方向如图所示，列平衡方程有

$$\sum X = 0 \quad \Rightarrow \quad F_{Ax} = 2qa$$

$$\sum M_A = 0 \quad \Rightarrow \quad 2qa \cdot a + qa \cdot a - F_C \cdot 2a = 0 \quad \Rightarrow \quad F_C = \frac{3}{2}qa$$

$$\sum Y = 0 \quad \Rightarrow \quad F_C - F_{Ax} - qa = 0 \quad \Rightarrow \quad F_{Ay} = \frac{1}{2}qa$$

计算出的结果均为正值，说明支座反力实际方向均与所设方向相同。

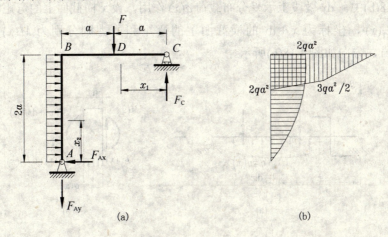

图 4.17　例 4.7 图

(2) 建立弯矩方程并作弯矩图。在 BC 杆上，以 C 为原点，取坐标 x_1。由于集中力 P 的作用，BC 杆上的弯矩方程应分段列出：

CD 段

$$M(x_1) = F_C x_1 = \frac{3}{2}qax_1 \quad (0 \leqslant x_1 \leqslant a)$$

DB 段

$$M(x_1) = F_C x_1 - F(x_1 - a) = qa^2 + \frac{1}{2}qax_1 \quad (a \leqslant x_1 \leqslant 2a)$$

在 AB 杆上，以 A 为原点，取坐标 x_2，则该杆的弯矩方程为

$$M(x_2) = F_{Ax} x_2 - \frac{q}{2}x_2^2 = 2qax_2 - \frac{q}{2}x_2^2 \quad (0 \leqslant x_2 \leqslant 2a)$$

根据各段的弯矩方程作出刚架弯矩图，如图 4.17(b) 所示。在绘制弯矩图时一般把弯矩图画在杆件受拉的一侧，而不注明正负号。

4.5　内力与分布荷载间的关系及其应用

4.5.1　弯矩、剪力和分布荷载集度间的关系

在例题 4.4 中，若将弯矩方程 $M(x)$ 的表达式对 x 求导，则得到剪力方程 $F_Q(x)$，将剪

力方程 $F_Q(x)$ 的表达式对 x 求导,则得到均布载荷集度 q。事实上,在直梁中载荷集度和剪力、弯矩之间的关系是普遍存在的。掌握这些关系,对于绘制剪力图和弯矩图很有帮助,还可以检查所绘制的剪力图和弯矩图是否正确。下面就来研究载荷集度 q 和剪力 F_Q、弯矩 M 之间的关系。

设有任意载荷作用下的直梁,如图 4.18(a)所示,以梁的左端为原点,选取 x 坐标轴,梁上的分布载荷 $q(x)$ 是 x 的连续函数,并规定向上为正。从 x 截面处截取长度为 dx 微段,表示于图 4.18(b)中。dx 微段上承受分布载荷 $q(x)$ 作用,设 x 横截面上的弯矩和剪力分别为 $M(x)$ 和 $F_Q(x)$,坐标为 $x+dx$ 的横截面上的弯矩和剪力则分别为 $M(x)+dM(x)$ 和 $F_Q(x)+dF_Q(x)$,方向如图 4.18(b)所示。

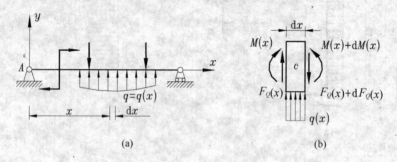

图 4.18 梁微段的内力示意图

对微段列平衡方程有

$$\sum Y = 0, \quad F_Q(x) + q(x)dx - F_Q(x) - dF_Q(x) = 0$$

$$\Rightarrow \frac{dF_Q(x)}{dx} = q(x) \tag{4.2}$$

$$\sum M_C = 0, \quad M(x) + F_Q(x)dx + q(x)dx \cdot \frac{dx}{2} - M(x) - dM(x) = 0$$

略去高阶微量 $q(x)dx \cdot \dfrac{dx}{2}$ 后

$$\Rightarrow \frac{dM(x)}{dx} = F_Q(x) \tag{4.3}$$

若将公式(4.3)中的 $F_Q(x)$ 对 x 求导一次,并带入式(4.2),则

$$\Rightarrow \frac{d^2 M(x)}{dx^2} = q(x) \tag{4.4}$$

式(4.2)、式(4.3)和式(4.4)即为载荷集度、剪力和弯矩之间的微分关系,式(4.2)表示剪力图上某点处的切线斜率等于相应点处荷载集度的大小;公式(4.3)表示弯矩图上某点处的切线斜率等于相应点处剪力的大小。

4.5.2 常见荷载下梁的剪力图与弯矩图的特征

根据 q、F_Q、M 的微分关系,可以得出载荷集度、剪力图和弯矩图三者间的某些规律,现结合图 4.19 所示的实例(图中未注明具体数值),在图 4.19(a)中所规定的坐标系中,归纳如下。

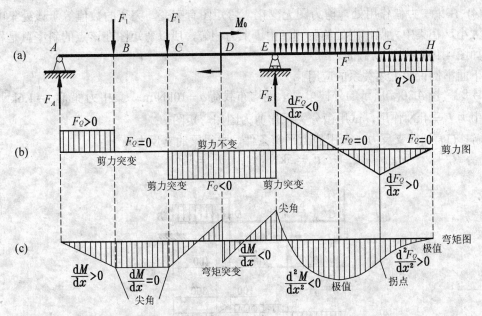

图 4.19 载荷集度、剪力图和弯矩图三者间的规律

(a) 载荷分布图;(d) 剪力图;(c) 弯矩图

(1) 当梁上无荷载作用,即 $q(x)=0$ 时,剪力 F_Q 为常数,剪力图为平行于轴线的直线。此时弯矩图由 $\dfrac{dM(x)}{dx}=F_Q(x)=$ 常数可知为一直线。如果 $F_Q=0$ 则为水平直线,如图 4.19(c)中的 BC 段;如果 $F_Q\neq 0$ 则为倾斜直线,其方向取决于剪力的正负号,当 $F_Q>0$ 时,弯矩图为下降的斜直线,如图 4.19(c)中的 AB 段,当 $F_Q<0$ 时,弯矩图为上升的斜直线,如图 4.19(c)中的 CD 和 DE 两段。在 CD 和 DE 这两段中,剪力 F_Q 相等,所以弯矩图中的两条斜直线平行。

(2) 当梁上的载荷 q 为常数时,由式(4.2)的可知剪力图上各点的斜率为同一个常数,剪力图为一斜直线。从式(4.4)可知弯矩方程 $M(x)$ 为 x 的二次函数,弯矩图为二次抛物线,如图 4.19(c)中的 EG、GH 两段。

如果某段梁上的均布载荷 q 向上,即 $q>0$,则 $\dfrac{d^2M}{dx^2}>0$,弯矩图为一条上凸抛物线,如图 4.19(c)中的 GH 梁段;反之,如果梁上作用向下的均布载荷,即 $q<0$,则 $\dfrac{d^2M}{dx^2}<0$,弯矩图为一条下凸的曲线,如图 4.19(c)中的 EG 梁段。在剪力 F_Q 为零的截面上,当 $\dfrac{dM}{dx}=0$,即弯矩图的斜率为零,此处的弯矩为极值,如图 4.19(c)中的 F 截面的弯矩为极大值,H 截面的弯矩为极小值。但应注意,极值弯矩对全梁来说并不一定是最大值的弯矩,最大弯矩还有可能发生在集中力作用处或者集中力偶作用处。

(3) 在集中力作用处，剪力图有突变，突变的数值等于该处集中力的大小，此时弯矩图的斜率也发生突变，因而弯矩图上出现一个转折点，如图 4.19(c)中的 B、C、E 截面。

(4) 在集中力偶作用处，剪力图无变化，弯矩图有突变，突变的数值等于该处集中力偶的大小，在集中力偶作用处的两侧，由于剪力相等，所以弯矩图在该点的斜率总是相等的，如图 4.19(c)中的 D 截面。

下面举例说明上述关系的应用。

【例 4.8】 图 4.20(a)所示的外伸梁，承受均布载荷 $q=10\text{kN/m}$、集中力偶 $M_0=1.6\text{kN}\cdot\text{m}$ 和集中力 $F=4\text{kN}$ 作用，试用微分关系作剪力图和弯矩图。

解：(1) 计算支反力。利用静力平衡条件，求得梁的支反力为

$$F_A=5\text{kN}, \qquad F_B=3\text{kN}$$

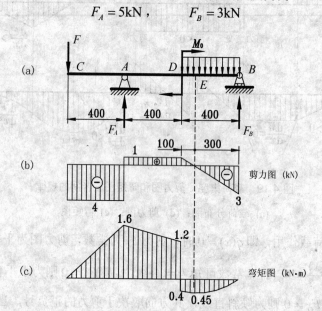

图 4.20 例 4.8 图

(2) 绘制剪力图。应用微分关系绘制剪力图时，从梁的左端开始，易知 $F_{QC}=-4\text{kN}$，在 CA 段上，荷载 $q=0$，所以剪力图为水平直线，故 $F_{QA左}=-4\text{kN}$。在支座 A 上，有向上的支反力 F_A，使剪力图产生突变，其值为 5kN，故 A 截面右侧剪力为

$$F_{QA右}=F_{QA左}+F_A=1\text{kN}$$

在 AD 段上荷载 $q=0$，剪力图为水平直线。由于集中力偶两侧的剪力相等，故 $F_{QD右}=F_{QD左}=F_{QA右}=1\text{kN}$

在 DB 段上，q 为负常数，剪力图应为下降的直线，由于 $F_{QB}=-F_B=-3\text{kN}$，因而由 $F_{QD右}$ 与 $F_{QD左}$ 即可确定 BD 段的剪力图，如图 4.20(b)所示。

(3) 绘制弯矩图。仍然从梁的左端开始，在 CA 段上，F_Q 为负常数，则弯矩图为下降直线，由

$$M_C=0$$
$$M_A=-0.4F=-1.6\text{kN}\cdot\text{m}$$

即得 CA 段上的弯矩图。也可根据式(4.3)知道弯矩图的斜率为-4，又因为 $M_C = 0$，所以可直接求出

$$M_A = -4 \times 0.4 = -1.6 \text{ kN} \cdot \text{m}$$

在 AD 段上，F_Q 为正常数，则弯矩图为上升的直线，由于

$$M_{D左} = 0.4 F_A - 0.8F = -1.2 \text{ kN} \cdot \text{m}$$

由 M_A 和 $M_{D左}$ 的数值，即得 AD 段的弯矩图。

在 DB 段上，梁有向下的均布载荷，弯矩图为上凸的抛物线，由于

$$M_{D右} = M_{D左} + M_0 = -1.2 + 1.6 = 0.4 \text{ kN} \cdot \text{m}, \quad M_B = 0$$

此外，在 $F_Q = 0$ 的 E 截面上，弯矩有极值，其数值为

$$M_E = F_B \times 0.3 - \frac{q}{2} \times (0.3)^2 = 0.45 \text{ kN} \cdot \text{m},$$

由 $M_{D左}$、M_E、M_B 三点光滑连接成上凸抛物线，即连成 DB 段的弯矩图，如图 4.20(c) 所示。

以上所用的方法是利用了荷载集度、剪力和弯矩三者之间的微分关系，这样可以不必写出剪力和弯矩方程而直接绘制剪力图和弯矩图。一般来说，利用微分关系绘制剪力图、弯矩图的方法是：首先根据梁上的载荷与支座情况找出一些控制截面(集中力、集中力偶、分布荷载的起点和终点、支座等处均可作为控制截面)，将梁分为若干段，由各段梁的载荷情况判断剪力图和弯矩图的形状；然后求出这些控制截面的内力值，连成直线或曲线，最后作出内力图。

4.6 用叠加法作梁的弯矩图

当梁在荷载作用下产生的内力与其所受外力是呈线性关系的，在小变形时，其跨长的改变可以忽略不计，因此在求梁的支座反力、剪力和弯矩时都按原始尺寸进行计算。当梁上有几项荷载同时作用时，各个荷载引起的内力各自独立、互不影响，那么我们就可以单独算出每一项荷载单独作用下梁的剪力图和弯矩图，然后将其纵坐标对应叠加，即得梁在所有荷载共同作用下的内力图。这一原理称为**叠加原理**。应用叠加原理的条件是小变形和材料服从胡克定律。

由于一般荷载作用下剪力图一般为直线图形，较简单，所以一般不用叠加原理作图；绘制梁的弯矩图时，如果对简单载荷作用下的弯矩图较熟悉，那么，按叠加法作出多个荷载作用下的弯矩图是比较方便的。

【**例 4.9**】 图 4.21(a)所示的悬臂梁，试用叠加法作此梁的弯矩图。

解：荷载可以看作集中力 F 和均布荷载 q 的叠加(图 4.21(b)、(c))。作出各荷载单独作用下的弯矩图(图 4.21(e)、(f))。由于两图的弯矩符号相反，在叠加时，把它们放在横坐标的同一侧，如图 4.21(d)所示。凡是两图重叠的部分，正值与负值相互抵消，剩余部分，注明正负号，即得所求的弯矩图。将基线改为水平线，即得 4.21(g)所示的总弯矩图。

注意：叠加法是纵坐标的叠加，而不是图形简单的拼合。

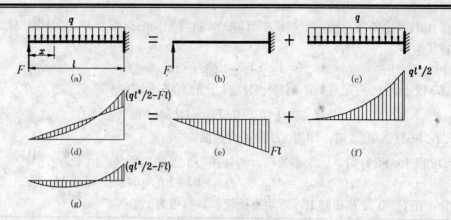

图 4.21 例 4.9 图

【例 4.10】 简支梁 AB 承受集中力 F 和集中力偶 $m = Fa$ 作用，如图 4.22(a)所示。试按叠加法作梁的弯矩图。

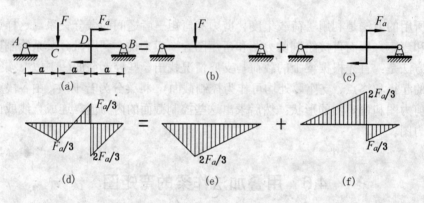

图 4.22 例 4.10 图

解：首先把原结构分解为集中力 F 和集中力偶 m 单独作用的两个简支梁，如图 4.22(a)、图 4.22(b)及图 4.22(c)所示。分别作出 F 和 m 单独作用下的弯矩图(图 4.22(e)、图 4.22(f))。因为弯矩图都是折线组成，直线与直线叠加仍然是直线，所以叠加时只需求出 A、C、D、B 四个控制截面的弯矩值，即可作出弯矩图。由图 4.22(e)、图 4.22(f)两图的弯矩值求得

$$M_A = M_B = 0, \quad M_C = \frac{2}{3}Fa + \left(-\frac{1}{3}Fa\right) = \frac{1}{3}Fa$$

$$M_{D左} = \frac{1}{3}Fa + \left(-\frac{2}{3}Fa\right) = -\frac{1}{3}Fa, \quad M_{D右} = \frac{1}{3}Fa + \frac{1}{3}Fa = \frac{2}{3}Fa,$$

因此，AB 梁在 F、m 同时作用下的弯矩如图 4.22(d)所示。

4.7 小 结

1. 梁横截面上内力的计算方法，梁的内力方程与内力图

计算梁的内力的基本方法仍是截面法。

剪力的符号以使脱离体顺时针转动的剪力为正，反之为负。
弯矩的符号以使梁下侧纤维受拉为正，反之为负，弯矩图画在两受拉一侧。

2. 梁的内力与分布荷载之间的关系

$$\frac{\mathrm{d}F_Q(x)}{\mathrm{d}x} = q(x), \qquad \frac{\mathrm{d}M(x)}{\mathrm{d}x} = F_Q(x), \qquad \frac{\mathrm{d}^2 M(x)}{\mathrm{d}x^2} = q(x)$$

3. 区段叠加法作弯矩图

4.8 思 考 题

1. 图 4.23 所示梁上作用有分布荷载，在求梁的内力时，在什么情况下可以用静力等效的集中力代替分布荷载，什么情况下不可以？

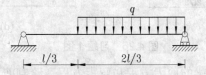

图 4.23 思考题 1 图

2. 图 4.8 所示简支梁，在求 $m-m$ 横截面内力时如果以左段为研究对象，则横截面上的内力仅与 F_A 和左边的集中力 F 有关，那么 $m-m$ 截面的内力与右边的集中力 F 和 F_B 有没有关系呢？

3. 图 4.24 所示两个相同的简支梁，承受的总的荷载均为 $F=ql$，图(a)为集中作用，图(b)为均匀分布，请问哪种情况更危险？

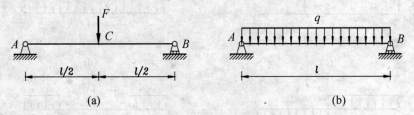

图 4.24 思考题 3 图

4. 均布荷载、剪力和弯矩之间的微分关系反应的几何意义是什么？在集中荷载作用点，此关系是否适用？

5. 为什么在集中力偶作用处，梁的剪力图没有变化，而弯矩图发生突变？

6. 图 4.25 所示简支梁上的荷载为三角形分布，则 AC 段的剪力图和弯矩图分别为水平线、斜直线、二次抛物线还是三次抛物线？

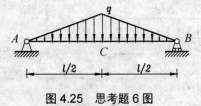

图 4.25 思考题 6 图

4.9 习　题

1. 试求图 4.26 所示各梁中指定截面上的剪力和弯矩。

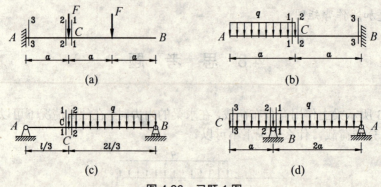

图 4.26　习题 1 图

2. 试列出图 4.27 所示各梁的剪力方程和弯矩方程。绘制剪力图和弯矩图。

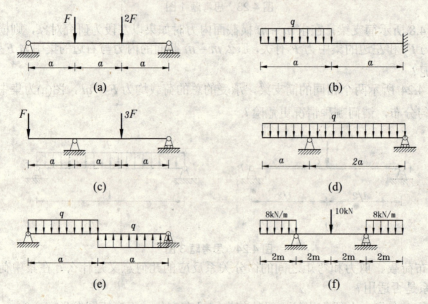

图 4.27　习题 2 图

3. 带有中间铰 C 的三支点梁 ABD，所受荷载如图 4.28 所示。试作剪力图和弯矩图。

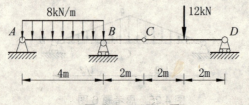

图 4.28　习题 3 图

4. 试绘制图 4.29 中各刚架的弯矩图。

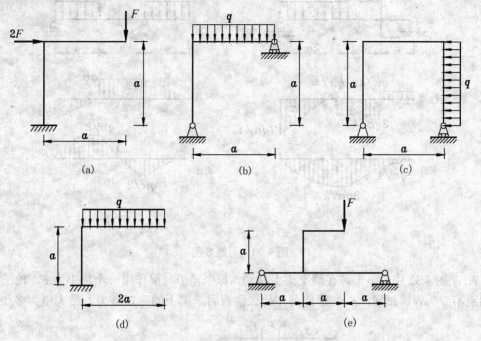

图 4.29 习题 4 图

5. 利用叠加法画出图 4.30 所示各结构的弯矩图。

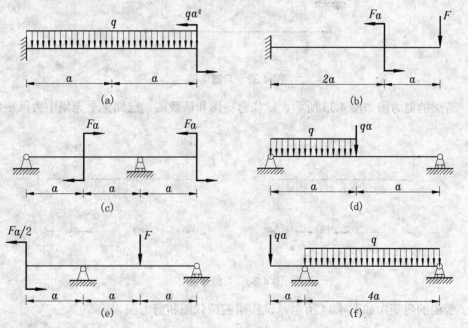

图 4.30 习题 5 图

6. 根据 M、F_Q 和 q 之间的微分关系，指出图 4.31 中各剪力图和弯矩图中的错误。

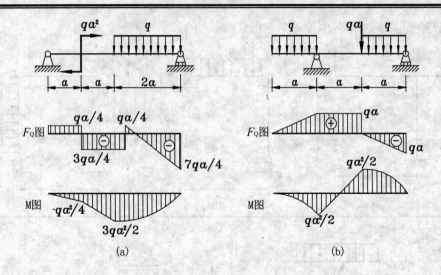

图 4.31 习题 6 图

7. 在图 4.32 中，小车可在简支梁上移动，每个轮子对梁作用一个集中力 F，轮子之间的轴距不变为 a。试问：小车行使到在什么位置时，梁上的弯矩最大？最大值为多少？

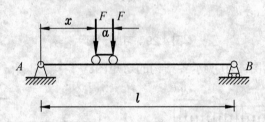

图 4.32 习题 7 图

8. 若梁的剪力图如图 4.33 所示，试作弯矩图和荷载图。已知梁上无集中力偶矩作用。

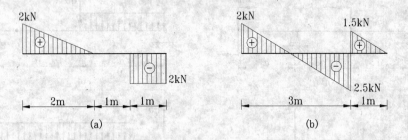

图 4.33 习题 8 图

9. 若梁的弯矩图如图 4.34 所示，试作梁的荷载图和剪力图。

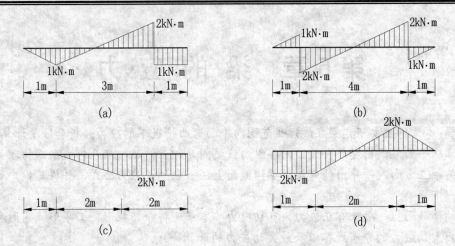

图 4.34 习题 9 图

第 5 章 梁 的 应 力

提要: 本章将主要研究梁在线弹性范围内平面弯曲情况下的应力分析和强度计算问题。

本章从平面假设出发,并设梁内各纵向线之间无相互挤压,从几何关系、物理关系和静力学关系三方面入手导出纯弯曲时梁横截面上任一点的正应力公式,并将其推广到横力弯曲情形下。

梁的横截面上一般既有正应力又有切应力。本章还将介绍矩形、工字形、圆形和薄壁环形截面上切应力的分布规律以及最大切应力的计算公式。

在得到梁横截面上的正应力和切应力计算公式的基础上,将建立梁的正应力强度条件和切应力强度条件,并依据强度条件进行强度计算。应该注意的是,除了少数情形,梁的正应力强度条件是主要的。

为了降低梁的最大正应力,从而提高梁的抗弯能力,本章将从合理选择截面形状、采用变截面梁、合理配置梁的荷载和支座三方面来探讨梁的合理强度设计。

本章将简单讨论非对称截面梁产生平面弯曲的条件,从而建立弯曲中心的概念。

此外,本章还将简单阐述梁的塑性极限计算的基本原理,提出塑性铰的概念。

5.1 梁横截面上的正应力

在一般情形下,梁弯曲时其横截面上既有弯矩 M 又有剪力 F_Q,这种弯曲称为**横力弯曲**(bending by transverse deformation)。由上章可知,梁横截面上的弯矩是由正应力合成的,而剪力则是由切应力合成的,因此,在梁的横截面上一般既有正应力又有切应力。

如果某段梁内各横截面上弯矩为常量而剪力为零,则该段梁的弯曲称为**纯弯曲**(pure bending)。图 5.1 中两种梁上的 AB 段就属于纯弯曲。显然,纯弯曲时梁的横截面上不存在切应力。

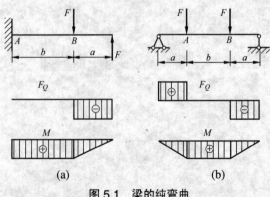

图 5.1 梁的纯弯曲
(a) 悬臂梁的纯弯曲; (b) 简支梁的纯弯曲

5.1.1 纯弯曲时梁横截面上的正应力

考虑到应力与变形之间的关系,可以根据梁在纯弯曲时的变形情况来推导梁横截面上的**弯曲正应力**(normal stress in bending)分布。

现取一对称截面梁(如矩形截面梁),在梁的侧面画上两条横向线 aa、bb 以及两条纵向线 cc、dd,如图 5.2(a)所示。然后在梁两端施加外力偶 M_e,使梁发生纯弯曲。实验结果表明,在梁变形后,纵向线 cc 和 dd 弯曲成弧线,其中上面的 cc 线缩短,下面的 dd 线伸长,而横向线 aa 和 bb 仍保持为直线,并在相对旋转一个角度后继续垂直于弯曲后的纵向线,如图 5.2(b)所示。

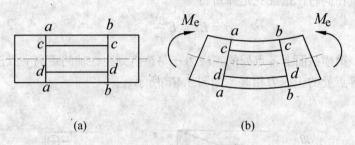

图 5.2 纯弯曲变形
(a) 画有标识线的对称截面梁;(b) 梁的纯弯曲变形

根据上述变形现象,可做以下假设:梁在受力弯曲后,其横截面会发生转动,但仍保持为平面,且继续垂直于梁变形后的轴线。这就是弯曲的**平面假设**(plane assumption)。同时还可以假设:梁内各纵向线仅承受轴向拉伸或压缩,即各纵向线之间无相互挤压。这两个假设已为实验和理论分析所证实。

梁弯曲变形后,其凹边的纵向线缩短,凸边的纵向线伸长,由于变形的连续性,中间必有一层纵向线的长度保持不变,这一纵向平面称为**中性层**(neutral surface),中性层与横截面的交线称为该截面的**中性轴**(neutral axis),如图 5.3 所示。梁在弯曲时,各横截面就是绕中性轴作相对转动的。

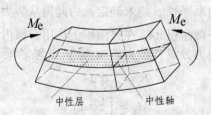

图 5.3 中性层与中性轴

现在来推导纯弯曲时梁横截面上的正应力公式。与推导等直圆杆的扭转切应力公式相似,也要从几何、物理和静力学三方面来综合考虑。

1. 几何方面

假想从梁中截取长 dx 的微段进行分析。梁弯曲后,由平面假设可知,两横截面将相对转动一个角度 $d\theta$,如图 5.4(a)所示,图中的 ρ 为中性层的曲率半径。取梁的轴线为 x 轴,

横截面的对称轴为 y 轴,中性轴(其在横截面上的具体位置尚未确定)为 z 轴,如图 5.4(b)所示,现求距中性轴为 y 处的纵向线 ab 的线应变。ab 线变形前原长为 dx(即 $\rho d\theta$),变形后的长度为 $(\rho+y)d\theta$,故 ab 线的纵向线应变为

$$\varepsilon = \frac{(\rho+y)d\theta - \rho d\theta}{\rho d\theta} = \frac{y}{\rho} \quad \text{(a)}$$

上式表明,梁横截面上各点处的纵向线应变 ε 与该点到中性轴的距离 y 成正比。

2. 物理方面

如前所述,梁内各纵向线之间无相互挤压,因此,当材料处于线弹性范围内,且拉伸和压缩弹性模量相同时,由虎克定律可得

$$\sigma = E\varepsilon = E\frac{y}{\rho} \quad \text{(b)}$$

上式表明,梁横截面上各点处的正应力 σ 与该点到中性轴的距离 y 成正比,而在离中性轴等距线上各点处的正应力相等,如图 5.4(c)所示。

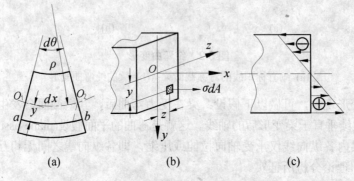

图 5.4 弯曲正应力分布

(a) 梁弯曲后截面相对变化;(b) 梁截面坐标轴;(c) 梁截面正应力分布

3. 静力学方面

由于中性轴的位置及曲率半径 ρ 均未确定,为此需从静力学方面加以考虑。

在梁的横截面上任取一微面积 dA,在该面积上作用有微内力 σdA,构成了空间平行力系,因此有可能组成三个内力分量:轴力 F_N,绕 y、z 轴之矩 M_y、M_z,即

$$F_N = \int_A \sigma dA$$

$$M_y = \int_A z\sigma dA$$

$$M_z = \int_A y\sigma dA$$

如前所述,梁在纯弯曲时,其横截面上的内力分量仅有弯矩 M,故截面上的 F_N 和 M_y 均等于零,而 M_z 就是横截面上的弯矩 M,即

$$F_N = \int_A \sigma dA = 0 \quad \text{(c)}$$

$$M_y = \int_A z\sigma dA = 0 \quad \text{(d)}$$

$$M_z = \int_A y\sigma \,dA = M \tag{e}$$

将式(b)代入以上三式，并根据附录Ⅰ中有关的截面几何参数的定义，可得

$$F_N = \frac{E}{\rho}\int_A y\,dA = \frac{ES_z}{\rho} = 0 \tag{f}$$

$$M_y = \frac{E}{\rho}\int_A zy\,dA = \frac{EI_{yz}}{\rho} = 0 \tag{g}$$

$$M_z = \frac{E}{\rho}\int_A y^2\,dA = \frac{EI_z}{\rho} = M \tag{h}$$

式中，S_z 为横截面对 z 轴的静矩(static moment of an area)，I_{yz} 为横截面的惯性积(product of inertia of an area)，I_z 则为横截面对中性轴 z 的惯性矩(moment of inertia of an area)。

式(f)中，由于 $\frac{E}{\rho} \ne 0$，故必有 $S_z=0$。那么根据附录Ⅰ可知，中性轴 z 轴必然通过横截面的形心(center of an area)，于是中性轴的位置得以确定。

式(g)中，由于 y 轴是横截面的对称轴，故有 $I_{yz}=0$，因此该式自然成立。

最后，可由式(h)得到中性层的曲率(curvature)为

$$\frac{1}{\rho} = \frac{M}{EI_z} \tag{5.1}$$

式中，EI_z 称为梁的弯曲刚度(flexural rigidity)。上式表明，用曲率 $\frac{1}{\rho}$ 表示的梁的弯曲变形与梁所承受的弯矩 M 成正比，与弯曲刚度 EI_z 成反比。

将式(5.1)代入式(b)，即得

$$\sigma = \frac{My}{I_z} \tag{5.2}$$

这就是梁在纯弯曲情形下横截面上任一点处的正应力公式。式中，M 为横截面上的弯矩，y 为所求应力点至 y 轴的距离，I_z 为横截面对中性轴 z 的惯性矩。

在式(5.2)中，将弯矩 M 和距离 y 按照规定的符号代入计算，所得到的正应力 σ 若为正值，即为拉应力，若为负值则为压应力。在具体计算过程中，一般取弯矩 M 和距离 y 的绝对值代入式(5.2)进行计算，而正应力的拉、压则依据梁的变形情况来判断：以中性层为分界线，梁变形后凸边的应力为拉应力，凹边的应力则为压应力。实际上，根据弯矩 M 的方向很容易判断出梁的变形情况。

必须说明的是，式(5.2)除适用于矩形截面外，也适用于具有对称轴 y 的其他各种形状的截面。

从式(5.2)可以看出，对于等截面梁来说，最大弯曲正应力发生在横截面上距中性轴最远(即截面上、下边缘)的各点处，其值为

$$\sigma_{max} = \frac{My_{max}}{I_z}$$

令

$$W_z = \frac{I_z}{y_{max}} \tag{5.3}$$

则有

$$\sigma_{\max} = \frac{M}{W_z} \tag{5.4}$$

式中，W_z 称为**弯曲截面系数**(section modulus in bending)，是截面的几何性质之一，其值与横截面的形状和尺寸有关，单位为 m^3。

对于如图 5.5(a)所示的矩形截面，有

$$W_z = \frac{I_z}{h/2} = \frac{bh^3/12}{h/2} = \frac{bh^2}{6} \tag{5.5}$$

对于如图 5.5(b)所示的圆形截面，有

$$W_z = \frac{I_z}{d/2} = \frac{\pi d^4/64}{d/2} = \frac{\pi d^3}{32} \tag{5.6}$$

对于轧制型钢，其弯曲截面系数 W_z 可直接从附录 2 中的型钢规格表中查得。

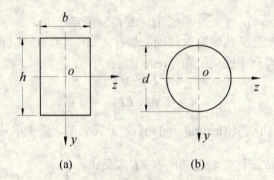

图 5.5　矩形与圆形截面的弯曲截面系数

(a) 矩形截面梁；(b) 圆形截面梁

梁受弯时，其横截面上既有拉应力也有压应力。对于矩形、圆形和工字形这类截面，其中性轴为横截面的对称轴，故其最大拉应力和最大压应力的绝对值相等，如图 5.6(a)所示；对于 T 字形这类中性轴不是对称轴的截面，其最大拉应力和最大压应力的绝对值则不等，如图 5.6(b)所示。对于前者的最大拉应力和最大压应力，可直接用公式(5.4)求得；而对于后者，则应分别将截面受拉和受压一侧距中性轴最远的距离代入式(5.2)，以求得相应的最大应力。

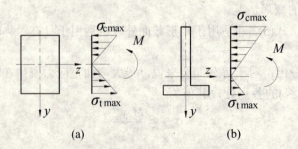

图 5.6　最大拉应力与最大压应力

(a) 矩形梁截面拉、压应力分布；(b) T 形梁截面拉压应力分布

5.1.2 横力弯曲时梁横截面上的正应力

式(5.2)是根据纯弯曲的情形推导出来的梁横截面上任一点处的正应力公式,对于横力弯曲(即横截面上既有剪力又有弯矩的情形),该公式也是近似适用的。

当梁上作用有横向力时,由于切应力的存在,梁的横截面在梁变形后将发生翘曲,不再保持为平面,同时梁内各纵向线之间还会产生某种程度的挤压。但是,弹性理论分析和实验研究的结果表明,对于跨长与截面高度之比(跨高比)l/h 大于 5 的细长梁,切应力的存在对正应力的分布影响甚微,可以忽略不计。在实际工程中常用的梁,其跨高比 l/h 的值一般远远大于 5。因此,应用纯弯曲时的正应力公式来计算梁在横力弯曲时横截面上的正应力,足以满足工程上的精度要求,且梁的跨高比越大,计算结果的误差就越小。

【例 5.1】 一简支木梁受力如图 5.7(a)所示。已知 q=2kN/m,l=2m。试比较梁在竖放(图 5.7(b))和平放(图 5.7(c))时横截面 c 处的最大正应力。

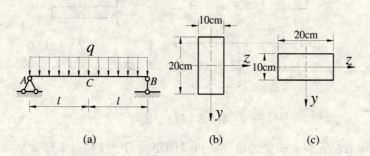

图 5.7 例 5.1 图

解:首先计算横截面 C 处的弯矩,有

$$M_C = \frac{q(2l)^2}{8} = \frac{2 \times 10^3 \times 4^2}{8} = 4000 \text{ N} \cdot \text{m}$$

梁在竖放时,其弯曲截面系数为

$$W_{z1} = \frac{bh^2}{6} = \frac{0.1 \times 0.2^2}{6} = 6.67 \times 10^{-4} \text{ m}^3$$

故横截面 C 处的最大正应力为

$$\sigma_{\max 1} = \frac{M_C}{W_{z1}} = \frac{4000}{6.67 \times 10^{-4}} = 6 \times 10^6 \text{ Pa} = 6 \text{MPa}$$

梁在平放时,其弯曲截面系数为

$$W_{z2} = \frac{bh^2}{6} = \frac{0.2 \times 0.1^2}{6} = 3.33 \times 10^{-4} \text{ m}^3$$

故横截面 C 处的最大正应力为

$$\sigma_{\max 2} = \frac{M_C}{W_{z2}} = \frac{4000}{3.33 \times 10^{-4}} = 12 \times 10^6 \text{ Pa} = 12 \text{MPa}$$

显然,有

$$\sigma_{\max 1} : \sigma_{\max 2} = 1 : 2$$

也就是说,梁在竖放时其危险截面处承受的最大正应力是平放时的一半。因此,在建筑结构中,梁一般采用竖放形式。

【例 5.2】 图 5.8(a)所示 T 字形截面简支梁在中点 C 处承受集中力 F 的作用。已知 $F=50$kN，横截面对于中性轴 z 轴的惯性矩 $I_z = 1.05 \times 10^{-4}$m^4。试求弯矩最大截面上的最大拉应力和最大压应力。

解：首先作简支梁的弯矩图，如图 5.8(c)所示。从图上可以看出，最大弯矩发生在梁的中点截面 C 上，其值为

$$M_{\max} = \frac{1}{4}Fl = \frac{1}{4} \times 50 \times 2 = 25 \text{kN} \cdot \text{m}$$

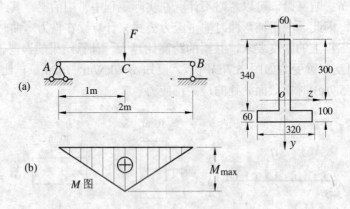

图 5.8 例 5.2 图

根据中性轴的位置和梁的受力情况，可以确定梁的中性轴以上部分承受压应力，以下部分则承受拉应力。最大拉应力和最大压应力的作用点分别为距中性轴最远的下边缘和上边缘的各点。将图 5.8(b)所示尺寸代入式(5.2)，有

$$\sigma_{t\max} = \frac{M y_t}{I_z} = \frac{25 \times 10^3 \times 0.1}{1.05 \times 10^{-4}} = 23.8 \times 10^6 \text{Pa} = 23.8 \text{MPa (拉)}$$

$$\sigma_{c\max} = \frac{M y_c}{I_z} = \frac{25 \times 10^3 \times 0.3}{1.05 \times 10^{-4}} = 71.4 \times 10^6 \text{Pa} = 71.4 \text{MPa (压)}$$

5.2 梁横截面上的切应力

在横力弯曲的情形下，梁的横截面上除了有弯曲正应力外，还有弯曲切应力(shearing stress in bending)。切应力在截面上的分布规律较之正应力要复杂，本节不打算对其做详细讨论，仅准备对矩形截面梁、工字形截面梁、圆形截面梁和薄壁环形截面梁的切应力分布规律作一简单介绍，具体的推导过程可参阅其他相关教材。

1. 矩形截面梁

一矩形截面梁的横截面如图 5.9(a)所示，其宽为 b，高为 h，截面上作用有剪力 F_Q 和弯矩 M。为了强调切应力，图中未画出正应力。对于狭长矩形截面，由于梁的侧面上没有切应力，故横截面上侧边各点处的切应力必然平行于侧边，而 y 轴处的切应力必然沿着 y 方向。考虑到狭长矩形截面上的切应力沿宽度方向的变化不大，于是可作假设如下：(1)横截

面上各点处的切应力均平行于侧边；(2)距中性轴 z 轴等距离的各点处的切应力大小相等。弹性理论分析的结果表明，对于狭长矩形截面梁，上述假设是正确的；对于一般高度大于宽度的矩形截面梁，在工程计算中也能满足精度要求。

根据以上假设，再利用静力平衡条件，就可以推导出矩形截面等直梁横截面上任一点处切应力的计算公式。此处略去推导过程，只给出结果：

$$\tau = \frac{F_Q S_z^*}{I_z b} \tag{5.7}$$

式中，F_Q 为横截面上的剪力，I_z 为横截面对中性轴 z 轴的惯性矩，b 为矩形截面的宽度，S_z^* 为横截面上距中性轴为 y 的横线以外部分的面积(即图 5.9(a)中的阴影部分面积)对中性轴的静矩。切应力 τ 的方向与剪力 F_Q 的方向相同。

对于矩形截面，静矩 S_z^* 等于所考虑面积与该面积形心到中性轴距离的乘积，即

$$S_z^* = b\left(\frac{h}{2} - y\right)\left(y + \frac{\frac{h}{2} - y}{2}\right) = \frac{b}{2}\left(\frac{h^2}{4} - y^2\right)$$

将上式代入式(5.7)，即可得到截面上距中性轴为 y 处各点的切应力

$$\tau = \frac{F_Q}{2I_z}\left(\frac{h^2}{4} - y^2\right) \tag{5.8}$$

由上式可知，矩形截面上的切应力沿着截面高度按二次抛物线规律变化，如图 5.9(b)所示。当 $y = \pm\frac{h}{2}$ 时，即在横截面的上、下边缘处，切应力 $\tau = 0$；当 $y = 0$ 时，即在中性轴上各点处，切应力最大，其值为

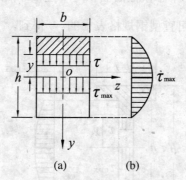

图 5.9 矩形截面切应力分布规律

(a) 矩形截面切应力分布；(b) 矩形截面切应力沿高度分布

$$\tau_{max} = \frac{F_Q h^2}{8I_z}$$

已知矩形截面对中性轴的惯性矩 $I_z = \frac{bh^3}{12}$，将其代入上式，即得

$$\tau_{max} = \frac{3}{2}\frac{F_Q}{bh} = \frac{3}{2}\frac{F_Q}{A} \tag{5.9}$$

式中，$A = bh$，为矩形截面的面积。从上式可以看出，矩形截面梁的最大切应力为其平均切

应力的 1.5 倍。

2. 工字形截面梁

在土木工程中经常要用到工字形截面梁。工字形截面可以简化为图 5.10(a)所示的图形，由翼缘和腹板组成。在工字形截面的翼缘和腹板上的切应力分布是不同的，需要分别研究。

首先分析工字形截面翼缘上的切应力分布。由于翼缘上、下表面上没有切应力的存在，而且翼缘的厚度很薄，因此翼缘上的切应力主要是水平方向的切应力分量，平行于 y 轴方向的切应力分量则是次要的。研究表明，翼缘上的最大切应力比腹板上的最大切应力要小得多，因此在强度计算时一般不予考虑。

至于工字形截面的腹板，则可视为一狭长矩形，那么在研究矩形截面时的两个假设同样适用。于是，可由式(5.7)求得腹板上任一点处的切应力为

$$\tau = \frac{F_Q S_z^*}{I_z d} \tag{5.10}$$

式中，F_Q 为横截面上的剪力，I_z 为工字形截面对中性轴 z 轴的惯性矩，d 为腹板厚度，S_z^* 为横截面上距中性轴为 y 的横线以外部分(含翼缘)的面积(即图 5.10(a)中的阴影部分面积)对中性轴的静矩。腹板部分的切应力方向与剪力 F_Q 的方向相同，切应力的大小则同样是沿腹板高度按二次抛物线规律变化，其最大切应力也发生在中性轴上，如图 5.10(b)所示。这也是整个横截面上的最大切应力，其值为

$$\tau_{\max} = \frac{F_Q S_{z\max}^*}{I_z d} \tag{5.11}$$

式中，$S_{z\max}^*$ 为中性轴任一边的半个横截面面积对中性轴 z 轴的静矩。在实际计算时，对于工字钢截面，上式中的 $\dfrac{I_z}{S_{z\max}^*}$ 可查型钢规格表中的 $\dfrac{I_x}{S_x}$ 得到。

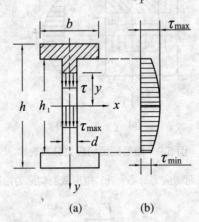

图 5.10 工字形截面切应力分布规律

(a) 工字形截面切应力分布；(b) 工字形截面切应力沿高度分布

由图 5.10(b)可见，腹板上的最大切应力和最小切应力相差不大，接近于均匀分布。由于截面上的剪力 F_Q 几乎全部(约 95%～97%)由腹板承担，因此在工程上常常用剪力除以腹板面积来近似计算工字形截面梁的最大切应力，即

$$\tau_{max} = \frac{F_Q}{d h_1} = \frac{F_Q}{A_1} \qquad (5.12)$$

式中，$A_1 = d h_1$，为腹板的面积。

工字形截面梁在受弯时，切应力主要是由腹板承担，而弯曲正应力则主要由上、下翼缘承担，这样截面上各处的材料就可以得到充分利用。

3. 圆形截面梁

在土木工程中，圆形截面梁多用于木结构。圆形截面上的切应力分布规律比矩形截面还要复杂，此处也不作详细推导。

由切应力互等定理可知，任意横截面上各点的切应力必与圆周相切，因此对矩形截面所作的两个假设在此不成立。但研究表明，圆形截面上的最大切应力仍在中性轴上各点处，而在中性轴两端的切应力方向都与 y 轴平行，故可假设中性轴上切应力方向均平行于剪力 F_Q，且各点处的切应力大小相等。于是可以采用公式(5.7)来求最大切应力 τ_{max}，只是要将该式中的 b 用圆直径 d 代替，而 S_z^* 则为半圆面积对中性轴的静矩，其值为 $\frac{\pi d^3}{12}$。再将圆形截面对中性轴的惯性矩 $I_z = \frac{\pi d^4}{64}$ 代入式(5.7)，于是有

$$\tau_{max} = \frac{F_Q S_z^*}{I_z b} = \frac{F_Q \frac{\pi d^3}{12}}{\frac{\pi d^4}{64} d} = \frac{4}{3} \frac{F_Q}{\frac{\pi}{4} d^2} = \frac{4}{3} \frac{F_Q}{A} \qquad (5.13)$$

式中，$A = \frac{\pi}{4} d^2$，为圆形截面的面积。由上式可知，圆形截面上的最大切应力为截面上平均切应力的 $\frac{4}{3}$ 倍。圆形截面上的切应力分布规律如图 5.11 所示。

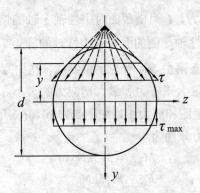

图 5.11 圆形截面切应力分布规律

4. 薄壁环形截面梁

如图 5.12 所示为一薄壁环形截面，圆环的平均半径为 r，壁厚为 δ。由于 $\delta \ll r$，因此可作如下假设：(1)横截面上切应力的方向相切于圆周；(2)切应力的大小沿壁厚均匀分布。根据这些假设推导出来的横截面上任一点切应力的计算公式与式(5.7)具有相同的形式。

对于薄壁环形截面，其最大切应力仍发生在中性轴上。采用式(5.7)来求最大切应力 τ_{max}

时,需将该式中的 b 用两倍的壁厚 2δ 代替,而 S_z^* 则为半个圆环面积对中性轴的静矩,其值为 $2\delta r^2$。由附录 1 可知环形截面对中性轴的惯性矩 $I_z = \pi\delta r^3$,将其代入式(5.7),于是有

$$\tau_{max} = \frac{F_Q S_z^*}{I_z b} = \frac{F_Q \times 2\delta r^2}{\pi\delta r^3 \times 2\delta} = 2\frac{F_Q}{2\pi r\delta} = 2\frac{F_Q}{A} \tag{5.14}$$

式中,$A = 2\pi r\delta$,为环形截面的面积。由上式可知,环形截面上的最大切应力为截面上平均切应力的 2 倍。环形截面上的切应力分布规律如图 5.12 所示。

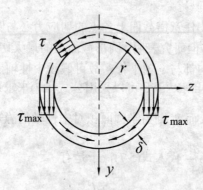

图 5.12 薄壁环形截面切应力分布规律

从上面的分析可以看出,对于等直梁而言,其最大切应力发生在最大剪力所在横截面上,一般位于该截面的中性轴上。由以上各种形状的截面上的最大切应力计算公式可知,等直梁横截面上最大切应力的一般公式可统一表述为

$$\tau_{max} = \frac{F_{Qmax} S_{zmax}^*}{I_z b} \tag{5.15}$$

式中,F_{Qmax} 为梁上的最大剪力,I_z 为横截面对中性轴 z 轴的惯性矩,b 为横截面在中性轴处的宽度,S_z^* 为横截面上中性轴一侧的面积对中性轴的静矩。

【例 5.3】 图 5.13(a)所示简支梁由 56a 号工字钢制成,在中点处承受集中力 F 的作用,已知 $F=150$kN。试比较该梁中最大正应力和最大切应力的大小。

解:首先作简支梁的弯矩图和剪力图,如图 5.13(b)和(c)所示。从图上可以看出,该梁所承受的最大弯矩和最大剪力分别为

$$M_{max} = 375 \text{kN} \cdot \text{m}$$
$$F_{Qmax} = 75 \text{kN}$$

现在来求梁内的最大正应力。查型钢规格表,可知 56a 号工字钢的 $W_z = 2\,342.31 \text{cm}^3$(即型钢规格表内的 W_x 值)。于是可得梁内的最大正应力为

$$\sigma_{max} = \frac{M_{max}}{W_z} = \frac{375 \times 10^3}{2\,342.31 \times 10^{-6}} = 160.1 \times 10^6 \text{Pa} = 160.1 \text{MPa}$$

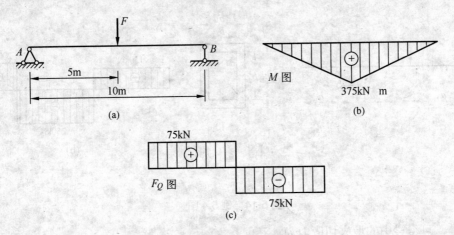

图 5.13 例 5.3 图

接着来求梁内的最大切应力。查型钢规格表,可知 56a 号工字钢的 $\dfrac{I_z}{S_{z\max}^*}=47.73\text{cm}$ 和腹板厚度 $d=12.5\text{mm}$。于是可得梁内的最大切应力为

$$\tau_{\max}=\dfrac{F_Q S_{z\max}^*}{I_z d}=\dfrac{F_Q}{\dfrac{I_z}{S_{z\max}^*}d}=\dfrac{75\times 10^3}{47.73\times 10^{-2}\times 12.5\times 10^{-3}}=12.6\times 10^6\text{Pa}=12.6\text{MPa}$$

最后进行比较,可得

$$\dfrac{\sigma_{\max}}{\tau_{\max}}=\dfrac{160.1}{12.6}=12.7$$

由此可见,梁中的最大正应力比最大切应力要大得多。因此在校核梁的强度时,有时只需考虑正应力强度条件而忽略切应力强度条件。

【例 5.4】 一外伸梁受力及截面尺寸如图 5.14(a)所示。已知:$F_1=400\text{kN}$,$F_2=200\text{kN}$,$a=2\text{m}$,$h_1=400\text{mm}$,$h_2=300\text{mm}$,$b_1=300\text{mm}$,$b_2=200\text{mm}$。试求该梁中的最大弯曲切应力。

解:首先求梁的支反力,得

$$F_A=150\text{kN},\quad F_B=450\text{kN}$$

作外伸梁的剪力图,如图 5.14(b)所示。从图上可以看出,该梁所承受的最大剪力为

$$F_{Q\max}=250\text{kN}$$

再求该截面的两个几何参数(分别用大矩形面积的惯性矩、静矩减去小矩形面积的惯性矩和静矩)

$$I_z=\dfrac{b_1 h_1^3}{12}-\dfrac{b_2 h_2^3}{12}=\dfrac{0.3\times 0.4^3}{12}-\dfrac{0.2\times 0.3^3}{12}=1.15\times 10^{-3}\text{m}^4$$

$$S_{z\max}^*=A_1 y_1-A_2 y_2=0.3\times 0.2\times 0.1-0.2\times 0.15\times 0.075=3.75\times 10^{-3}\text{m}^3$$

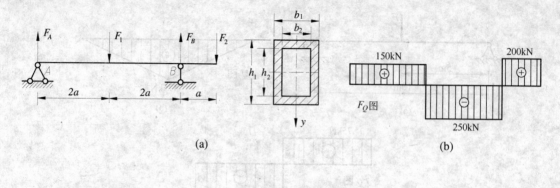

图 5.14 例 5.4 图

于是，可得梁中的最大切应力为

$$\tau_{\max} = \frac{F_Q S^*_{z\max}}{I_z b} = \frac{250\times 10^3 \times 3.75\times 10^{-3}}{1.15\times 10^{-3} \times (0.05\times 2)} = 8.15\times 10^6 \text{Pa} = 8.15\text{MPa}$$

5.3 梁的强度条件

前面已提到，梁在横力弯曲时，其横截面上同时存在着弯矩和剪力，因此，一般应从正应力和切应力两个方面来考虑梁的强度计算。

在实际工程中使用的梁以细长梁居多，一般情况下，梁很少发生剪切破坏，往往都是弯曲破坏。也就是说，对于细长梁，其强度主要是由正应力控制的，按照正应力强度条件设计的梁，一般都能满足切应力强度要求，不需要进行专门的切应力强度校核。但在少数情况下，比如对于弯矩较小而剪力很大的梁(如短粗梁和集中荷载作用在支座附近的梁)、铆接或焊接的组合截面钢梁、或者使用某些抗剪能力较差的材料(如木材)制作的梁等，除了要进行正应力强度校核外，还要进行切应力强度校核。

5.3.1 梁的正应力强度条件

对于等直梁来说，其最大弯曲正应力发生在最大弯矩所在截面上距中性轴最远(即上、下边缘)的各点处，而该处的切应力为零或与该处的正应力相比可忽略不计，因而可将横截面上最大正应力所在各点处的应力状态视为单轴应力状态。于是，可按照单轴应力状态下强度条件的形式来建立梁的正应力强度条件：梁的最大工作正应力 $\sigma_{\max}$ 不得超过材料的许用弯曲正应力 $[\sigma]$，即

$$\sigma_{\max} = \frac{M_{\max}}{W_z} \leqslant [\sigma] \tag{5.16}$$

材料的许用弯曲正应力一般近似取材料的许用拉(压)应力，或者按有关的设计规范选取。利用正应力强度条件式(5.16)，即可对梁按照正应力进行强度计算，解决强度校核、截面设计和许可荷载的确定等三类问题。

必须指出的是，对于用脆性材料(如铸铁)制成的梁，由于其许用拉应力和许用压应力

并不相等，而且其横截面的中性轴往往也不是对称轴，因此必须按照拉伸和压缩分别进行强度校核，即要求梁的最大工作拉应力和最大工作压应力(要注意的是，二者常常发生在不同的横截面上)分别不超过材料的许用拉应力和许用压应力。

【例5.5】 由两根28a号槽钢组成的简支梁受三个集中力作用，如图5.15(a)所示。已知该梁由Q235钢制成，其许用弯曲正应力$[\sigma]=170\text{MPa}$。试求梁的许可荷载$[F]$。

解：首先求梁的支反力，得

$$F_A=F_B=1.5F$$

作梁的弯矩图，如图5.15(b)所示。从图上可以看出，该梁所承受的最大弯矩在梁的中点上，其值为

$$M_{\max}=4F$$

由型钢规格表查得28a号槽钢的弯曲截面系数为340.328cm^3，由于该梁是由两根28a号槽钢组成的，故梁的W_z值为

$$W_z=2\times340.328=680.656\text{cm}^3$$

于是，由式(5.16)可得

$$M_{\max}\leqslant W_z[\sigma]$$
$$4F\leqslant680.656\times10^{-6}\times170\times10^6$$
$$F\leqslant28.9\times10^3\text{N}=28.9\text{kN}$$

故该梁的许可荷载为$[F]=28.9\text{kN}$。

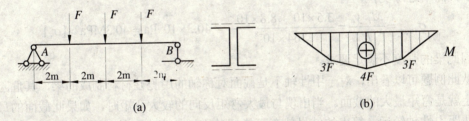

图5.15 例5.5图

【例5.6】 T字形铸铁外伸梁受力如图5.16(a)所示。已知材料的许用拉应力为$[\sigma_t]=30\text{MPa}$，许用压应力为$[\sigma_c]=90\text{MPa}$。试校核此梁的强度。

解：首先确定中性轴的位置。根据形心坐标公式，可求得

$$y_0=\frac{12\times2\times6+8\times2\times13}{12\times2+8\times2}=8.8\text{cm}$$

于是，依据平行移轴公式可求得截面对中性轴的惯性矩I_z为

$$I_z=\frac{8\times2^3}{12}+8\times2\times(14-8.8-\frac{2}{2})^2+\frac{2\times12^3}{12}+2\times12\times(8.8-\frac{12}{2})=764\text{cm}^4$$

作梁的弯矩图如图5.16(b)所示。由图可知，B截面和C截面的弯矩分别为

$$M_B=M_{\max}=4\text{kN}\cdot\text{m}$$
$$M_C=3.5\text{kN}\cdot\text{m}$$

从截面弯矩、截面上下边缘到中性轴的距离以及材料的许用应力三方面综合考虑，危险点可能出现在B截面的上下边缘和C截面的下边缘，而不可能出现在C截面的上边缘。

B截面上边缘受拉，有

$$\sigma_{t\max} = \frac{M_B y_1}{I_z} = \frac{4\times10^3\times(14-8.8)\times10^{-2}}{764\times10^{-8}} = 27.2\times10^6 \text{Pa} = 27.2\text{MPa} < [\sigma_t]$$

B 截面下边缘受压，有

$$\sigma_{c\max} = \frac{M_B y_0}{I_z} = \frac{4\times10^3\times8.8\times10^{-2}}{764\times10^{-8}} = 46.1\times10^6 \text{Pa} = 46.1\text{MPa} < [\sigma_c]$$

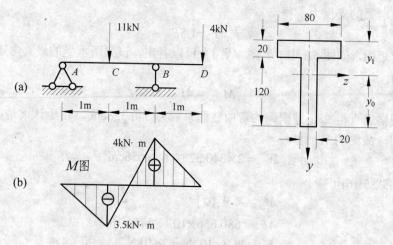

图 5.16 例 5.6 图

C 截面下边缘受拉，有

$$\sigma_{t\max} = \frac{M_C y_0}{I_z} = \frac{3.5\times10^3\times8.8\times10^{-2}}{764\times10^{-8}} = 40.3\times10^6 \text{Pa} = 40.3\text{MPa} > [\sigma_t]$$

因此梁的强度不满足要求。

从此例题可以看出，对于中性轴不是截面对称轴的用脆性材料制成的梁，其危险截面不一定就是弯矩最大的截面。当出现与最大弯矩反向的较大弯矩时，如果此截面的最大拉应力边距中性轴较远，算出的结果就有可能超过许用拉应力，故此类问题考虑要全面。T 字形截面梁是工程中常用的梁，应注意合理放置，尽量使最大弯矩截面上受拉边距中性轴较近。此外，在设计 T 字形截面的尺寸时，为了充分利用材料的抗拉、抗压强度，应该使中性轴至截面上下边缘的距离之比恰好等于许用拉、压应力之比。

【例 5.7】 图 5.17(a)所示由工字钢制成的外伸梁，其许用弯曲正应力为 $[\sigma]=160\text{MPa}$，试选择工字钢的型号。

解：作梁的弯矩图，如图 5.17(b)所示。从图上可以看出，该梁所承受的最大弯矩在 B 截面上，其值为

$$M_{\max} = 68 \text{ kN·m}$$

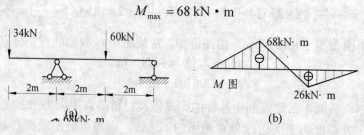

图 5.17 例 5.7 图

于是，由正应力强度条件可得梁所必需的弯曲截面系数 W_z 为

$$W_z = \frac{M_{\max}}{[\sigma]} = \frac{68 \times 10^3}{160 \times 10^6} = 425 \times 10^{-6} \text{ m}^3 = 425 \text{ cm}^3$$

由型钢规格表查得 25b 号工字钢的弯曲截面系数为 422.72cm³，此值虽小于梁所必需的 W_z 值 425cm³，但仅仅相差 0.54%，此时最大正应力为

$$\sigma_{\max} = \frac{M_{\max}}{[\sigma]} = \frac{68 \times 10^3}{422.72 \times 10^{-6}} = 160.9 \times 10^6 \text{ Pa} = 160.9 \text{ MPa}$$

超过许用弯曲正应力 160MPa 不到 1%。由于此差异在一般规定的 5%范围以内，故可选用 25b 号工字钢。

5.3.2 梁的切应力强度条件

前面已提到，等直梁的最大正应力发生在最大弯矩所在横截面上距中性轴最远的各点处，该处的切应力为零，处于单轴应力状态。至于等直梁的最大切应力，则发生在最大剪力所在横截面的中性轴上各点处，该处的正应力为零，处于纯剪切应力状态。于是，可按照纯剪切应力状态下强度条件的形式来建立梁的切应力强度条件：梁的最大工作切应力 $\tau_{\max}$ 不得超过材料的许用切应力 $[\tau]$，即

$$\tau_{\max} = \frac{F_{Q\max} S_{z\max}^*}{I_z b} \leqslant [\tau] \tag{5.17}$$

材料的许用切应力在有关的设计规范中有具体的规定。

【例 5.8】 若例题 5.7 中的外伸梁材料的许用切应力为 $[\tau] = 100$MPa，工字钢的型号选定后，试校核该梁的切应力强度。

解： 在例题 5.7 中，已选用 25b 号工字钢，其最大正应力虽超过许用正应力，但差值在一般规定的 5%范围以内，故仍满足正应力强度条件。现在来校核该梁的切应力强度。

作梁的剪力图，如图 5.18 所示。从图上可以看出，该梁所承受的最大剪力为

$$F_{Q\max} = 47 \text{ kN}$$

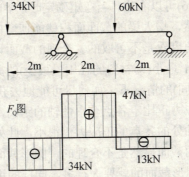

图 5.18 例 5.8 图

对于 25b 号工字钢，查型钢规格表，有

$$\frac{I_z}{S_{z\max}^*} = 21.27 \text{cm}$$

和腹板厚度

$$d = 10\text{mm}$$

由式(5.11)可得到梁的最大切应力,并校核切应力强度:

$$\tau_{max} = \frac{F_{Q max}}{(\frac{I_z}{S_{z max}^*})d} = \frac{47 \times 10^3}{21.27 \times 10^{-2} \times 10 \times 10^{-3}}$$

$$= 22.1 \times 10^6 \text{Pa} = 22.1 \text{MPa} < [\tau]$$

在满足正应力强度条件的同时,梁的切应力强度条件也满足,故梁是安全的。

在设计梁的截面时,通常是先按正应力强度条件来选出截面,再进行切应力强度校核。从本题可以看出,在一般情形下,梁的强度控制因素主要是正应力,按照正应力强度条件设计的截面尺寸,并不需要再按切应力进行强度校核。

5.4 梁的合理强度设计

如前所述,梁的横截面上一般同时存在着正应力和切应力,但梁的强度通常都是由正应力强度条件控制的。因此,在按强度条件设计梁时,主要的依据就是梁的正应力强度条件式(5.16)

$$\sigma_{max} = \frac{M_{max}}{W_z} \leqslant [\sigma]$$

由该式可知,减小最大弯矩,提高弯曲截面系数,或者对弯矩较大的梁段进行局部加强,都能降低梁的最大正应力,从而提高梁的抗弯能力,使梁的设计更为合理。在实际工程中,经常采用的合理设计方法包括:合理选择截面形状、采用变截面梁、合理配置梁的荷载和支座。

1. 合理选择截面形状

从正应力强度条件式(5.16)可以看出,当弯矩确定时,梁的弯曲截面系数越大,横截面上承受的正应力就越小。当然,增大梁的截面面积就能使弯曲截面系数 W_z 增加,但这样会造成材料的浪费,从经济角度看是不可取的。合理的截面设计,就是指在满足强度要求的前提下如何选择截面面积 A 最小(即材料的耗用量最少)的截面形式,或者说是在截面面积 A 相同(即材料的耗用量相同)的情况下,如何尽可能地去获得更大的弯曲截面系数 W_z。

由于横截面上各点的正应力正比于各点至中性轴的距离,当截面上下边缘各点的应力达到许用应力时,靠近中性轴处的各点的正应力仍很小,此处的材料未能得到充分利用。因此,中性轴附近面积较多的截面显然是不合理的,圆形截面就属于这类截面。在同样的面积下,环形截面的 W_z 比圆形截面的就要大得多。同样的道理,同一矩形截面梁,竖放就比平放要合理(参见例5.1),而同样面积的工字形、槽形截面又比竖放的矩形截面更为合理。也就是说,为了提高材料的利用率,增强梁的承载能力,应该尽量将靠近中性轴的部分材料移到远离中性轴的边缘上去。工字钢、槽钢等宽翼缘梁就是在弯曲理论指导下设计出来的合理截面。

综上所述，考虑各种形状截面是否合理，主要是看 W_z/A 的比值。比值越大，材料的使用越经济，截面也就越合理。表 5-1 给出了几种常用截面形式的 W_z/A 比值。

表 5-1 常用截面的 W_z/A 比值

截面形式	矩形	圆形	工字形	槽形
W_z/A	$0.167h$	$0.125d$	$0.29\sim0.31h$	$0.27\sim0.31h$

从上表可以看出，对于矩形截面，保持面积不变，增大梁高 h 而减小梁宽 b 可以增大其 W_z/A 比值，从而增加其经济合理性。但必须注意的是，梁的高度增加是有限度的，当矩形截面过高时，容易引起梁的失稳(参阅第 10 章)。

当然，在选择梁截面的合理形状时，除了考虑横截面上的应力分布外，还必须考虑材料的力学性能、梁的使用条件以及制造工艺等方面的问题。比如，考虑到在梁横截面上距中性轴最远的上下边缘各点处分别有最大拉应力和最大压应力，为充分发挥材料的潜力，应尽量使两者同时达到材料的许用应力。因此，对于拉伸和压缩许用应力值相同的塑性材料(如建筑钢)梁，应采用中性轴为其对称轴的截面形式，如工字形、矩形、薄壁箱形、圆形和环形等；而对于抗压强度远高于抗拉强度的脆性材料(如铸铁)梁，则宜采用 T 字形、不等边工字形等对中性轴不对称的截面形式，并将其翼缘部分置于受拉一侧。再比如，对于木梁，虽然材料的拉、压强度不同，但由于制造工艺的要求，仍多采用矩形截面，截面的高宽比也有一定的要求，北宋李诫于 1100 年所著《营造法式》一书中就指出矩形木梁的合理高宽比为 $h/b=1.5$，1807 年英国著名物理学家托马斯·杨(T.Young)则在《自然哲学与机械技术讲义》一书中指出矩形木梁的合理高宽比为：$\dfrac{h}{b}=\sqrt{2}$ 时，强度最大；$\dfrac{h}{b}=\sqrt{3}$ 时，刚度最大。

2. 采用变截面梁

对于等直梁，按照正应力强度条件式(5.16)确定截面尺寸时，是以最大弯矩为依据的。而在工程实际中，梁的弯矩沿梁的长度方向会发生变化。也就是说，当最大弯矩所在横截面上的最大正应力达到材料的许用应力时，其余各横截面上的最大正应力都还小于材料的许用应力，使材料得不到充分利用。为了克服这一不足，可对弯矩较大的梁段进行局部加强，将梁设计为变截面梁，使梁的横截面尺寸大致上适应弯矩沿梁长度方向的变化，以达到节约材料、减轻自重的目的。假若使梁各横截面上的最大正应力都相等，并均达到材料的许用应力，则这样的变截面梁通常称为**等强度梁**(beam of constant strength)，其强度条件为

$$\frac{M(x)}{W(x)}=[\sigma] \tag{5.18}$$

式中 $M(x)$、$W(x)$ 分别表示梁上任意 x 截面的弯矩和弯曲截面系数。由上式，可根据弯矩变化规律确定等强度梁的截面变化规律。

【例 5.9】 图 5.19(a)所示矩形截面简支梁在中点处受一集中力 F 作用，设截面宽度 b 不变，改变其高度 h，使之成为一等强度梁。试求其高度随截面位置的变化规律 $h(x)$。

解：在梁左半段距左端为 x 处的弯矩为

$$M(x) = \frac{F}{2}x$$

弯曲截面系数为

$$W(x) = \frac{bh^2(x)}{6}$$

于是，根据等强度梁的强度条件式(5.18)，有

$$\frac{M(x)}{W(x)} = \frac{\frac{F}{2}x}{\frac{bh^2(x)}{6}} = [\sigma]$$

可求得

$$h(x) = \sqrt{\frac{3Fx}{b[\sigma]}} \quad (a)$$

这是梁左半段高度变化的规律。右半段与左半段对称，无需另求。但按照式(a)，梁两端的截面高度为零，这将无法抵抗剪力。因此必须按切应力强度条件来确定截面的最小高度

$$\tau_{\max} = \frac{3}{2}\frac{F_Q}{A} = \frac{3}{2}\frac{F/2}{bh_{\min}} = [\tau]$$

可求得

$$h_{\min} = \frac{3F}{4b[\tau]} \quad (b)$$

按式(a)和式(b)确定的梁的外形，也就是厂房建筑中常见的鱼腹梁，如图5.19(b)所示。

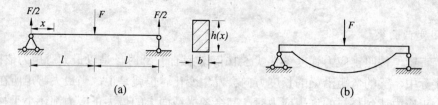

图 5.19　例 5.9 图

等强度梁是一种理想的变截面梁。在实际工程中，考虑到制造工艺方面的限制以及构造上的要求，构件一般设计成近似等强度梁。例如车辆上起承重和减振作用的叠板弹簧(图5.20)，实质上就是一种高度不变、宽度变化的矩形截面简支梁沿宽度切割下来，然后叠合起来制成的近似等强度梁。

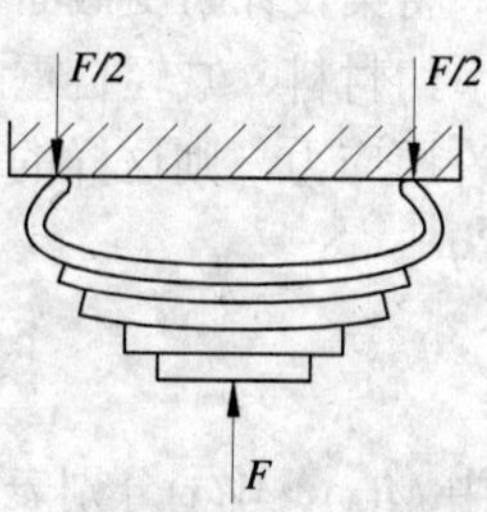

图 5.20　叠板弹簧

3. 合理配置梁的荷载和支座

在工艺要求许可的条件下，通过合理地配置梁的荷载和支座位置，可降低梁内的最大弯矩值。

如图 5.21(a)所示的简支梁，当其跨度中央受集中力 F 作用时，梁内的最大弯矩为 $M_{\max} = \frac{Fl}{4}$；如果使集中力通过辅助梁再作用到梁上，如图5.21(b)所示，则梁内的最大弯

矩就下降为原来的一半。这是通过合理分散集中荷载来降低最大弯矩值。

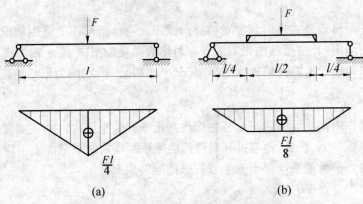

图 5.21　分散荷载对最大弯矩的影响

(a) 简支梁在集中荷载作用下的弯矩图；(b) 简支梁在分散荷载作用下的弯矩图

同样，通过合理调整支座间距，也能降低最大弯矩值。如图 5.22(a)所示的均布荷载简支梁，梁内的最大弯矩为 $M_{max} = \dfrac{ql^2}{8}$。如果将简支梁两端的支座分别向中间移动 $0.2l$，如图 5.22(b)所示，则梁内的最大弯矩就下降为 $M_{max} = \dfrac{ql^2}{40}$，仅为原来的 20%。在工厂、矿山中常见的龙门吊车(图 5.23)的立柱位置不在两端，就是为了降低横梁中的最大弯矩值。

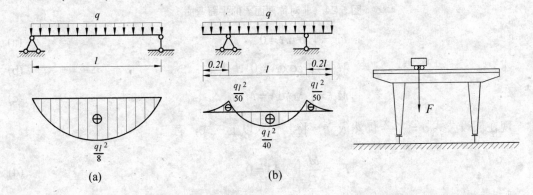

图 5.22　移动支座对最大弯矩的影响　　图 5.23　龙门吊车示意图

(a) 简支梁两端支承时的弯矩图；

(b) 将支座向中间移 $0.2l$ 后的简支梁弯矩图

5.5　非对称截面梁的平面弯曲

5.5.1　非对称截面梁的平面弯曲

前面推导了对称截面梁(即具有纵向对称平面，且外力或外力偶作用在该平面内的细长梁)发生平面弯曲时横截面上正应力的计算公式(5.2)

$$\sigma = \frac{My}{I_z}$$

现在简单介绍将该公式推广到非对称截面梁平面弯曲情形下的适用情况。

如图 5.24 所示的 Z 字形截面梁即为一非对称截面梁,图中 y、z 轴为横截面的形心主惯性轴,由 x 轴和任一主惯性轴构成的平面(xy 平面和 xz 平面)则为形心主惯性平面。

1. 纯弯曲时的情形

如果外力偶作用在与梁的任一形心主惯性平面平行的平面内,则该梁发生平面弯曲。

若外力偶平行于 xy 平面,则与推导对称截面梁平面弯曲时横截面上正应力的计算公式相类似,根据静力平衡关系,以下三个方程必然同时成立

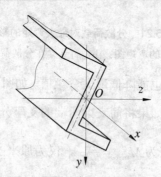

图 5.24 非对称截面梁的平面弯曲

$$F_N = \int_A \sigma \, dA = 0 \tag{a}$$

$$M_y = \int_A z\sigma \, dA = 0 \tag{b}$$

$$M_z = \int_A y\sigma \, dA = M \tag{c}$$

现在假设公式 $\sigma = \dfrac{My}{I_z}$ 仍然成立,将其代入以上三式,有

$$F_N = \frac{M}{I_z} \int_A y \, dA = 0 \tag{d}$$

$$M_y = \frac{M}{I_z} \int_A yz \, dA = 0 \tag{e}$$

$$M_z = \frac{M}{I_z} \int_A y^2 \, dA = M \tag{f}$$

由于 y、z 轴为横截面的形心主惯性轴,故有

$$\int_A y \, dA = 0$$

$$\int_A yz \, dA = 0$$

$$\int_A y^2 \, dA = I_z$$

显然,式(d)、式(e)和式(f)均满足,假设成立。也就是说,非对称截面梁在发生平面弯曲的情形下,对称截面梁平面弯曲时横截面上正应力的计算公式(5.2)仍然适用。

2. 横力弯曲时的情形

实验结果和理论分析都表明，横向力必须作用在与梁的形心主惯性平面平行的某一特定平面内，才能保证梁只发生平面弯曲而不扭转，此时公式 $\sigma = \dfrac{My}{I_z}$ 仍然适用。这一特定平面，也就是梁在上述形心主惯性平面内发生弯曲时剪力 F_Q 所在的纵向平面。如果横向力作用在与该特定平面平行的其他任一纵向平面内，则梁除了发生平面弯曲外，还会发生扭转。

如图 5.25(a)所示一槽形截面悬臂梁，其横截面的两根主轴分别为 y 轴和 z 轴(z 轴为截面的对称轴)。在梁的自由端加载横向力 F，通过实验可以发现，当外力 F 作用线经过截面形心，并位于形心主惯性平面 xy 平面内时，悬臂梁不但发生平面弯曲，还发生扭转，如图 5.25(b)所示；当外力 F 的作用线经过某一特定点 A 时，梁才会只发生平面弯曲，如图 5.25(c)所示。

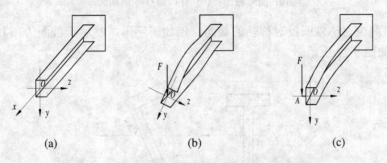

图 5.25　横向力作用位置对非对称截面梁变形的影响

(a) 槽形截面悬臂梁；(b) 施加作用线经过形心的外力后梁的变形；(c) 力作用线经某一特定点时梁的变形

5.5.2 开口薄壁截面梁的弯曲中心

进一步的理论分析(可参阅有关教材，此处不作详细探讨)证明，上述外力 F 作用线所经过的特定点 A，实际上就是截面上切应力合力(即剪力)的作用点，该点通常称为截面的**弯曲中心**(bending center)，或称**剪切中心**(shear center)。对于非对称截面梁来说，只有当横向外力 F 所在的纵向平面通过其截面的弯曲中心，梁才会只弯曲而不扭转。

在土木工程中，尤其是在钢结构中，大量采用了开口薄壁截面的杆件。这类构件抗弯强度较强，但抗扭刚度较弱，很容易由于扭转变形过大而失稳破坏。因此，对于开口薄壁截面梁，必须严格注意使外荷载的作用线经过截面的弯曲中心。

由此可见，在工程实际中，确定截面弯曲中心的位置是相当重要的。下面简单介绍一些确定弯曲中心位置的规律：

(1) 具有一个对称轴的截面，例如槽形、开口薄壁环形截面等，其弯曲中心必定在此对称轴上，如图 5.26 所示。

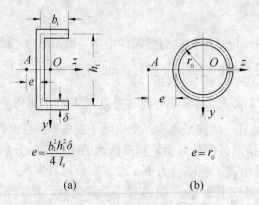

$$e=\frac{b_1^2 h_1^2 \delta}{4 I_z}$$

(a)　　　　　　　(b)

$e = r_0$

图 5.26　弯曲中心在对称轴上

(a) 槽形截面；(b) 开口薄壁环形截面

(2) 具有两个对称轴或反对称轴的截面，例如工字形、Z 字形截面等，其弯曲中心与形心重合，如图 5.27 所示。

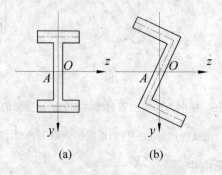

(a)　　　　　(b)

图 5.27　弯曲中心与形心重合

(a) 工字形截面；(b) Z 字形截面

(3) 由若干中线交于一点的狭长矩形组成的截面，如 T 字形、等边或不等边角钢截面等，其弯曲中心就是中线的交点，如图 5.28 所示。

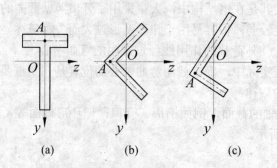

(a)　　　　(b)　　　　(c)

图 5.28　弯曲中心在两中线交点

(a) T 形截面；(b) 等边角钢截面；(c) 不等边角钢截面

由以上规律可知，弯曲中心的位置只与截面的几何形状与尺寸有关。这是因为弯曲中心仅取决于截面上剪力的作用线位置，而与其方向及数值大小无关。

【例 5.10】 一开口薄壁截面梁由 36a 号槽钢制成，其横截面如图 5.29(a)所示。现该梁受一个平行于其腹板平面的横向力 F 作用，若要求梁只能发生平面弯曲，试求这一横向力 F 的作用位置。

解：为了使梁仅发生平面弯曲而不扭转，横向力 F 的作用线必须经过截面的弯曲中心 A，如图 5.29(b)所示。现在来求弯曲中心 A 距截面腹板中线的距离 e。

由型钢规格表可查得 36a 号槽钢的几何参数如下：

$h=360\text{mm}$；$b=96\text{mm}$；$d=9\text{mm}$；$\delta=16\text{mm}$；$I_z=11\,874\text{cm}^4$

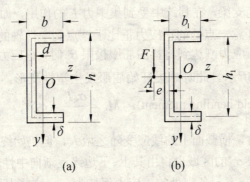

图 5.29 例 5.10 图

于是得

$$b_1 = b - \frac{d}{2} = 96 - \frac{9}{2} = 91.5\text{mm}$$

$$h_1 = h - 2\times\frac{\delta}{2} = 360 - 2\times\frac{16}{2} = 344\text{mm}$$

根据有关数据，即可求得 e 值为

$$e = \frac{b_1^2 h_1^2 \delta}{4 I_z} = \frac{91.5^2 \times 344^2 \times 16}{4 \times 11874 \times 10^4} = 33.4\text{mm}$$

故横向力 F 应作用在腹板外侧距腹板中线 33.4mm 处。上述求解 e 的公式的推导可以参阅参考文献 1。

5.6 考虑材料塑性时梁的极限弯矩

在线弹性阶段，梁的最大正应力出现在危险截面上距中性轴最远(即上、下边缘)处，在讨论梁的正应力强度时，就是据此计算的。按照梁的正应力强度条件式(5.16)来进行强度设计，将无法充分发挥梁的承载能力。其原因为：对于用塑性材料制成的梁而言，当最大应力达到屈服极限时，其危险截面上、下边缘处进入屈服阶段，但截面的其他部分却仍然处于弹性阶段，还可以承受更大的荷载。只有当整个截面都进入屈服阶段，梁才会产生破坏而失去承载能力。据此算得的最大荷载称为梁的**极限荷载**(limit load)。在土木工程中，某些钢筋混凝土构件就是按照强度极限状态设计的。

考虑到塑性材料超过弹性阶段后应力-应变关系的复杂性，通常将材料简化为**理想弹塑性模型**(elastic-ideal plastic model)，并认为材料在拉伸和压缩时的弹性模量 E 和屈服极限 σ_S 均相同。材料简化后的 $\sigma-\varepsilon$ 关系如图 5.30 所示。此外，还假设超出线弹性范围后，梁的弯曲变形仍然符合平面假设。这一假设已得到实验证明。故梁内纵向线的线应变 ε 沿高度仍然是线性变化的。

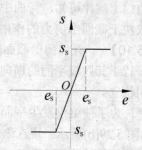

图 5.30 理想弹塑性模型的 $\sigma-\varepsilon$ 关系

现考虑一对称截面简支梁，在其跨中受到集中力 F 的作用，如图 5.31(a)所示。在线弹性范围内，梁横截面上任意一点处的正应力正比于该点到中性轴的距离。

当横截面上的最大正应力刚达到材料的屈服极限 σ_S 时，正应力沿横截面高度的分布规律如图 5.31(b)中的实线所示。此时，梁开始屈服发生塑性变形，横截面所承受的弯矩为 M_S 称为梁的**屈服弯矩**(yield bending moment)。

$$M_S = \frac{\sigma_S I_z}{y_{\max}} = \sigma_S W_z \tag{5.19}$$

当外荷载继续增大时，横截面上的线应变随之增大，但仍始终保持线性分布，而横截面上正应力达到屈服极限 σ_S 的区域也将由其上、下边缘逐渐向中性轴扩展。即线应变 $\varepsilon = \varepsilon_S$ 的点处的正应力达到 σ_S，$\varepsilon > \varepsilon_S$ 各点处的正应力保持为 σ_S，这些点处于塑性区域，而 $\varepsilon > \varepsilon_S$ 各点处则仍处于线弹性阶段。与其相应的正应力沿横截面高度的分布规律如图 5.31(b)中的虚线所示。

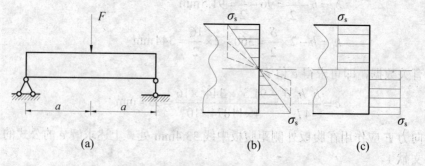

图 5.31 弯曲变形由弹性向塑性发展

(a) 受载的对称截面简支梁；(b) 最大正应力刚达到 σ_S 时，正应力分布；(c) 全部正应力均达 σ_S 时分布

最后，当整个横截面上的正应力均达到 σ_S 时，其沿横截面高度的分布规律如图 5.31(c)所示，截面全部成为塑性区域，梁将发生明显的塑性变形而达到极限状态(limit state)。此时截面上承受的弯矩称为**极限弯矩**(limit bending moment)，用 M_u 表示，其值为

$$\begin{aligned}
M_u &= \int_{A_t} y\sigma_S \, dA + \int_{A_c} (-y)(-\sigma_S) \, dA \\
&= \sigma_S \left(\int_{A_t} y \, dA + \int_{A_c} y \, dA \right) \\
&= \sigma_S (S_t + S_c)
\end{aligned}$$

式中，A_t，A_c 分别代表横截面上受拉与受压区域的面积，$S_t = \int_{A_t} y \, dA$，$S_c = \int_{A_c} y \, dA$ 分别为 A_t，A_c 对中性轴的静矩，均取绝对值。现设

$$W_S = S_t + S_c \tag{5.20}$$

则有

$$M_u = \sigma_S W_S \tag{5.21}$$

式中，W_S 称为**塑性弯曲截面系数**(plastic section modulus in bending)，其单位为 m^3 或 mm^3。

当梁跨中截面(危险截面)上的弯矩达到极限弯矩 M_u 时，其附近将形成如图 5.32(a)阴影部分所示的塑性区，跨中截面两侧的两段梁，在极限弯矩 M_u 不变的条件下，将绕截面的中性轴发生相对转动，恰似在该截面处安置了一个中间铰链，且铰链两侧作用着大小等于 M_u 的外力偶矩，如图 5.32(b)所示，通常称之为**塑性铰**(plastic hinge)。

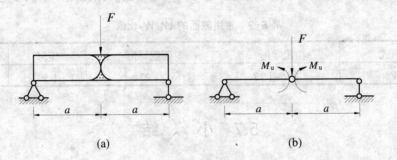

图 5.32 塑性铰

(a) 形成塑性区的梁；(b) 塑性铰

对于静定梁而言，当梁上形成塑性铰后，梁就达到了极限状态，并将产生明显的塑性变形。此时，梁所承受的荷载达到最大值，即极限荷载。

当梁达到极限状态时，可根据静力学条件轴力 $F_N=0$ 来确定出现塑性铰截面的中性轴位置，即

$$F_N = \int_{A_t} \sigma_S \, dA + \int_{A_c} (-\sigma_S) \, dA = 0$$

由此得

$$A_t = A_c \tag{5.22}$$

由上式可知，出现塑性铰的截面，其中性轴将截面平分为两个面积相等的区域。对于具有水平对称轴的截面，例如矩形、工字形截面，在线弹性状态和极限状态下中性轴的位置是重合的，也就是截面的水平对称轴；而对于没有水平对称轴的截面，例如工字形截面，在两种状态下中性轴的位置并不重合，中性轴将随塑性区的增加而不断移动，当梁由线弹性状态变化到极限状态时，中性轴由初始的形心位置移到二等分面积处。

【**例 5.11**】 试求矩形截面梁的极限弯矩及比值 W_S/W_z。

解：由于矩形截面具有水平对称轴(中性轴)，故有 $S_t = S_c$。对于高为 h，宽为 b 的矩形截面，有

$$S_t = S_c = \frac{bh}{2} \times \frac{h}{4} = \frac{bh^2}{8}$$

于是，可得矩形截面梁的极限弯矩为

$$M_u = \sigma_s W_s = \sigma_s(S_t + S_c) = \frac{bh^2}{4}\sigma_s$$

矩形截面梁的屈服弯矩为

$$M_s = \sigma_s W_z = \frac{bh^2}{6}\sigma_s$$

将极限弯矩与屈服弯矩相比较，有

$$\frac{M_u}{M_s} = \frac{W_s}{W_z} = 1.5$$

通过本例可以说明，通过考虑材料的塑性，充分发挥材料的承载潜力，可以有效地提高梁的承载能力。对于矩形截面梁来说，可以提高 50%。

表 5-2 给出了工程中常用的几种截面的 W_s/W_z(也即 M_u/M_s)比值，以供参考。

表 5-2　常用截面的 W_s/W_z 比值

截面形式	工字形	薄壁环形	矩形	圆形
W_s/W_z	1.15~1.17	1.27	1.50	1.70

5.7　小　结

1. 梁弯曲时的正应力计算公式

梁在纯弯曲情形下横截面上任一点处的正应力公式为

$$\sigma = \frac{My}{I_z} \tag{5.2}$$

上式由纯弯曲条件导出，可推广应用于横力弯曲情形下。梁的弯曲正应力沿截面高度呈线性分布，在中性轴处正应力为零，在截面上、下边缘处正应力达到最大值

$$\sigma_{max} = \frac{M}{W_z} \tag{5.4}$$

正应力的正、负符号通常根据弯矩的方向直观判断。

2. 梁弯曲时的切应力计算公式

几种常用截面梁上的最大切应力为

矩形截面梁：

$$\tau_{max} = \frac{3}{2}\frac{F_Q}{A} \tag{5.9}$$

工字形截面梁：

$$\tau_{max} = \frac{F_Q S_{z\,max}^*}{I_z d} \tag{5.11}$$

圆形截面梁：

$$\tau_{max} = \frac{4}{3}\frac{F_Q}{A} \tag{5.13}$$

薄壁环形截面梁：

$$\tau_{max} = 2\frac{F_Q}{A} \tag{5.14}$$

等直梁横截面上最大切应力的一般公式可统一表述为

$$\tau_{max} = \frac{F_{Qmax} S_{zmax}^*}{I_z b} \tag{5.15}$$

梁的最大切应力发生在中性轴上各点处，而截面上下边缘处的切应力最小，一般为零。

3. 梁的强度条件

等直梁的最大正应力发生在最大弯矩所在横截面上距中性轴最远的各点处，该处的切应力为零，处于单轴应力状态。等直梁的最大切应力，则发生在最大剪力所在横截面的中性轴上各点处，该处的正应力为零，处于纯剪切应力状态。于是可分别按照单轴应力状态和纯剪切应力状态下强度条件的形式来建立梁的正应力强度条件

$$\sigma_{max} = \frac{M_{max}}{W_z} \leqslant [\sigma] \tag{5.16}$$

以及切应力强度条件：

$$\tau_{max} = \frac{F_{Qmax} S_{zmax}^*}{I_z b} \leqslant [\tau] \tag{5.17}$$

对于细长梁，其强度主要是由正应力控制的，切应力对强度的影响可以忽略不计，按照正应力强度条件设计的梁，除了在少数特殊情况下，一般都能满足切应力强度要求，不需要进行专门的切应力强度校核。

4. 梁的合理强度设计

通过合理的强度设计，可以有效地提高梁的抗弯强度。在实际工程中，经常采用的合理设计方法包括：

合理选择截面形状。主要是看 W_z/A 的比值。比值越大，材料的使用越经济，截面也就越合理。

采用变截面梁。通过使用等强度梁，可以节约材料、减轻自重。

合理配置梁的荷载和支座。可有效降低梁内的最大弯矩值。

5. 非对称截面梁的平面弯曲

非对称截面梁在发生平面弯曲的情形下，对称截面梁平面弯曲时横截面上正应力的计算公式(5.2)仍然适用。对于非对称截面梁来说，只有当横向外力 F 所在的纵向平面通过其截面的弯曲中心，梁才会只弯曲而不扭转。在工程实际中，确定截面弯曲中心的位置是相当重要的。

6. 考虑材料塑性时梁的极限弯矩

在考虑材料的塑性时，通常将材料简化为理想弹塑性模型。

梁的屈服弯矩为

$$M_s = \sigma_S W_z \tag{5.19}$$

梁的极限弯矩为

$$M_u = \sigma_s W_s \tag{5.21}$$

当梁的危险截面上的弯矩达到极限弯矩时，该截面上将出现塑性铰。对于静定梁而言，当梁上形成塑性铰后，梁就达到了极限状态，并将产生明显的塑性变形。此时，梁所承受的荷载达到最大值，即极限荷载。

5.8 思 考 题

1. 在推导梁的弯曲正应力公式时作了哪些假设？这些假设在什么条件下才是正确的？
2. 为什么梁在弯曲时，中性轴一定会通过横截面的形心？
3. 若梁发生平面弯曲，试绘出图 5.33 所示各种形状截面上弯曲正应力沿高度变化的分布规律。

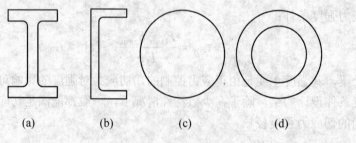

图 5.33　思考题 3 图

4. 图 5.34 所示简支梁受均布荷载作用，其横截面采用两种形式，一种是由整根矩形木梁制成，另一种则是由两根正方形木梁相叠而成，其间无任何连接。试问二者的应力是否相等。

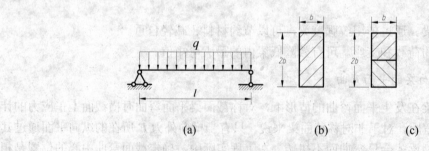

图 5.34　思考题 4 图

5. 为什么等直梁的最大切应力一般都是在最大剪力所在横截面的中性轴上各点处，而横截面的上、下边缘边缘各点处的切应力为零？
6. 是不是弯矩最大的截面就一定是最危险的截面？为什么？
7. 试区分以下概念的意义：纯弯曲与横力弯曲；中性轴与形心轴；弯曲刚度与弯曲截面系数。

8. 什么是弯曲中心？研究弯曲中心有什么实际意义？
9. 什么是塑性铰？
10. 试述梁截面正应力由弹性阶段到塑性阶段的发展过程。

5.9 习 题

1. 一长为 l 的钢带，其截面宽为 b，厚为 t。该钢带重 F，平放在刚性平面上。当在钢带的一端施加大小为 $F/3$ 的向上拉力时，试求钢带被拉起离开刚性平面的长度 a 以及钢带内的最大正应力。

2. 厚度为 1.5mm 的钢带，卷成直径为 3m 的圆环。已知钢的弹性模量为 $E=210$GPa，试求钢带横截面上的最大正应力。

3. 将钢丝绕在直径为 2m 的卷筒上，已知钢丝的弹性模量为 $E=200$GPa，屈服极限为 $\sigma_s = 200$MPa，要求钢丝中的最大正应力不得超过材料的屈服极限，试选择钢丝的直径。

4. 图 5.35 所示长 l 的悬臂梁由 16 号工字钢制成，已知 $l=1$m，$F=20$kN，试求固定端截面 a、b、c 和 d 点的弯曲正应力。

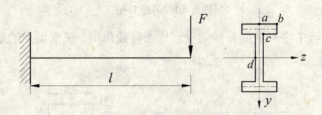

图 5.35　习题 4 图

5. 受均布荷载作用的某工字形截面等直外伸梁如图 5.36 所示。试求梁内最大正应力为最小时支座的位置。

6. 某外伸梁受力情况如图 5.37 所示，该梁的材料为 18 号工字钢。试求其最大正应力。

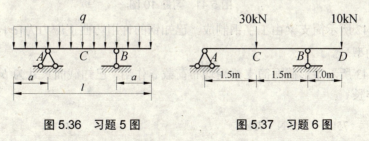

图 5.36　习题 5 图　　　　图 5.37　习题 6 图

7. 图 5.38 所示简支梁由 18 号工字钢制成，在外荷载作用下，测得 D 截面下边缘处的纵向线应变为 $\varepsilon = 3 \times 10^{-4}$。已知钢的弹性模量为 $E=200$GPa，$a=1$m，试求梁上的最大正应力。

8. 某外伸梁受力情况如图 5.39 所示，该梁的材料为 25a 号工字钢。试求梁上的最大切应力。

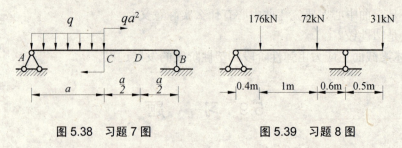

图 5.38 习题 7 图　　　　图 5.39 习题 8 图

9. 某 T 字形截面铸铁悬臂梁受力如图 5.40 所示。若欲使梁内的最大拉应力与最大压应力之比为 $\dfrac{1}{3}$，试求翼缘的合理宽度。

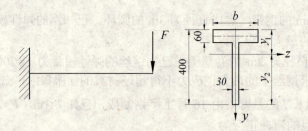

图 5.40 习题 9 图

10. 图 5.41 所示 T 字形截面外伸梁受到均布荷载作用。试求梁上的最大正应力和最大切应力。

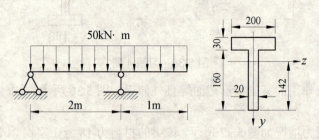

图 5.41 习题 10 图

11. 图 5.42 所示简支梁由工字钢制成。已知钢的许用弯曲正应力为 $[\sigma]=152\text{MPa}$，试选择工字钢的型号。

12. 图 5.43 所示矩形截面简支梁受均布荷载 q 作用，已知截面尺寸为 $b\times h$，试求梁的下边缘的总伸长。

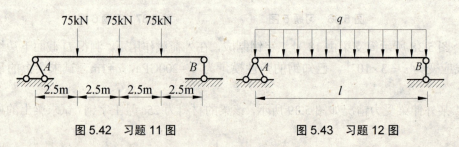

图 5.42 习题 11 图　　　　图 5.43 习题 12 图

13. 图 5.43 所示简支梁设计截面。已知 $q=10\text{kN}\cdot\text{m}$，$l=4\text{m}$，材料的许用弯曲正应力为

$[\sigma]=160\text{MPa}$，试(1)设计圆形截面的直径 d；(2)设计 $b:h=1:2$ 的矩形截面；(3)选择工字钢的型号。并说明哪种截面最省材料。

14. T 字形截面铸铁外伸梁受力如图 5.44 所示。已知材料的许用拉应力为 $[\sigma_t]=40\text{MPa}$，许用压应力为 $[\sigma_c]=100\text{MPa}$，试按照正应力强度条件校核此梁的强度。

15. 由两根 36a 号槽钢组成的梁如图 5.45 所示。已知 $F=44\text{kN}$，$q=1\text{kN/m}$，钢的许用弯曲正应力为 $[\sigma]=170\text{MPa}$，试按照正应力强度条件校核此梁的强度。

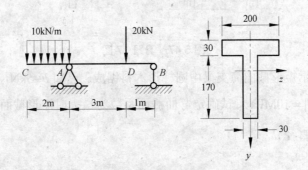

图 5.44 习题 14 图

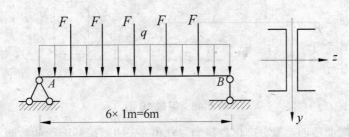

图 5.45 习题 15 图

16. 图 5.46 所示为起重机及其行车梁，起重机自重 $P=50\text{kN}$，行走于由两根工字钢所组成的简支梁上。起重机的最大起重量为 $F=10\text{kN}$，钢材的许用弯曲正应力为 $[\sigma]=170\text{MPa}$。设全部荷载平均分配在两根梁上，试选择工字钢的型号。

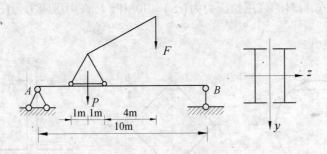

图 5.46 习题 16 图

17. T 字形截面悬臂梁受力如图 5.47 所示。已知 $F=7\text{kN}$，$M_e=5\text{kN·m}$，材料的许用拉应力为 $[\sigma_t]=5\text{MPa}$，许用压应力为 $[\sigma_c]=12\text{MPa}$，截面对中性轴的惯性矩为 $I_z=10\,000\text{cm}^4$。

(1) 试求梁上的最大切应力。

(2) 此梁的截面如何放置才算合理？

(3) 梁的截面经合理放置后，若 M_e=5kN·m 不变，试求许可荷载$[F]$的值。

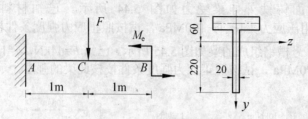

图 5.47　习题 17 图

18. 图 5.48 所示矩形截面简支梁由圆柱形木料锯成。已知 F=5kN，a=1.5m，材料的许用弯曲正应力为 $[\sigma]$=10MPa。试确定弯曲截面系数为最大时矩形截面的高宽比 $\dfrac{h}{b}$，以及梁所需木料的最小直径 d。

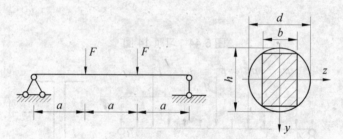

图 5.48　习题 18 图

19. 为增大弯曲截面系数，可将直径为 d=140mm 的圆形截面梁的截面上、下边缘切去部分高度 δ，如图 5.49 所示。试求使弯曲截面系数为最大的 δ 值。

20. 如图 5.50 所示，正方形截面的梁，为了使其弯曲截面系数最大，图中切去的尖角尺寸 δ 应为多少？此时的弯曲截面系数较未切去尖角时增加百分之多少？

21. 横截面如图 5.51 所示的铸铁简支梁，跨长 l=2m，在梁的跨中受到一向下的集中力 F=80kN 作用。已知材料的许用拉应力为 $[\sigma_t]$=30MPa，许用压应力为 $[\sigma_c]$=90MPa，试确定截面尺寸 δ 值。

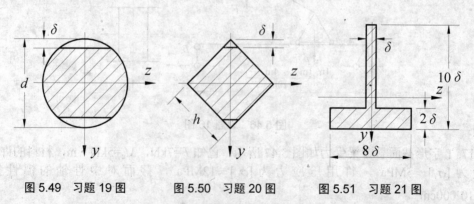

图 5.49　习题 19 图　　　图 5.50　习题 20 图　　　图 5.51　习题 21 图

22. 图 5.52 所示正方形截面木梁，在 C 截面处钻一直径 d=70mm 的圆孔(不考虑圆孔处应力集中的影响)，材料的许用弯曲正应力为$[\sigma]=10$MPa。

(1) 试设计正方形截面的尺寸。
(2) 校核C截面的强度。

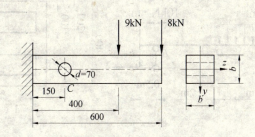

图 5.52　习题 22 图

23. 若在习题 5.16 中，其他条件不变，钢的许用切应力为$[\tau]=100$MPa，试选择工字钢的型号。

24. 图 5.53 所示悬臂梁长为$l=800$mm，由三块 50mm×100mm 的木板胶合而成，其自由端受一集中力F的作用。若胶合面上的许用切应力为$[\tau]=0.34$MPa，木材的许用弯曲正应力为$[\sigma]=10$MPa，试求梁的许可荷载$[F]$以及梁内的最大正应力。

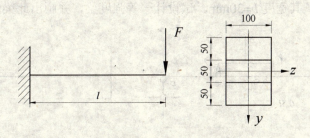

图 5.53　习题 24 图

25. 图 5.54 所示为一简易起重设备，吊车大梁由 20a 号工字钢制成，跨长$l=5$m，最大起重量(含电葫芦自重)$F=30$kN。已知钢材的许用切应力为$[\tau]=100$MPa，许用弯曲正应力为$[\sigma]=170$MPa，试校核梁的强度。

26. 矩形截面梁受力如图 5.55 所示。已知梁的截面高宽比$\dfrac{h}{b}=2$，材料的许用弯曲正应力为$[\sigma]=10$MPa，许用切应力为$[\tau]=5$MPa，试设计该梁的截面尺寸。

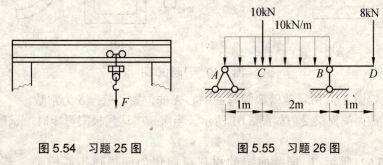

图 5.54　习题 25 图　　　　图 5.55　习题 26 图

27. 一组合木梁的受力情况及横截面尺寸如图 5.56 所示，其材料的许用弯曲正应力为

$[\sigma]=10\text{MPa}$,许用切应力为$[\tau]=2.5\text{MPa}$,试对该梁进行强度校核。

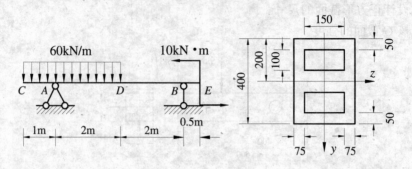

图 5.56　习题 27 图

28. 当荷载 F 直接作用于跨长为 $l=6\text{m}$ 的简支梁 AB 的中点时,梁内的最大正应力超过许可值 30%。为了消除此过载现象,配置了如图 5.57 所示的辅助梁 CD。试求此辅助梁的最小跨长 a。

29. 图 5.58 所示悬臂梁长为 $l=1\text{m}$,其自由端受一集中力 $F=10\text{kN}$ 的作用。已知材料的许用弯曲正应力为 $[\sigma]=160\text{MPa}$,许用切应力为 $[\tau]=100\text{MPa}$,该梁的横截面为等宽度而高度 h 变化的矩形,其宽度 $b=30\text{mm}$。试设计一等强度梁,并画出此梁的大致形状。

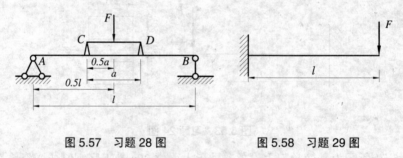

图 5.57　习题 28 图　　　　图 5.58　习题 29 图

30. 试判断图 5.59 所示各种截面弯曲中心的大致位置。

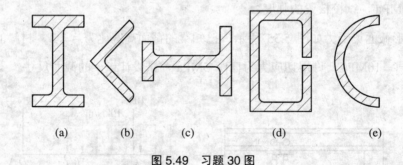

(a)　　(b)　　(c)　　(d)　　(e)

图 5.49　习题 30 图

31. 试确定图 5.60 所示薄壁截面弯曲中心 A 的位置,壁厚 δ 为常数。

32. 矩形截面简支梁受力如图 5.61 所示。当梁跨中达到极限弯矩时,试确定梁塑性区的宽度 l_s。

33. 图 5.62 所示 T 形截面梁的材料可简化为理想弹塑性模型,其屈服极限为 $\sigma_s=235\text{MPa}$,试求该梁的极限弯矩。

34. 图 5.63 所示矩形截面外伸梁受均布荷载作用。已知梁的截面尺寸为 $b=60\text{mm}$，$h=120\text{mm}$，材料的屈服极限为 $\sigma_s = 235\text{MPa}$，试求梁的极限荷载。

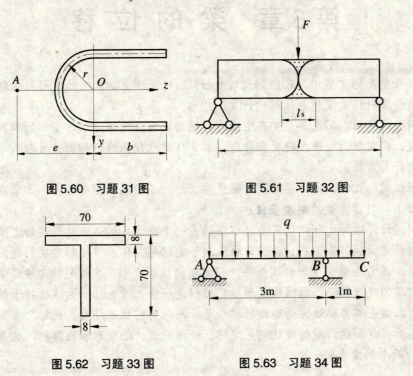

图 5.60　习题 31 图　　　　图 5.61　习题 32 图

图 5.62　习题 33 图　　　　图 5.63　习题 34 图

第 6 章 梁 的 位 移

提要：在前面的章节中，已经讨论过受拉(压)杆件和受扭杆件的变形与位移的计算，本章将讨论受弯杆件的变形与位移的计算。

由于荷载的作用，梁在各点处产生应力，同时也发生变形。这种变形的积累就形成了梁的挠曲线，在梁截面处产生**挠度**和**转角**。本章从建立**挠曲线近似微分方程**入手，研究了梁的位移的计算方法。

为了保证梁的正常工作，梁除满足强度要求外，还须满足刚度要求。本章在研究了梁位移的基础上，将建立梁的**刚度条件**。

除了刚度计算以外，研究梁弯曲时位移的另一个重要目的，就是解**超静定梁**。本章将对简单的超静定梁的解法进行讨论。与拉压超静定问题类似，解超静定梁问题，除了用平衡条件之外，还需要考虑变形协调条件。研究梁的位移变形是求解超静定梁的必要前提。

工程中梁的挠度很小，所以梁变形后的轴线是一条光滑连续的曲线，对于轴线上的每一点，都可以略去其沿轴线方向的线位移分量，而认为它仅有挠度。此外，本章研究梁的变形均是在弹性范围内，材料服从胡克定律。概括地说，**小变形和线弹性**，这是本章研究梁的位移的两个约定条件。

6.1 梁的挠曲线微分方程

梁在变形后，它的轴线将发生弯曲，形成一条**挠曲线**(deflection curve)。挠曲线的形状与梁内的弯矩有直接的关系。在本节里，我们将首先建立梁挠度与弯矩之间的关系，它将表现为挠度与截面弯矩的某种近似微分关系，从而为建立梁的挠曲线方程打下基础。

如图 6.1 所示，取梁在变形前的轴线为 x 轴，与轴线垂直的轴为 y 轴，且 xy 平面为梁的形心主惯性平面之一。梁变形后，其轴线将在 xy 面内弯成一曲线即挠曲线，如图 6.1 所示。度量梁的位移所用的两个基本量是：轴线上的点(即横截面形心)在 y 方向上的线位移 v，称为该点的**挠度**(deflection)；横截面绕其中性轴转动的角度 θ，称为该截面的**转角**(slope)。由图 6.1 可见，某一截面转角 θ 同时也是挠曲线在该点的切线与 x 轴间的夹角。考虑到工程上的习惯，梁挠度以向下为正，所以在所取的坐标系中将 y 轴的正向取为向下方向，而转角以顺时针为正。可将梁变形后的挠曲线用如下函数表达式表示：

$$w = f(x) \tag{a}$$

式中，x 为梁在变形前轴线上任意一点的横坐标，w 为该点的挠度。式(a)则称为挠曲线方程或挠度函数。

由于有微小变形的条件，挠曲线是一条扁平的曲线，所以梁任一横截面的转角都可以用该处挠曲线切线斜率来代表，即

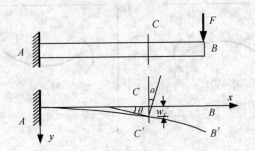

图 6.1 推导梁挠曲线近似微分方程的坐标系

$$\theta \approx \tan\theta \qquad (b)$$

考虑到

$$\tan\theta = w' = f'(x)$$

即有

$$\theta = f'(x) \qquad (c)$$

式(c)称为转角方程,它表达了梁各横截面转角与挠度的关系。

在第 5 章,我们曾建立了挠曲线**曲率**(curvature)与弯矩的关系,即式(5.1)所示

$$\frac{1}{\rho} = \frac{M}{EI_z}$$

在高等数学中,我们有曲率公式如下:

$$\frac{1}{\rho} = \frac{w''}{\left(1+w'^2\right)^{3/2}} \qquad (d)$$

根据小变形假设,梁挠曲线非常平缓,w' 与 1 相比是一个微量,其平方是高阶微量,所以可以略去,于是式(d)可改写为

$$\frac{1}{\rho} = w'' \qquad (e)$$

显然,由式(5.1)和式(e)我们可以建立表示挠度 w 与弯矩 M 关系的微分方程。但是,为了与选用的坐标系相适应,要先协调好弯矩与曲率的正负号问题。在我们所取的坐标系下,梁的挠曲线的曲率是以上凸为正的,而挠曲线上凸意味着梁的上部纤维受拉,对应负弯矩如图 6.2(a)所示。相反,挠曲线的曲率以下凹为负,对应正弯矩如图 6.2(b)所示。考虑到这种正负号的关系,我们把式(5.1)右边加上一个负号,即

$$\frac{1}{\rho} = -\frac{M}{EI_z} \qquad (f)$$

由式(f)和式(e)可建立如下微分方程式:

$$EI_z w'' = Fa - Fx \qquad (6.1)$$

式(6.1)就是梁的**挠曲线微分方程**(differential equation of the deflection curve)。这是一个近似的微分关系,所以也称挠曲线近似微分方程。所谓近似,是因为忽略了剪力引起的剪切变形和在曲率表达式中略去了 w'^2 项。

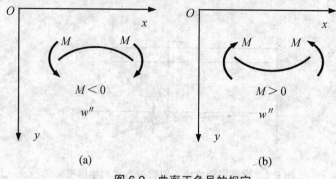

图 6.2 曲率正负号的规定
(a) 梁受负弯矩作用；(b) 梁受正弯矩作用

6.2 用积分法求梁的位移

对上节建立的梁挠曲线近似微分方程求解，就可得到梁的转角方程和挠曲线方程。

将式(6.1)改写为

$$EI_z w'' = -M(x) \tag{6.2}$$

对于等直杆，E、I_z 是常数，这个微分方程可以直接通过积分求解：

$$EI_z w' = -\int M(x)\mathrm{d}x + c_1 \tag{6.3a}$$

$$EI_z w = -\int \left(\int M(x)\mathrm{d}x\right)\mathrm{d}x + c_1 x + d_1 \tag{6.3b}$$

式中两个积分常数 c_1 和 d_1 可以利用梁的**边界条件**(boundary condition)确定，代入式(6.3(a))和式(6.3(b))就分别得到梁的转角方程和挠曲线方程。

在第 4 章讨论弯矩方程时我们曾注意到，在梁上不同的梁段，弯矩表达式可能是各不相同的，于是对式(6.2)需要分段积分，分别解出各段的挠曲线表达式。在这种情况下，为了确定各个积分常数，除了需要利用梁的边界条件外，还需要利用各梁段分界处的**连续条件**(continuity condition)。

表 6-1 常见支承情况下的边界条件

支承形式		边界条件
固定端		$\theta = w' = 0$ $w = 0$
固定铰		$w = 0$
可动铰		

表 6-2 常见情况下的连续条件

荷载或支承形式	连续条件
	$w_左 = w_右$ $\theta_左 = \theta_右$
	$w_左 = w_右 = 0$ $\theta_左 = \theta_右$

【例 6.1】 截面悬臂梁受均布荷载作用,E、I_z 是常数,求自由端的挠度与转角。

分析:悬臂梁受满布均布荷载作用,在全梁范围内弯矩表达式是相同的,因此,本题只要按式(6.2)建立挠曲线近似微分方程,按式(6.3)和式(6.3)积分,并利用支座端挠度和转角为 0 的边界条件解出积分常数,即可得到挠曲线方程及转角方程,进而求得指定截面处的挠度与转角。

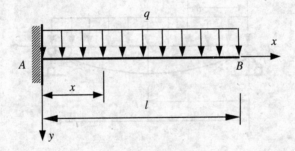

图 6.3 例 6.1 图

解:首先列弯矩方程

$$M = -\frac{1}{2}ql^2 + qlx - \frac{1}{2}qx^2$$

则梁的挠曲线微分方程为

$$EI_z w'' = \frac{1}{2}ql^2 - qlx + \frac{1}{2}qx^2$$

对上式进行第一次积分得

$$EI_z w' = \frac{1}{2}ql^2 x - \frac{1}{2}qlx^2 + \frac{1}{6}qx^3 + c_1 \tag{1}$$

再进行第二次积分得

$$EI_z w = \frac{1}{4}ql^2 x^2 - \frac{1}{6}qlx^3 + \frac{1}{24}qx^4 + c_1 x + c_2 \tag{2}$$

考虑边界条件,对于悬臂梁来说,悬臂端的转角和挠度为 0,即

$$x = 0, \quad \theta = w' = 0$$
$$x = 0, \quad w = 0$$

将上述 2 个边界条件代入式(1)和式(2)，可解出积分常数为
$$c_1 = 0, \quad c_2 = 0$$

将上述积分常数代入式(1)可得转角方程：
$$EI_z\theta = EI_zw' = \frac{1}{2}ql^2x - \frac{1}{2}qlx^2 + \frac{1}{6}qx^3 \tag{3}$$

将积分常数代入式(2)可得挠曲线方程：
$$EI_zw = \frac{1}{4}ql^2x^2 - \frac{1}{6}qlx^3 + \frac{1}{24}qx^4 \tag{4}$$

最后，以 $x = l$ 分别代入式(3)和式(4)，即得梁自由端的转角和挠度：
$$\theta_B = w'|_{x=l} = \frac{ql^3}{6EI_z} \qquad w_B = w|_{x=l} = \frac{ql^4}{8EI_z}$$

根据挠度和转角的正负号规定，上述结果表明转角为顺时针，挠度方向为向下。

【例 6.2】 图示为一简支梁，试求在满跨均布荷载作用下的挠曲线方程和转角方程。

分析：本题与例 6.1 类似，在全梁范围内弯矩方程相同，但边界条件不同。考虑到简支梁的支承条件，本题应以梁端两支座处的挠度为 0 作为边界条件。

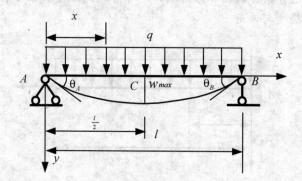

图 6.4 例 6.2 图

解：首先列出梁的弯矩方程：
$$M(x) = \frac{1}{2}qlx - \frac{1}{2}qx^2$$

然后写出挠曲线近似微分方程：
$$EI_zw'' = -\frac{1}{2}qlx + \frac{1}{2}qx^2$$

对上式进行第一次积分得
$$EI_zw' = -\frac{1}{4}qlx^2 + \frac{1}{6}qx^3 + c_1 \tag{1}$$

再进行第二次积分得
$$EI_zw = -\frac{1}{12}qlx^3 + \frac{1}{24}qx^4 + c_1x + c_2 \tag{2}$$

该梁的边界条件为
$$x = 0, \quad w = 0$$
$$x = l, \quad w = 0$$

先将第1个边界条件代入式(2)，解出积分常数 c_2：
$$c_2 = 0$$
再将第2个边界条件代入式(2)，可解出积分常数 c_1：
$$c_1 = \frac{ql^3}{24}$$
将求出的积分常数代入式(1)和式(2)，即分别得到梁的转角方程和挠曲线方程：
$$EI_z\theta = EI_z = -\frac{1}{4}qlx^2 + \frac{1}{6}qx^3 + \frac{ql^3}{24}$$
$$EI_z w = -\frac{1}{12}qlx^3 + \frac{1}{24}qx^4 + \frac{ql^3}{24}x$$

【例6.3】 求图6.5所示悬臂梁的挠曲线方程。

分析： 悬臂梁在 $x=a$ 处受集中力作用，在集中力两侧的梁段上弯矩方程将是各不相同的。因此，本题按式(6.2)应分段建立挠曲线微分方程，积分后会存在4个积分常数，边界条件却仅有2个(参考例6.1)，不足以确定4个积分常数。所以还必须利用集中力 F 作用截面的两侧挠度和转角连续的条件，方可解出积分常数，得到挠曲线方程及转角方程。

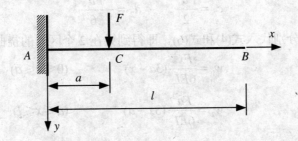

图6.5 例6.3图

解： 首先，分段写梁的弯矩方程，即
$$M(x) = -Fa + Fx \quad (0 \leqslant x \leqslant a)$$
$$M(x) = 0 \quad (a \leqslant x \leqslant l)$$

挠曲线方程也要分段写出：
$$EI_z w'' = Fa - Fx \quad (0 \leqslant x \leqslant a) \quad (1)$$
$$EI_z w'' = 0 \quad (a \leqslant x \leqslant l) \quad (2)$$

对式(1)进行第一次积分和第二次积分，得
$$EI_z w_1' = Fax - \frac{1}{2}Fx^2 + c_1 \quad (3)$$
$$EI_z w_1 = \frac{1}{2}Fax^2 - \frac{1}{6}Fx^3 + c_1 x + d_1 \quad (4)$$

对式(2)进行第一次积分和第二次积分，得
$$EI_z w_2' = c_2 \quad (5)$$
$$EI_z w_2 = c_2 x + d_2 \quad (6)$$

梁的边界条件为
$$x=0, \quad w_1'=0$$
$$x=0, \quad w_1=0$$

为了确定 4 个积分常数，除了上述 2 个边界条件外，还要引入 C 截面处的 2 个连续条件，即在 $x=a$ 处，AC 段 C 截面挠度和转角与 CB 段 C 截面挠度和转角应当分别相等，即
$$w_1'\big|_{x=a} = w_2'\big|_{x=a}$$
$$w_1\big|_{x=a} = w_2\big|_{x=a}$$

利用上述 2 个边界条件和 2 个连续条件共 4 个条件可以解出 4 个积分常数。

首先，将两个边界条件代入式(3)和式(4)，可解得
$$c_1=0, \quad d_1=0$$

再利用 2 个连续条件，得到 2 个方程：
$$Fa \cdot a - \frac{1}{2}Fa^2 = c_2$$
$$\frac{1}{2}Fa \cdot a^2 - \frac{1}{6}Fa^3 = c_2 a + d_2$$

可解出
$$c_2 = \frac{Fa^2}{2}, \quad d_2 = -\frac{Fa^3}{6}$$

将各个积分常数分别代入式(4)和式(6)，即得到梁在 2 个区间的挠曲线方程：
$$w_1 = \frac{Fx^2}{6EI_z}(3a-x) \quad (0 \leq x \leq a)$$
$$w_2 = \frac{Fa^2}{6EI_z}(3x-a) \quad (a \leq x \leq l)$$

6.3　按叠加原理求梁的位移

在小变形以及材料**线弹性**(linear elasticity)的条件下，梁的挠度和转角与作用在梁上的荷载呈线性关系。当梁受到几项荷载同时作用时，可以先分别计算各项荷载单独作用时梁的挠度和转角，然后求它们的代数和，就得到了这几项荷载共同作用时的位移。这就是**叠加原理**(superposition principle)在求解梁的位移中的应用。

【例 6.4】 图 6.6(a)所示简支梁受均布荷载和集中力偶作用，试用叠加原理求梁跨中 C 处挠度和支座处截面的转角。

分析：此梁荷载可以分解为均布线荷载和集中力偶两项简单荷载，由附录可分别查出这两种简单荷载各自单独作用时梁的位移值，再用叠加原理求所需要的位移。

解：由附录可得，在图 6.6(b)和图 6.6(c)所示荷载作用下的位移分别为
$$w_{c,1} = \frac{5ql^4}{384EI} \quad w_{c,2} = -\frac{Ml^2}{16EI}$$

$$w_c = \frac{5ql^4}{384EI} - \frac{Ml^2}{16EI}$$

$$\theta_A = \theta_{A,1} + \theta_{A,2} = \frac{ql^3}{24EI} - \frac{Ml}{6EI}$$

$$\theta_B = \theta_{B,1} + \theta_{B,2} = -\frac{ql^3}{24EI} + \frac{Ml}{3EI}$$

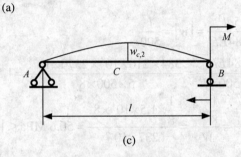

图 6.6　例 6.4 图

6.4　梁的刚度条件

在按照强度条件选择梁的截面以后,往往还需要确定梁的刚度条件,对梁进行刚度校核。也就是说,梁的变形也应该在规定的限度内。土木建筑中梁的刚度条件通常规定为最大挠度 w_{max} 与跨度 l 的比值应限制在容许挠跨比 $[w/l]$ 范围内,即

$$\frac{w_{max}}{l} \leqslant \left[\frac{w}{l}\right] \tag{6.4}$$

梁的容许挠跨比一般在 $\frac{1}{250} \sim \frac{1}{1000}$ 范围内。

【例 6.5】　简支梁如图 6.7 所示,$l = 8\,\text{m}$,$[w/l] = 1/500$,$E = 210\,\text{GPa}$,$[\sigma] = 100\,\text{MPa}$,采用 20 a 号工字钢,试根据梁的刚度条件确定容许荷载 $[q]$,并校核强度。

分析：简支梁在均布荷载作用下,跨中挠度为最大。随着荷载的增加,挠度逐渐增加,当跨中最大挠度值 $w_{max} = [w]$ 时,梁所承受的均布荷载即为容许荷载 $[q]$。然后计算在容许荷载 $[q]$ 作用下,梁内产生的最大正应力 σ_{max},并与容许应力 $[\sigma]$ 比较。

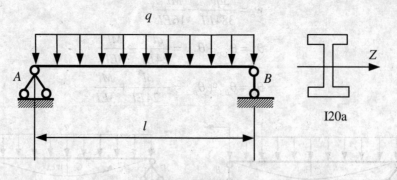

图 6.7 例 6.5 图

解：首先查附表可得 20 a 号工字钢的 $I_z = 2\,370\,\text{cm}^4$，$W_z = 237\,\text{cm}^3$，由刚度条件，跨中最大挠度

$$w_{\max} = \frac{5ql^4}{384EI_z} = [w] = \frac{l}{500}$$

$$[q] = \frac{384EI_z}{5 \times 500 \times l^3} = \frac{384 \times 210 \times 10^9 \times 2370 \times 10^{-8}}{5 \times 500 \times 8^3} = 1.5\,\text{kN/m}$$

$$\sigma = \frac{M_{\max}}{W_z} = \frac{\frac{1}{8}ql^2}{W_z} = \frac{\frac{1}{8} \times 1.5 \times 10^3 \times 8^2}{237 \times 10^{-6}} = 50.6\,\text{MPa} < [\sigma] = 100\,\text{MPa}$$

满足强度条件。

6.5 超静定梁的初步概念与求解

前面几章所讨论的轴向拉压杆、受扭转的圆杆以及受弯曲的梁，其约束反力或构件内力都能够通过静力平衡方程求解，这类问题称为**静定问题**(statically determinate problem)。但在工程实际中，往往有很多构件的反力或内力只用静力平衡方程并不能全部确定。例如在图 6.8(a)中，一个大跨度的悬臂梁，为了减小其最大挠度和最大弯矩，可以在自由端增加一个支座。如图 6.8(b)所示，这样共有 F_{Ax}、F_{Ay}、M_A、F_{Bx} 等四个反力，而对于平面任意力系，可以建立的独立的静力平衡方程只有三个，所以梁的四个支座反力不可能仅由静力平衡方程确定。我们把这类不可能仅由静力平衡方程直接求解的问题称为**超静定问题**(statically indeterminate problem)。

在超静定结构中，有些约束对于维持结构的平衡状态来说是多余的，习惯上称为**多余约束**(redundant constrain)。与多余约束相应的支座反力称为**多余未知力**(redundant unknown force)。未知力个数减去独立的静力平衡方程个数所得的结果即为**超静定次数**(degree of statically indeterminate problem)。因此，超静定的次数就等于多余约束或多余未知力的个数。

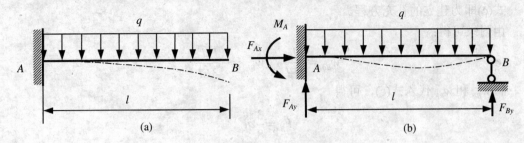

图 6.8 静定梁与超静定梁

(a) 静定梁；(b) 超静定梁

为了求出超静定结构的全部未知力，除了静力平衡方程外，还要寻找补充方程。补充方程的数目应等于超静定次数，也就是说等于多余约束或多余未知力的个数。由于存在多余约束，因此，杆件的变形必然存在一定的限制条件，这种条件称为变形协调条件，由此可以求得**变形几何相容方程**(geometrically compatibility equation of deformation)。对于服从胡克定律的材料，当应力不超过比例极限时，变形与力成正比，于是可以得到满足胡克定律的物理方程，将物理方程代入变形几何相容方程，即可得补充方程。将补充方程与静力平衡方程联立求解，即可求出全部未知力。这就是综合运用变形的物理、几何、静力学三方面条件求解超静定问题的方法，其关键在于根据变形协调条件来建立变形几何相容方程。

在求解超静定结构时，可以假想把某一处的多余约束解除，并在该处施加与所解除的约束相对应的多余未知力，由此得到一个作用有荷载和多余未知力的静定结构，称之为"基本结构"。基本结构在多余未知力作用处的位移应满足原超静定结构的约束条件，即变形协调条件。将物理方程代入变形几何相容方程，即可求出多余未知力。求出多余未知力后，构件的内力、应力以及变形均可按照基本结构进行计算。

【例 6.6】 试作图 6.9(a)所示超静定梁的弯矩图。

分析： 此梁为一次超静定梁，需要建立一个补充方程。解除多余约束后用反力来代替，这时所得到的"基本结构"必须是一个静定的几何不变体系，与原结构的变形状态与受力状态是完全等价的。由所解除的多余约束的变形几何相容方程和物理关系求出补充方程，即可求出多余未知力的大小。

解： 取支座 B 为多余约束，假想地解除这个约束，代之假设未知力 F_B，则得到如图 6.9(b)所示静定的基本结构。作用在基本结构的荷载有两种，一种是原有的均布荷载 q，另一种是未知力 F_B，将这两种荷载分别单独作用于基本结构，即图 6.9(c)和图 6.9(d)。根据叠加原理，则 B 端竖向线位移为

$$w_B = w_{Bq} + w_{BF} \tag{a}$$

式中，w_{Bq} 和 w_{BF} 分别表示原有荷载 q 和未知力 F_B 各自单独作用于基本结构时在 B 端引起的竖向线位移。

由于基本结构与原结构的变形相同，根据原结构支座 B 的边界条件有

$$w_B = 0 \tag{b}$$

即

$$w_{Bq} + w_{BF} = 0 \tag{c}$$

式(c)即为建立的补充方程。

由附录可得:

$$w_{Bq} = \frac{ql^4}{8EI}, \quad w_{BF} = -\frac{F_B l^3}{3EI}$$

将 w_{Bq} 和 w_{BF} 代入式(c)，可得

$$F_B = \frac{3}{8}ql$$

由于 F_B 为正号，表明原来假设的指向是正确的。

求出多余未知力 F_B 以后，即可按基本结构图 6.9(b)，由静力平衡方程求出梁的其余支座反力为

$$F_{Ax} = 0, \quad F_{Ay} = \frac{5}{8}ql, \quad M_A = \frac{1}{8}ql^2$$

如图 6.9(f)所示，最大弯矩出现在剪力为零的截面，而跨中弯矩为 $\frac{1}{16}ql^2$。

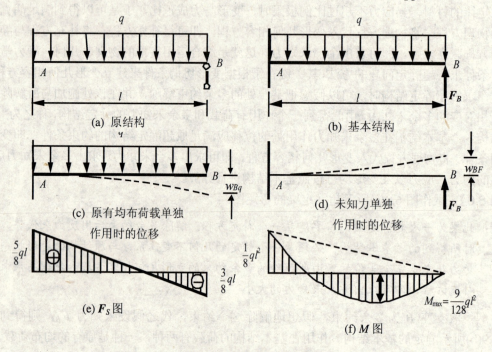

图 6.9　超静定梁的求解

6.6　小　　结

1. 梁的挠曲线近似微分方程及其积分

梁的挠曲线近似微分方程为

$$w'' = -\frac{M}{EI_z}$$

建立这一方程应用了梁的线弹性和微小变形的假设,所以这一方程只适用于线弹性和小变形情况。对这一方程进行积分,并利用梁的边界条件(当梁的弯矩方程分段表示时还要利用梁挠度与转角的连续条件)确定积分常数,就可以得到梁的挠曲线方程和转角方程。

在小变形和材料线弹性的约定条件下,在求解梁的位移时可以利用叠加原理。当梁受到几项荷载作用时,可以先分别计算(或查表得到)各项荷载单独作用下梁的位移,然后求它们的代数和,就得到了这几项荷载共同作用下的位移。

2. 梁的刚度条件

$$\frac{w_{\max}}{l} \leqslant \left[\frac{w}{l}\right]$$

利用上述条件可以对梁进行刚度校核、截面设计和容许荷载的计算。

3. 超静定梁的初步概念与求解

与拉压超静定问题类似,我们这里同样运用了变形协调条件,先假想地解除多余约束,代之以多余未知力,利用变形协调条件建立补充方程,用补充方程求出多余未知力,然后解出其他反力和内力。

至此,我们已经分别讨论了拉(压)杆件、受扭杆件和受弯杆件的变形问题。杆件变形计算是建立杆件刚度条件的必备前提,也是求解超静定问题的重要基础。

6.7 思 考 题

1. 梁的挠曲线近似微分方程为什么不适用于大挠度情况?
2. 在过去有关章节和本章里,曾运用叠加原理求梁的内力或变形。叠加原理适用的条件是什么?
3. 如图所示,长度为 l、重量为 P 的等直梁,放置在水平刚性平面上。今在左端点施力 $P/3$ 上提,若未提起部分仍保持与平面密合,试求提起部分的长度 a。

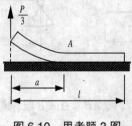

图 6.10 思考题 3 图

4. 从解超静定梁的过程可以看到,首先要解除多余约束形成"基本结构",此后的计算都是在这个基本结构上进行的。那么,这个基本结构与原结构等价的条件是什么?为什么在基本结构上求得的解就可以作为原结构的解?
5. 在本章和前面章节里我们分别讨论了拉压超静定问题和超静定梁的解法,这些超静定问题解法的共同特点是什么?

6.8 习　题

1. 试用积分法求图 6.11 所示梁的挠曲线方程、截面转角 θ_A、θ_B 以及跨中挠度。EI 为常数。

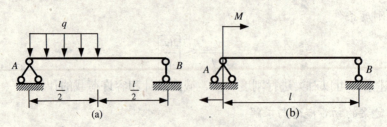

图 6.11　习题 1 图

2. 试用积分法求图 6.12 所示梁的挠曲线方程、自由端转角 θ_B 及挠度 w_B。EI 为常数。

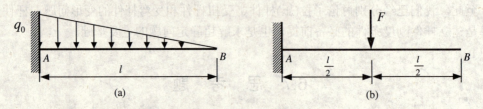

图 6.12　习题 2 图

3. 试用叠加法求图 6.13 所示梁自由端转角 θ_B 及挠度 w_B。EI 为常数。

4. 试用叠加法求图 6.14 所示梁截面转角 θ_A、θ_C 以及自由端挠度 w_C。EI 为常数。

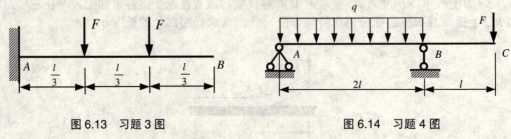

图 6.13　习题 3 图　　　　　　图 6.14　习题 4 图

5. 如图 6.15 所示的变截面悬臂梁 AB，在 CB 段承受均布荷载 q，已知 $I_2 = 2I_1$，试用积分法和叠加法求自由端挠度 w_B。

6. 如图 6.16 所示的平面刚架的横截面面积均为 A，抗弯刚度为 EI，在自由端受集中力 F 作用，试分别求梁自由端截面 C 的垂直位移和水平位移。

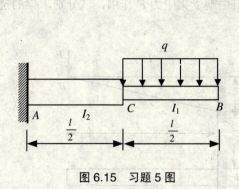

图 6.15 习题 5 图

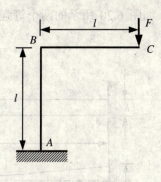

图 6.16 习题 6 图

7. 如图 6.17 所示的矩形截面简支梁 AB，已知 $h=2b$，$q=20\,\text{kN/m}$，$l=5\,\text{m}$。容许挠度 $[w/l]=\dfrac{1}{250}$，$[\sigma]=100\,\text{MPa}$，$E=200\,\text{GPa}$，试选择矩形截面尺寸。

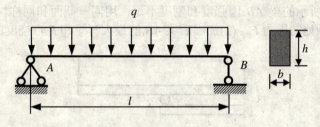

图 6.17 习题 7 图

8. 如图 6.18 所示的悬臂梁 AB，由两根槽钢组成，已知 $q=20\,\text{kN/m}$，$l=3\,\text{m}$，$[\sigma]=100\,\text{MPa}$，$E=210\,\text{GPa}$，容许挠度 $[w/l]=1/400$，试选择槽钢型号。

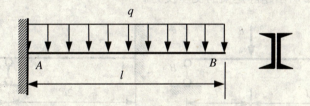

图 6.18 习题 8 图

9. 如图 6.19 所示的工字钢简支梁 AB，已知 $F=50\,\text{kN}$，$l=4\,\text{m}$，$[\sigma]=160\,\text{MPa}$，$E=210\,\text{GPa}$，容许挠度 $[w/l]=1/400$，试选择工字钢型号。

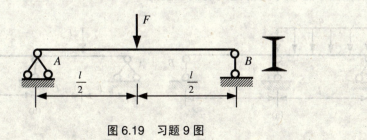

图 6.19 习题 9 图

10. 如图 6.20 所示的两个等强度梁 AB，在自由端受集中力 F 作用，试分别求梁的挠曲线方程。

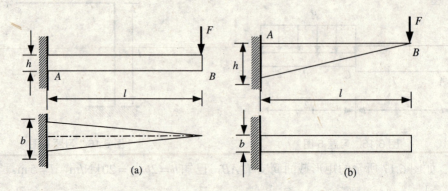

图 6.20 习题 10 图

11. 如图 6.21 所示的梁 AB 因强度和刚度不足，用同一截面和同样材料的短梁 AC 加固，试求(1)两梁接触处的压力 F_C；(2)加固后梁 AB 的最大弯矩和 B 点挠度的减小的百分数。

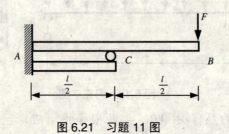

图 6.21 习题 11 图

12. 求如图 6.22 所示超静定梁的支座反力。

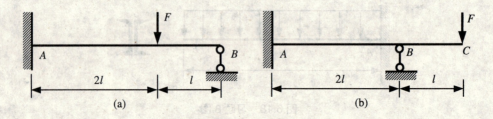

图 6.22 习题 12 图

13. 求如图 6.23 所示超静定梁的支座反力。

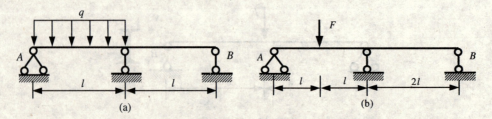

图 6.23 习题 13 图

14. 如图 6.24 所示悬臂梁的抗弯刚度 $EI = 500\,\text{kN}\cdot\text{m}^2$。如果梁与支座的间距为 $1\,\text{mm}$，当集中力 $F = 10\,\text{kN}$ 作用于梁的自由端时，求支座的反力。

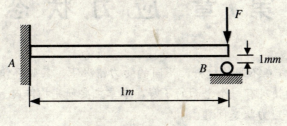

图 6.24 习题 14 图

15. 如图 6.25 所示梁承受均布荷载 q 作用，试作剪力图与弯矩图。

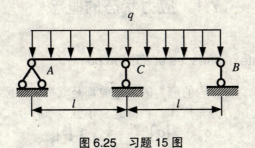

图 6.25 习题 15 图

第7章 应力状态

提要： 由于构件在不同的材料，不同的受力情况下，其破坏情况均不相同，为了对构件内任一点的应力情况有一个全面的了解，本章主要研究构件内一点处不同方位截面上的应力变化规律——应力状态问题。

7.1 应力状态的概念

7.1.1 点的应力状态(state of stresses at a given point)

在前面几章中，在计算杆件内的应力时，一般都是取杆的横截面来研究的。并分析了杆件在各种基本变形时的应力分布规律，由此建立了强度条件

$$\sigma_{max} \leqslant [\sigma] \qquad \tau_{max} \leqslant [\tau]$$

但是，不同的材料，在不同的受力情况下，其破坏面并不都是发生在横截面上。

例如，铸铁在轴向拉伸时其破坏面发生在横截面上，但在轴向压缩时，却是沿着大约45°的斜截面破坏(图 7.1(a)，(b))。又例如，当低碳钢在扭转受力时，破坏面发生在横截面上，如果是铸铁受扭，破坏面却发生在约45°的螺旋面上(图 7.2(a)，(b))。如果杆件受到几种基本变形的组合作用，破坏面也不都是发生在横截面上。产生这些情况的原因说明了斜截面上的应力可能大于横截面上的应力，因此有必要对杆件内某一点应力情况有个全面的了解。一般来说，受力杆件内某点处不同方位截面上的应力的集合，称为该点的**应力状态**(state of stress at a point)。本章主要研究一点处的应力状态。

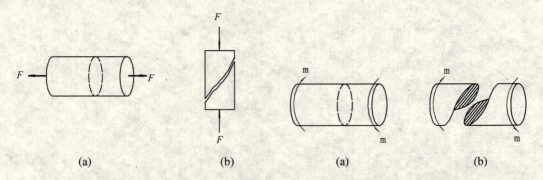

图 7.1 铸铁受拉压时的破坏情况　　　图 7.2 低碳钢和铸铁受扭破坏情况
(a) 铸铁拉伸破坏；(b) 铸铁压缩破坏　　　(a) 低碳钢受扭破坏；(b) 铸铁受扭破坏

为了研究受力杆件内某点的应力状态，通常围绕该点取出一个无限小的正六面体——**单元体**(element) 来研究。由于单元体的边长无限小，所以认为单元体各面上的应力是均匀

分布的，且对应两平行平面上的应力是相等的。于是6个面上的应力只要知道3个面上的应力就可以了。如图7.3(a)，取杆件内的 A 点作为单元体，其横截面上的正应力可由 $\sigma = \dfrac{My}{I_z}$ 来确定，切应力可由 $\tau = \dfrac{F_Q S_z^*}{b I_z}$ 来确定。根据**切应力互等定理**，(theorem of conjugate shearing stress)可同时确定上下两面的应力(图 7.3(b))。一般来说，单元体各面的法线与给定的坐标轴平行，则该面上的应力 σ、τ 写成 σ_x 和 τ_x。

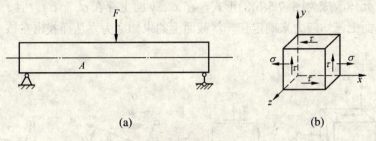

图 7.3 梁内 A 点的应力状态

(a) 受集中力的简支梁；(b) 梁内 A 点单元体应力状态

7.1.2 主平面和主应力的概念

单元体上切应力为零的面称为**主平面**(principal plane)，主平面上的正应力称为**主应力**(principal stress)(图 7.4(a))。根据切应力互等定理，当单元体上某个面切应力为零时，与之垂直的另两个面的切应力也同时为零，即三个主平面是相互垂直的。由此，对应的三个主应力也是相互垂直的。主应力通常用 σ_1、σ_2、σ_3 表示，按其代数值的大小排列。最大值为 σ_1，最小值为 σ_3。如某点的三个主应力分别为 −60MPa，−90MPa，10MPa，则三个主应力的排列为：$\sigma_1 = 10$MPa，$\sigma_2 = -60$MPa，$\sigma_3 = -90$MPa。当其中一个主应力为零时，该主应力也参加排列。如某点的三个主应力为：−90MPa，0，10MPa，则 $\sigma_1 = 10$MPa，$\sigma_2 = 0$，$\sigma_3 = -90$MPa。

根据一点的应力状态主应力不为零的数目，将应力状态分为三类：

(1) 单向应力状态(one dimensional state of stresses)，一个主应力不为零(图 7.4(b))；
(2) 二向应力状态(plane state of stress)，二个主应力不为零(图 7.4(c))；
(3) 三向应力状态(three-dimensional state of stress)，三个主应力不为零(图 7.4(d))。

三向应力状态又称空间应力状态，二向应力状态又称平面应力状态，单向应力状态又称简单应力状态，本章主要研究平面应力状态。

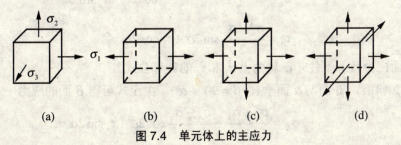

图 7.4 单元体上的主应力

7.2 平面应力状态分析——解析法

7.2.1 任意斜截面上的应力

若单元体有一对平行平面上的应力为零,即为平面应力状态(图 7.5(a)),由于 z 方向无应力,可将单元体改成为图 7.5(b)的形式,在 x、y 面上存在 σ_x、σ_y,且 $\tau_x = -\tau_y$。下面根据单元体各面上已知应力来确定任一斜截面上的未知应力,从而找出在该点处的最大应力及其方位。

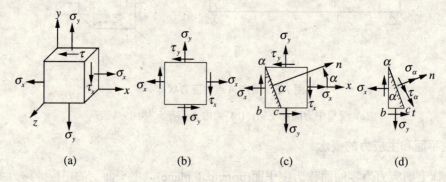

图 7.5 平面应力状态

设任一斜面的外法线 n 与 x 轴的夹角为 α(α 角以逆时针转向为正),该斜面称为 α 面(图 7.5(c)),在 α 面上的应力分别用 σ_α、τ_α 表示,取出 α 面一下部分为隔离体分析(图 7.5(d)),设 σ_α 和 τ_α 以正向假定,斜面面积为 A_α,现分别对斜面的法线 n 和切线 t 取平衡方程:

$$\sum F_n = 0$$
$$\sigma_\alpha A_\alpha - (\sigma_x A_\alpha \cos\alpha)\cos\alpha - (\sigma_y A_\alpha \sin\alpha)\sin\alpha + (\tau_x A_\alpha \cos\alpha)\sin\alpha + (\tau_y A_\alpha \sin\alpha)\cos\alpha = 0$$

$$\sum F_t = 0$$
$$\tau_\alpha A_\alpha - (\sigma_x A_\alpha \cos\alpha)\sin\alpha - (\sigma_y A_\alpha \sin\alpha)\cos\alpha + (\tau_x A_\alpha \cos\alpha)\cos\alpha + (\tau_y A_\alpha \sin\alpha)\sin\alpha = 0$$

因为 $\tau_x = \tau_y$,(方向已确定,所以没有"—"号)

整理上式,得:

$$\sigma_\alpha = \frac{\sigma_x + \sigma_y}{2} + \frac{\sigma_x - \sigma_y}{2}\cos 2\alpha - \tau_x \sin 2\alpha \tag{7.1}$$

$$\tau_\alpha = \frac{\sigma_x - \sigma_y}{2}\sin 2\alpha + \tau_x \cos 2\alpha \tag{7.2}$$

上式即为平面应力状态下任一 α 斜面上 σ_α 和 τ_α 的计算公式。

取另一 β 斜面,β 面与 α 面垂直($\beta = 90° + \alpha$),由上式可得 β 面的应力

$$\sigma_\beta = \frac{\sigma_x + \sigma_y}{2} - \frac{\sigma_x - \sigma_y}{2}\cos 2\alpha + \tau_x \sin 2\alpha$$

$$\tau_\beta = -(\frac{\sigma_x - \sigma_y}{2}\sin 2\alpha + \tau_x \cos 2\alpha)$$

将 σ_α 和 σ_β 相加,得:

$$\sigma_\alpha + \sigma_\beta = \sigma_x + \sigma_y$$

由此可知,任意两相互垂直面上的正应力之和保持不变。

7.2.2 主平面和主应力的确定

1. 主平面

切应力为零的平面即为主平面,在式(7.2)中,当 $\alpha = \alpha_0$ 时,对应的 $\tau_{\alpha_0} = 0$,则 α_0 面即为主平面的方位。

$$\tau_\alpha\big|_{\alpha=\alpha_0} = \frac{\sigma_x - \sigma_y}{2}\sin 2\alpha_0 + \tau_x \cos 2\alpha_0 = 0$$

$$\tan 2\alpha_0 = -\frac{2\tau_x}{\sigma_x - \sigma_y} \tag{7.3}$$

特别要注意的是,α_0 是最大主应力与 σ_x 或 σ_y 较大值的夹角。

2. 主应力

对应 α_0 面上的正应力即为主应力,因为主应力是相互垂直的,根据任意两相互垂直面上的正应力之和保持不变的原则可知,主应力就是单元体上的正应力极值,它们将分别达到极大值和极小值。将 $\tan 2\alpha_0$ 换算成 $\sin 2\alpha_0$ 和 $\cos 2\alpha_0$,以及 $\sin(2\alpha_0 + \frac{\pi}{2})$ 和 $\cos(2\alpha_0 + \frac{\pi}{2})$ 分别代入式(7.1)中,可得:

$$\sigma_{\substack{\max \\ \min}} = \frac{\sigma_x + \sigma_y}{2} \pm \sqrt{(\frac{\sigma_x - \sigma_y}{2})^2 + \tau_x^2} \tag{7.4}$$

上式为主应力计算公式,由此可以得到该点处的最大正应力。

7.2.3 最大切应力

因为任意截面的 τ_α 也是 α 变量的函数,为了求出最大切应力,根据式(7.2),将其对 α 求一阶导数

$$\frac{d\tau_\alpha}{d\alpha} = (\sigma_x - \sigma_y)\cos 2\alpha - 2\tau_x \sin 2\alpha$$

当 $\alpha = \alpha_1$ 时,使 $\frac{d\tau_\alpha}{d\alpha} = 0$,则 α_1 所在截面即为切应力的极值,将 α_1 代入上式,

$$(\sigma_x - \sigma_y)\cos 2\alpha_1 - 2\tau_x \sin 2\alpha_1 = 0$$

$$\tan 2\alpha_1 = \frac{\sigma_x - \sigma_y}{2\tau_x} \tag{7.5}$$

利用 $\tau_x = -\tau_y$,上式可以求解出两个角度,这两个角度相差 90°。又因为 $\tan 2\alpha_0 = -\frac{1}{\tan 2\alpha_1}$,所以 $2\alpha_1 = 2\alpha_0 + 90°$,即 $\alpha_1 = \alpha_0 + 45°$,说明最大切应力与主平面夹

角 $45°$。将式(7.5)中解出 $\sin 2\alpha_1$ 和 $\cos 2\alpha_1$，代入式(7.2)，求得切应力的最大值和最小值

$$\tau_{\substack{\max\\\min}} = \pm\sqrt{(\frac{\sigma_x-\sigma_y}{2})^2+\tau_x^2} \tag{7.6}$$

【例 7.1】 试计算图 7.6 所示单元体上指定截面的应力，已知 $\sigma_x = 80\text{MPa}$，$\sigma_y = -40\text{MPa}$，$\tau_x = -60\text{MPa}$，计算并求出主应力及其方向。

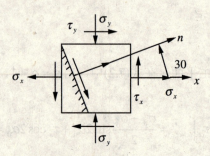

图 7.6 例 7.1 图

分析：因为已知单元体上 x 面和 y 面上的应力，且斜面的法线 n 与 x 轴的夹角 $\alpha = 30°$，可以由式(7.1)和(7.2)计算出 α 面的正应力和切应力；再由式(7.4)求出主应力。

解：(1) 先将 $\sigma_x = 80\text{MPa}$，$\sigma_y = -40\text{MPa}$，$\tau_x = -60\text{MPa}$ 和 $\alpha = 30°$ 代入式(7.1)和(7.2)，得

$$\begin{aligned}\sigma_{30°} &= \frac{\sigma_x+\sigma_y}{2}+\frac{\sigma_x-\sigma_y}{2}\cos 2\alpha - \tau_x\sin 2\alpha \\ &= \frac{80+(-40)}{2}+\frac{80-(-40)}{2}\cos(2\times 30°)-(-60)\sin(2\times 30°) \\ &= 101.96\text{MPa}\end{aligned}$$

$$\begin{aligned}\tau_{30°} &= \frac{\sigma_x-\sigma_y}{2}\sin 2\alpha + \tau_x\cos 2\alpha \\ &= \frac{80-(-40)}{2}\sin(2\times 30°)-60\cos(2\times 30°) \\ &= 21.96\text{MPa}\end{aligned}$$

(2) 主平面与主应力。

确定主平面方位，根据式(7.3)，将单元体已知应力代入，得：

$$\tan 2\alpha_0 = -\frac{2\tau_x}{\sigma_x-\sigma_y} = -\frac{2\times(-60)}{80-(-40)} = 1$$

$$2\alpha_0 = 45° \qquad \alpha_0 = 22.5°$$

α_0 即为最大主应力 σ_1 与 x 轴的夹角。主应力为：

$$\begin{aligned}\sigma_{\substack{\max\\\min}} &= \frac{\sigma_x+\sigma_y}{2}\pm\sqrt{(\frac{\sigma_x-\sigma_y}{2})^2+\tau_x^2} \\ &= \frac{80+(-40)}{2}\pm\sqrt{(\frac{80-(-40)}{2})^2+(-60)^2}\end{aligned}$$

$$= 20 \pm 84.85 = \begin{cases} 104.85\text{MPa} \\ -64.85\text{MPa} \end{cases}$$

于是可知：$\sigma_1 = 104.85\text{MPa}$，$\sigma_2 = 0$，$\sigma_3 = -64.85\text{MPa}$。

【例 7.2】 一受力杆件中某点的单元体如图 7.7 所示，已知 $\sigma_1 = 80\text{MPa}, \sigma_2 = 0, \sigma_3 = -20\text{MPa}$。试求：(1) $\alpha_1 = 60°$ 斜面上的应力；(2) $\alpha_2 = -30°$ 斜面上的应力；(3) 最大切应力。

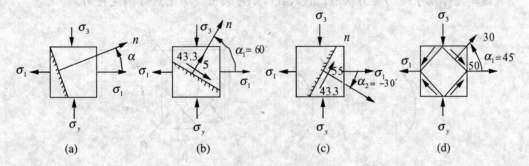

图 7.7　例 7.2 图

分析：该单元体上只有正应力没有切应力，利用式(7.1)、(7.2)和(7.6)时，只要将 $\tau_x = 0$ 代入即可。

解：(1) 求 $\alpha_1 = 60°$ 斜面上的应力 σ_{α_1} 和 τ_{α_1}，可设 $\sigma_x = \sigma_1$，$\sigma_y = \sigma_3$，$\tau_x = 0$，由式(7.1)和(7.2)，可得：

$$\sigma_{\alpha_1} = \frac{80 + (-20)}{2} + \frac{80 - (-20)}{2} \cos(2 \times 60°) = 5\text{MPa}$$

$$\tau_{\alpha_1} = \frac{80 - (-20)}{2} \sin(2 \times 60°) = 43.3\text{MPa}$$

(2) 求 $\alpha_2 = -30°$ 斜面的应力，同样采用式(7.1)和(7.2)，可得：

$$\sigma_{\alpha_2} = \frac{80 + (-20)}{2} + \frac{80 - (-20)}{2} \cos(2 \times (-30°)) = 55\text{MPa}$$

$$\tau_{\alpha_2} = \frac{80 - (-20)}{2} \sin(2 \times (-30°)) = -43.3\text{MPa}$$

(3) 最大切应力，由式(7.6)，可得：

$$\tau_{\max \atop \min} = \pm \sqrt{\left(\frac{\sigma_x - \sigma_y}{2}\right)^2 + \tau_x^2} = \pm \frac{\sigma_1 - \sigma_3}{2} = \pm \frac{80 + 20}{2} = \pm 50\text{MPa}$$

最大切应力所在平面 $\tan 2\alpha_1 = \dfrac{\sigma_x - \sigma_y}{2\tau_x} = \infty$，$\alpha_1 = 45°$，即 $\tau_{\max}$ 与 σ_1 夹 $45°$ 角。

在 $\alpha_1 = 45°$ 面上的正应力为：

$$\sigma_{\alpha_1} = \frac{\sigma_x + \sigma_y}{2} + \frac{\sigma_x - \sigma_y}{2} \cos 2\alpha_1 = \frac{80 - 20}{2} + \frac{80 + 20}{2} \cos 90° = 30\text{MPa}$$

【例 7.3】 一铸铁材料的圆轴(图 7.8(a))，试分析扭转时边缘上点 A 的应力情况。

分析：圆轴受扭时，横截面边缘处切应力最大，其值为：

$$\tau = \frac{M_P}{W_n}$$

取边缘上的点 A 分析(图 7.8(b))，因为单元体各面上正应力为零，故

$$\sigma_x = \sigma_y = 0 \qquad \tau_x = -\tau_y = \tau$$

该单元体属于纯切应力状态，代入式(7.4)可求出边缘上点 A 的主应力。

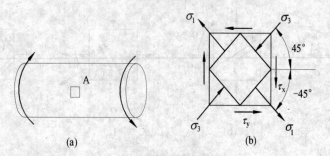

图 7.8　例 7.3 图

解：由式(7.4)可得：

$$\sigma_{\substack{\max \\ \min}} = \frac{\sigma_x + \sigma_y}{2} \pm \sqrt{(\frac{\sigma_x - \sigma_y}{2})^2 + \tau_x^2} = \pm\tau$$

$$\sigma_1 = \tau \qquad \sigma_3 = -\tau$$

主应力方向：
$$\tan 2\alpha_0 = -\frac{2\tau_x}{\sigma_x - \sigma_y} = -\infty$$

所以

$$2\alpha_0 = 90° \qquad 或 \qquad 2\alpha_0 = -270°$$
$$\alpha_0 = 45° \qquad 或 \qquad \alpha_0 = -135°$$

上述结果表明，在杆轴向 $\pm 45°$ 方向，主应力分别达到最大和最小，一为拉应力，一为压应力。圆轴在受扭时，表面各点 $\sigma_{\max}$ 在主平面内加连成倾角 $45°$ 的螺旋面(图 7.2(b))。由于铸铁抗拉强度低于抗压强度，杆件将沿这一螺旋面因拉伸而发生断裂破坏。

7.3　平面应力状态分析——图解法

在上节对平面应力状态分析的解析法中，已知单元体的 σ_x、σ_y，且 $\tau_x = -\tau_y$，可由解析法计算出任一斜面上的应力 σ_α 和 τ_α，下面将用图解的方式来描述单元体上的应力情况。

现将式(7.1)和(7.2)

$$\sigma_\alpha = \frac{\sigma_x + \sigma_y}{2} + \frac{\sigma_x - \sigma_y}{2}\cos 2\alpha - \tau_x \sin 2\alpha \qquad (a)$$

$$\tau_\alpha = \frac{\sigma_x - \sigma_y}{2}\sin 2\alpha + \tau_x \cos 2\alpha$$

消去 α，将(a)改写为

$$\sigma_\alpha - \frac{\sigma_x + \sigma_y}{2} = \frac{\sigma_x - \sigma_y}{2}\cos 2\alpha - \tau_x \sin 2\alpha$$

$$\tau_\alpha = \frac{\sigma_x - \sigma_y}{2}\sin 2\alpha + \tau_x \cos 2\alpha$$

将上两式等号两边平方，再相加，得：

$$(\sigma_\alpha - \frac{\sigma_x + \sigma_y}{2})^2 + \tau_\alpha^2 = (\frac{\sigma_x - \sigma_y}{2})^2 + \tau_x^2 \tag{b}$$

因为 σ_x、σ_y、τ_x 是已知量，所以式(b)是一个以 σ 为水平坐标、τ 为纵坐标、圆心在 $(\frac{\sigma_x + \sigma_y}{2}, 0)$ 点、半径为 $\sqrt{(\frac{\sigma_x - \sigma_y}{2})^2 + \tau_x^2}$ 的圆，称这个由 σ_x、σ_y、$\tau_x = -\tau_y$ 所构成的圆为**应力圆**(stress circle)，该应力最早由德国工程师莫尔(Otto Mohr, 1835—1918)引入，故又称为**莫尔应力圆**(Mohr circle for stresses)

下面根据单元体上已知应力 σ_x、σ_y、$\tau_x = -\tau_y$ (图 7.9(a))作出相应的应力圆(图 7.9(b))。

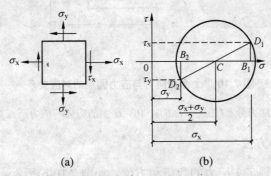

图 7.9 根据单元体作出的应力圆
(a) 单元体应力分布；(b) 单元体应力圆

在 $\sigma \sim \tau$ 直角坐标系内，选取适当比例，量取 $\overline{OB_1} = \sigma_x$，$\overline{B_1 D_1} = \tau_x$，得 D_1 点，$\overline{OB_2} = \sigma_y$，$\overline{B_2 D_2} = -\tau_y$，得 D_2 点，连接 $D_1 D_2$ 两点，$D_1 D_2$ 与 σ 轴相交于点 C，以 C 为圆心，CD_1 为半径作圆，即为单元体所对应的应力圆。显然，圆心 C 的坐标为 $\frac{\sigma_x + \sigma_y}{2}$，半径为 CD_1 或 CD_2，且 $R = \sqrt{(\frac{\sigma_x - \sigma_y}{2})^2 + \tau_x^2}$。因为点 D_1 的坐标即代表单元体 x 面上的应力，若要求单元体上某一 α 面上的应力 α_α 和 τ_α，只要从应力圆的半径 $\overline{CD_1}$ 按 2α 同向转动，得到半经 $\overline{CE}$，点 E 的坐标 $(\sigma、\tau)$ 即为所求。现证明如下：

E 点的坐标 $(\overline{OF}, \overline{EF})$

$$\overline{OF} = \overline{OC} + \overline{OF} = \overline{OC} + \overline{CE}\cos(2\alpha_0 + 2\alpha)$$
$$= \overline{OC} + \overline{CE}\cos 2\alpha_0 \cos 2\alpha - \overline{CE}\sin 2\alpha_0 \sin 2\alpha$$
$$\overline{OC} = \frac{\sigma_x + \sigma_y}{2}, \quad \overline{CE}\cos 2\alpha_0 = \overline{CD_1}\cos 2\alpha_0 = \frac{\sigma_x - \sigma_y}{2},$$
$$\overline{CE}\sin 2\alpha_0 = \overline{CD_1}\sin 2\alpha_0 - \tau_x$$

于是， $\overline{OF} = \sigma_\alpha = \dfrac{\sigma_x + \sigma_y}{2} + \dfrac{\sigma_x - \sigma_y}{2}\cos 2\alpha - \tau_x \sin 2\alpha$

同理， $\overline{EF} = \tau_\alpha = \dfrac{\sigma_x - \sigma_y}{2}\sin 2\alpha + \tau_x \cos 2\alpha$

由此可见，应力圆上各点与单元体上的面存在一一对应关系，其对应原则为：**基准一致，点面对应，转角两倍，转向相同**。根据这种对应关系，只要单元体 x、y 面上的应力已知 (σ_x、σ_y、$\tau_x = -\tau_y$)，即可作出应力圆(图 7.9(b))，于是可以很方便地确定任一 α 面的应力 σ_α、τ_α。

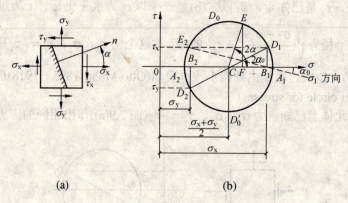

图 7.10 α 面的应力与应力圆点的对应关系

(a) 单元体应力分布(任选一 α 面)；(b) α 面的应力与应力圆点对应关系

7.3.1 主应力和主应力方位

利用应力圆还可以确定主应力的数值和方位，如图 7.10(b)所示，应力圆上的点 A_1、A_2 分别是横坐标轴上的最大值和最小值，该两点即代表主平面上的主应力。

$$\overline{OA_1} = \overline{OC} + \overline{CA_1} = \overline{OC} + \sqrt{\overline{CB_1}^2 + \overline{B_1D_1}^2} = \sigma_1 = \dfrac{\sigma_x + \sigma_y}{2} + \sqrt{\left(\dfrac{\sigma_x - \sigma_y}{2}\right)^2 + \tau_x^2}$$

$$\overline{OA_2} = \overline{OC} - \overline{C_1A_2} = \overline{OC} - \overline{CB_2} = \sigma_2 = \dfrac{\sigma_x + \sigma_y}{2} - \sqrt{\left(\dfrac{\sigma_x - \sigma_y}{2}\right)^2 + \tau_x^2}$$

与解析法公式完全相同，其主平面的方位由应力圆上的点 D_1 转到点 A_1，D_1A_1 所对应的圆心角为 $2\alpha_0$ (设 α_0 顺时针转向为负)。

因为 $\tan 2\alpha_0 = -\dfrac{\overline{D_1B_1}}{\overline{CB_1}} = -\dfrac{2\tau_x}{\sigma_x - \sigma_y}$

在单元体上从 x 面的法线顺时针转 α_0 即为主平面方位。

也可以在应力圆上过 D_1 点作 σ 轴的平行线交圆周与 E_2 点，连 E_2A_1 线，在单元体上作 E_2A_1 的平行线，即为主平面的方位。因为圆弧 D_1A_1 对应的圆周角是同弧对应的圆心角的一半。只要 x 面的法线与水平坐标轴平行即可以很容易确定主平面的方位。

7.3.2 主切应力及方位

单元体上最大切应力(maximum shearing stress)可由解析法中式(7.6)求出，在应力圆上，主切应力在应力圆的最高点 D_0 和最低点 D_0' (图 7.10),该两点的纵坐标即为两个主切应力的值。

$$\tau_{\substack{max\\min}} = \overline{CD_1} = \pm\sqrt{\overline{CB_1}^2 + \overline{B_1D_1}^2} = \pm\sqrt{(\frac{\sigma_x - \sigma_y}{2})^2 + \tau_x^2}$$

由应力圆可见,D_0A_1 圆弧所对应的圆心角为 $90°$,从 A_1 到 D_0 逆时针转向,在单元体上从主应力 σ_1 逆时针转 $45°$ 得到正号主切应力平面,顺时针转 $45°$ 可得负号主切应力平面。因此,主切应力与主应力夹 $45°$ 角。

【例 7.4】 一平面应力状态如图 7.11(a)所示,已知 $\sigma_x = 50$MPa,$\tau_x = 20$MPa,用图解法试求:

(1) 在 $\alpha = 60°$ 截面上的应力。
(2) 主应力,并在单元体上绘出主平面位置及主应力方向。
(3) 主切应力,并在单元体上绘出主切应力作用平面。

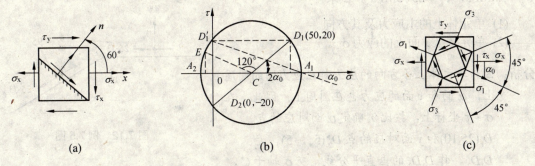

图 7.11 例 7.4 图

分析:因为已知单元体上 x 面和 y 面上的应力,根据该两面上的应力先作出应力圆,由斜面的法线 n 与 x 轴的夹角 $\alpha = 60°$,过应力圆上的 $\overline{CD_1}$ 半径逆时针转 $2\alpha = 120°$,交圆周点 E,E 的坐标即为所求。应力圆在 σ 轴上的交点 A_1,A_2 即为主应力,应力圆在纵坐标的最高点即为 τ_{max}。再根据 D_1 和 A_1 所夹圆心角 $2\alpha_0$ 和 τ_{max} 和 A_1 的夹角,可确定 σ_1 和 τ_{max} 的方向。

解:首先在(图 7.11(b))$\sigma \sim \tau$ 坐标内按比例确定 $D_1(50,20)$ 和 $D_2(0,-20)$ 两点,连 D_1 和 D_2,交 σ 轴于 C 点,以 C 为圆心,$\overline{CD_1}$ 为半径作圆,此为所求应力圆。

(1) 求 $\alpha = 60°$ 面的应力。在应力圆上,由 $\overline{CD_1}$ 的半径逆时针转 $120°$ 交圆周于 E 点,量取 E 的坐标值,$\sigma_\alpha = 4.8$MPa,$\tau_\alpha = 11.7$MPa,此为 α 面上的应力。

(2) 求主应力。在应力圆上,圆周与 σ 轴的交点是 A_1 和 A_2,该两点的横坐标就是单元体的两个主应力,量取其大小,得:

$$\sigma_1 = 57\text{MPa},\ \sigma_2 = 0,\ \sigma_3 = -7\text{MPa}$$

因为从 D_1 到 A_1 的圆弧对应的圆心角为:

$$\tan 2\alpha_0 = -\frac{2\tau_x}{\sigma_x - \sigma_y} = -\frac{2 \times 20}{50} = -\frac{4}{5}$$

$$2\alpha_0 = -38.6°, \quad \alpha_0 = -19.3°$$

在单元体上顺时针转 α_0 即可得主平面方向。也可以作图得出，过 D_1 作 σ 轴的平行线交应力圆圆周的点 D_1'，连 $\overline{D_1'A_1}$，因为 $\overline{D_1'A_1}$ 与 σ 轴的夹角即为 α_0，在单元体上作 $\overline{D_1'A_1}$ 的平行线，即为 σ_1 的方向。

(3) 求主切应力。

主切应力所对应的位置在应力圆上的 D_0 和 D_0' 点，量取其大小，$\tau_{max} = 32\text{MPa}$，因为 D_0 与 A_1 夹 90° 角，即 τ_{max} 与 σ_1 夹 45° 角，又因为 D_0 与 D_1 的夹角为：

$$90° - |2\alpha_0| = 90° - 38.6° = 51.4°$$

可在单元体中由 x 面逆时针转 $\dfrac{51.4°}{2} = 25.7°$ 得到 τ_{max} 的平面，负号主切应力 $\tau_{min} = -32\text{MPa}$ 与 τ_{max} 面垂直(图 7.11(c))。

【例 7.5】 已知单元体(图 7.12)中 α 面和 y 面上的应力 $\sigma_\alpha = 95\text{MPa}$，$\tau_\alpha = 25\sqrt{3}\text{MPa}$，$\sigma_y = 45\text{MPa}$，$\tau_y = 25\sqrt{3}\text{MPa}$。试求：

(1) 单元体上的主应力及其方向。
(2) 单元体上 x 面上的应力 σ_x。

分析：因为单元体上各方向的应力都在应力圆的圆周上，α 面和 y 面的应力也在圆周上。因此，在 $\sigma \sim \tau$ 坐标上，按比例确定 α 面对应的点 $D_1(25,10)$ 和 y 面对应的点 $D_2(5,-5)$。连 D_1D_2，作 D_1D_2 的垂直平分线，交 σ 轴于 C，以 C 为圆心，$\overline{CD_1}$ 为半径作圆，即为该单元体 σ 对应的应力圆(图 7.13(a))

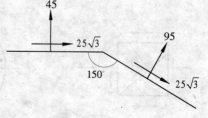

图 7.12 例 7.5 图

解：(1) 量取 $\overline{OA_1}$，得 $\sigma_1 = 120\text{MPa}$，量取 $\overline{OA_2}$，得 $\sigma_2 = 20\text{MPa}$。

再量取 D_1A_1 对应的圆心角 $2\alpha_1 = 60°$，$\alpha_1 = 30°$，在单元体上的 α 面顺时针转 30° 得主应力 σ_1 所在平面。量取 D_2A_2 对应的圆心角 $2\alpha_2 = -60°$，$\alpha_2 = -30°$，在单元体上的 y 面逆时针转 30° 得主应力 σ_2 所在平面(图 7.13(b))。

(2) 因为 α 面与 x 面夹角 60°，过 $\overline{CA_1}$ 半径，量取 $2\alpha = 120°$，交圆周于 E(图 7.13(c))，E 点的坐标即为 x 面的应力，量取 E 的坐标值，$\sigma_x = 95\text{MPa}$，$\tau_x = -25\sqrt{3}\text{MPa}$。

此题也可以由解析法求出主应力，请读者自行练习。

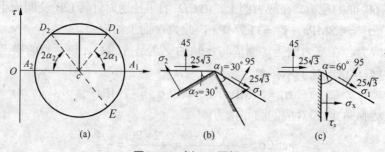

图 7.13 例 7.5 图解法

7.4 梁的主应力与主应力迹线

7.4.1 梁的主应力

梁在横力弯曲时，除横截面上下边缘各点处于单向应力状态外，其余各点均产生正应力和切应力，由于横截面上无挤压，故 $\sigma_y = 0$，且横截面正应力 $\sigma_x = \dfrac{My}{I_z}$，切应力 $\tau_x = \dfrac{F_Q S_z^*}{b I_z}$，梁内任一点的主应力计算式：

$$\sigma_{\substack{1\\3}} = \frac{\sigma_x}{2} \pm \sqrt{\left(\frac{\sigma_x}{2}\right)^2 + \tau_x^2} \tag{7.7}$$

不论 σ_x 是拉还是压，主应力只有 σ_1 和 σ_3，$\sigma_2 = 0$，且一为主拉应力，一为主压应力。

7.4.2 主应力迹线

取梁内任一截面 $m-m$，沿高度选取 1、2、3、4、5 个点(图 7.14)，根据各点的正应力和切应力，利用应力圆来确定这些点处主应力的数值与主平面位置。在 $m-m$ 截面处，1、5 两点处于单向应力状态，3 点处于纯切应力状态，2、4 点处于双向应力状态。从这些点的单元体和应力圆上可以看出，主应力方向沿梁的高度是连续变化的。梁内主应力方向的变化规律就是主应力迹线，主应力迹线是一条曲线，也就是该曲线的切线与该点主应力方向一致。

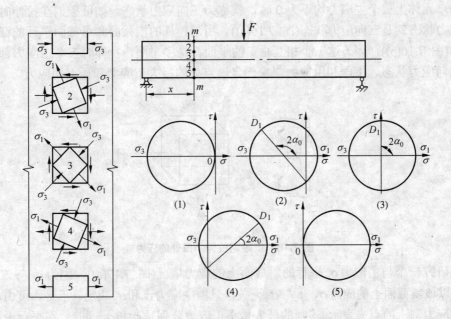

图 7.14 梁内 $m-m$ 截面各点主应力方向

在梁上取等距离的若干截面 1、2、3…(图 7.15(a))，在 a 点求得该点的主应力 σ_1，并延长到 2 截面交于 b 点，再求 b 点主应力方向，并延长交于 3 截面 c 点，以此类推，可得 a、b、$c\cdots$的折线，这就是主应力的轨迹线。相邻截面越近，迹线也越真实。同样可得出主应力的迹线(图 7.15(b))，实线代表 σ_1，虚线代表 σ_3。梁的主应力迹线在中性层的交角都是 $45°$，在梁的上下边缘，主应力与梁轴线平行或垂直，两主应力迹线在交点处的切线是垂直的。

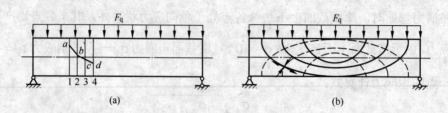

图 7.15 主应力迹线

(a) 主应力轨迹线；(b) 主应力 σ_1、σ_3 迹线

知道了梁的主应力方向的变化规律，在工程设计中是很有用的。如在钢筋混凝土梁中，按照主应力的迹线可判断裂缝发生的方向，适当的配置钢筋，以承担梁内各点的最大拉应力。

7.5 三向应力状态

当单元体上三个主应力均不为 0 时，就称为三向应力状态。如低碳钢在拉伸时，断口处的应力状态就是三向应力状态(图 7.16(a))。用与拉杆的横截面和纵截面平行的截面取一单元体(图 7.16(b))，因为这三个相互垂直的平面都是主平面，拉伸时三个主应力都是拉应力的三向应力状态。下面利用应力圆来确定该点处的最大正应力和最大切应力。

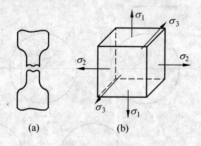

图 7.16 低碳钢拉伸断口处的应力

先研究一个与主应力 σ_3 平行的斜截面上的应力情况(图 7.17(a))，因为 σ_3 与该截面平行，所以该斜截面上的应力 σ、τ 与 σ_3 无关，只由主应力 σ_1 和 σ_2 决定。于是，可由 σ_1 和 σ_2 所作的应力圆上的点来表示。该圆的最大最小正应力分别是 σ_1 和 σ_2。同理，在平行于 σ_1 和 σ_2 的斜截面上的 σ，τ，也可以分别由 (σ_1,σ_3)，(σ_2,σ_3) 所作的应力圆来表示(图 7.17(b))。当与三个主应力都不平行的任意斜截面(图 7.17(c))上的应力 σ_n、τ_n (a, b, c 截面)必处在三

个应力圆所围成的阴影范围之内的某 D 点。由于 D 点的确定较为复杂且不常用，这里不再作进一步的介绍。

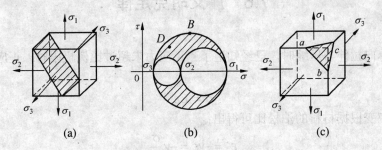

图 7.17 三向应力状态

(a) 与主应力 σ_3 平行的斜截面应力情况；(b) 应力圆；(c) 与三个主应力均不平行的斜截面应力状态

根据以上分析，在三向应力圆中，σ_1 和 σ_3 所作的应力圆是三个应力圆中最大的应力圆，又称**极限应力圆**。σ_1 是该点的最大正应力，而 σ_3 是该点的最小正应力。单元体中任意斜截面的应力一定在 σ_1 和 σ_3 之间。

而最大切应力则等于最大应力圆上 B 点的坐标，即该应力圆的半径为：

$$\tau_{max} = \frac{\sigma_1 - \sigma_3}{2} \tag{7.8}$$

且 τ_{max} 所在平面与 σ_2 的方向平行，与 σ_1 和 σ_3 的主平面交 $45°$ 角。

【例 7.6】 一空间应力状态单元体如图 7.18(a)所示，已知 $\sigma_x = 60\text{MPa}$，$\sigma_y = -20\text{MPa}$，$\tau_x = -40\text{MPa}$，$\sigma_z = -50\text{MPa}$ 试求该单元体的正应力和最大切应力。

分析：这是三向应力状态，已知 σ_z 所在平面是主平面，即 σ_z 是一个主应力。因此，只要根据 x、y 面上的应力 σ_x、σ_y、τ_x 作出应力圆，即可求出其余两个主应力(图 7.18(b))。

解：由图解法(图 7.18(b))可得：

$$\sigma_1 = 76.6\text{MPa}，\sigma_2 = -36.6\text{MPa}$$

可见最小正应力为：

$$\sigma_z = \sigma_3 = -50\text{MPa}$$

最大切应力为 σ_1 和 σ_3 所组成的应力圆的最高点 B；

$$\tau_{max} = \frac{\sigma_1 - \sigma_3}{2} = \frac{76.6 + 50}{2} = 63.3\text{MPa}$$

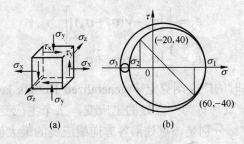

图 7.18 例 7.6 图

7.6 广义胡克定律

在研究单向拉伸与压缩时,已经知道了当正应力未超过比例极限时,正应力与线应变成线性关系。

$$\sigma = E\varepsilon$$

横向线应变根据材料的泊松比可得出:

$$\varepsilon' = -\nu\varepsilon = -\nu\frac{\sigma}{E}$$

本节将研究在复杂应力状态下,应力与应变之间的关系——广义胡克定律。

当受力杆件内一点处 A 的三个主应力 σ_1、σ_2、σ_3 均在比例极限以内时,利用叠加原理,可以认为三向应力状态单元体是由三个单向应力状态单元体叠加而成的(图 7.19(a))。

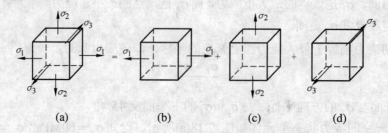

图 7.19 三向应力状态的叠加

(a) 三向应力状态; (b) σ_1 单独作用; (c) σ_2 单独作用; (d) σ_3 单独作用

在正应力 σ_1 单独作用时(图 7.19(b)),单元体在 σ_1 方向的线应变 $\varepsilon_{11} = \dfrac{\sigma_1}{E}$,在主应力 σ_2 和 σ_3 单独作用时(图 7.19(c)、(d)),单元体在 σ_1 方向的线应变分别为:

$$\varepsilon_{12} = -\nu\frac{\sigma_2}{E}, \quad \varepsilon_{13} = -\nu\frac{\sigma_3}{E}$$

在 σ_1、σ_2、σ_3 共同作用下,单元体在 σ_1 方向的线应变为:

$$\varepsilon_1 = \varepsilon_{11} + \varepsilon_{12} + \varepsilon_{13} = \frac{1}{E}[\sigma_1 - \nu(\sigma_2 + \sigma_3)]$$

同理,可求出单元体在 σ_2 和 σ_3 方向的线应变:

$$\left.\begin{aligned}\varepsilon_2 &= \frac{1}{E}[\sigma_2 - \nu(\sigma_1 + \sigma_3)] \\ \varepsilon_3 &= \frac{1}{E}[\sigma_3 - \nu(\sigma_2 + \sigma_1)]\end{aligned}\right\} \quad (7.9)$$

这就是三向应力状态时的**广义胡克定律**(generalized Hook's law),ε_1、ε_2、ε_3 分别与主应力 σ_1、σ_2、σ_3 的方向一致,称为一点处的主应变。三个主应变按代数值的大小排列,$\varepsilon_1 \geqslant \varepsilon_2 \geqslant \varepsilon_3$,其中,$\varepsilon_1$ 和 ε_3 分别是该点处沿各方向线应变的最大值和最小值。

$$\varepsilon_1 = \varepsilon_{\max}, \quad \varepsilon_3 = \varepsilon_{\min} \qquad (7.10)$$

一般情况下，在受力杆件内某点处的单元体，各面上既有正应力也有切应力。由弹性理论可以证明，对于各向同性材料，在线弹性范围内，处于小变形时，一点处的线应变 ε_x、ε_y、ε_z 只与该点的正应力 σ_x、σ_y、σ_z 有关，而切应变只与该点的切应力有关。因此，求线应变时，可不考虑切应力的影响，求切应变时不考虑正应力的影响。于是只要将图 7.19 中的 σ_1、σ_2、σ_3 换成 σ_x、σ_y、σ_z，即可得到单元体沿 x、y、z 方向的线应变：

$$\left.\begin{aligned} \varepsilon_x &= \frac{1}{E}\left[\sigma_x - \nu(\sigma_y + \sigma_z)\right] \\ \varepsilon_y &= \frac{1}{E}\left[\sigma_y - \nu(\sigma_z + \sigma_x)\right] \\ \varepsilon_z &= \frac{1}{E}\left[\sigma_z - \nu(\sigma_x + \sigma_y)\right] \end{aligned}\right\} \quad (7.11)$$

在平面应力状态时，即当 $\sigma_z = 0$ 时，上式成为：

$$\left.\begin{aligned} \varepsilon_x &= \frac{1}{E}(\sigma_x - \nu\sigma_y) \\ \varepsilon_y &= \frac{1}{E}(\sigma_y - \nu\sigma_x) \\ \varepsilon_z &= -\frac{\nu}{E}(\sigma_x + \sigma_y) \end{aligned}\right\} \quad (7.12)$$

在平面应变状态时，即 $\varepsilon_z = 0$ 时，$\sigma_z = \nu(\sigma_x + \sigma_y)$。

由上式可以看出，在平面应力状态下，$\varepsilon_z \neq 0$；在平面应变状态下，$\sigma_z \neq 0$，这是值得注意的。

同理，切应变也可由切应力得出：

$$\gamma_{xy} = \frac{\tau_{xy}}{G}, \quad \gamma_{yz} = \frac{\tau_{yz}}{G}, \quad \gamma_{zx} = \frac{\tau_{zx}}{G} \quad (7.13)$$

【**例 7.7**】 如图 7.20 所示钢梁，在梁的 A 点处测得线应变 $\varepsilon_x = 400 \times 10^{-6}$，$\varepsilon_y = -120 \times 10^{-6}$，试求：A 点处沿 x、y 方向的正应力和 z 方向的线应变。已知弹性模量 $E = 200\text{GPa}$，泊松比 $\nu = 0.3$。

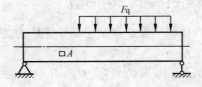

图 7.20　例 7.7 图

分析：因为 A 点的单元体上 $\sigma_z = 0$，该单元体处于平面应力状态，将 ε_x、ε_y、E、ν 代入式(7.11)中，即为所求。

解：

$$400 \times 10^{-6} = \frac{1}{200 \times 10^9}(\sigma_x - 0.3\sigma_y)$$

$$-120\times10^{-6} = \frac{1}{200\times10^9}(\sigma_y - 0.3\sigma_x)$$

解得

$$\sigma_x = 80\text{MPa} \qquad \sigma_y = 0$$

再由

$$\varepsilon_z = \frac{1}{E}\left[\sigma_z - \nu(\sigma_x + \sigma_y)\right]$$
$$= \frac{1}{200\times10^9}(0 - 0.3\times80\times10^6) = -120\times10^{-6}$$

7.7 三向应力状态下的变形能

7.7.1 体积应变

当单元体处在复杂应力状态时，其体积也将发生变化。设单元体各边长分别为 dx、dy、dz，变形前单元体的体积为

$$V_0 = dxdydz$$

变形后单元体的体积变为

$$V_1 = dx(1+\varepsilon_1)dy(1+\varepsilon_2)dz(1+\varepsilon_3)$$
$$= dxdydz(1+\varepsilon_1+\varepsilon_2+\varepsilon_3+\varepsilon_1\varepsilon_2+\varepsilon_2\varepsilon_3+\varepsilon_3\varepsilon_1+\varepsilon_1\varepsilon_2\varepsilon_3)$$

略去二阶以上微量，得

$$V_1 = V_0(1+\varepsilon_1+\varepsilon_2+\varepsilon_3)$$

故单元体单位体积的改变或**体积应变**(volumetric strain)为

$$\theta = \frac{V_1 - V_0}{V_0} = \varepsilon_1 + \varepsilon_2 + \varepsilon_3 \tag{7.14}$$

将式(7.9)中的三个主应变代入上式，得

$$\theta = \frac{1-2\nu}{E}(\sigma_1 + \sigma_2 + \sigma_3) \tag{7.15}$$

上式表明，任意一点处的体积应变 θ 取决于三个主应力之和，而不取决于它们之间的大小比例。

对于纯剪切的平面应力状态，因为 $\sigma_1 = \tau_x$、$\sigma_2 = 0$、$\sigma_3 = -\tau_x$，由式(7.15)可知，其体积应变 $\theta = 0$。对于一般形式的空间应力状态，切应力对体积应变无影响，体积应变只与正应力有关，于是：

$$\theta = \frac{1-2\nu}{E}(\sigma_x + \sigma_y + \sigma_z) \tag{7.16}$$

当单元体各面上的三个主应力相等时，$\sigma_1 = \sigma_2 = \sigma_3 = \sigma_n$，则式(7.15)变为：

$$\theta = \frac{1-2\nu}{E}(3\sigma_n) = \frac{\sigma_n}{\dfrac{E}{3(1-2\nu)}} = \frac{\sigma_n}{K} \tag{7.17}$$

式中，$K = \dfrac{E}{3(1-2v)}$ 称为**体积变形系数**。

若将图 7.21(a)所示单元体分解为图 7.21(b)和图 7.21(c)两种应力情况的叠加，则在图 7.21(b)中，单元体各面上作用着数值相等的主应力 $\sigma_n = \dfrac{\sigma_1 + \sigma_2 + \sigma_3}{3}$，该单元体各边长按同比例伸长或缩短，所以单元体只发生体积改变而不发生形状改变。

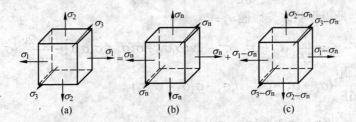

图 7.21 单元体变形包括体积改变和形状改变

在图 7.21(c)中，三个主应力分别为

$$\sigma_1 - \sigma_n, \quad \sigma_2 - \sigma_n, \quad \sigma_3 - \sigma_n$$

这三个主应力之和为

$$(\sigma_1 - \sigma_n) + (\sigma_2 - \sigma_n) + (\sigma_3 - \sigma_n) = \sigma_1 + \sigma_2 + \sigma_3 - 3\sigma_n = 0$$

即 $\theta = 0$，该单元体只发生形状改变而不发生体积改变。由此可知，图 7.21(a)中所示的单元体的变形将同时包括体积改变和形状改变。

7.7.2 三向应力状态下的弹性变形比能

在对各种基本变形杆件变形能分析时，变形比能就是单位体积内储存的变形能，在单向应力状态下：

$$u = \frac{1}{2}\sigma\varepsilon$$

对于图 7.21(a)所示的三向应力状态下的单元体，其变形比能为

$$u = \frac{1}{2}\sigma_1\varepsilon_1 + \frac{1}{2}\sigma_2\varepsilon_2 + \frac{1}{2}\sigma_3\varepsilon_3$$

将式(7.9)代入上式，可写成：

$$\begin{aligned} u &= \frac{1}{2E}\{\sigma_1[\sigma_1 - v(\sigma_2 + \sigma_3)] + \sigma_2[\sigma_2 - v(\sigma_1 + \sigma_3)] + \sigma_3[\sigma_3 - v(\sigma_2 + \sigma_1)]\} \\ &= \frac{1}{2E}[\sigma_1^2 + \sigma_2^2 + \sigma_3^2 - 2v(\sigma_1\sigma_2 + \sigma_2\sigma_3 + \sigma_3\sigma_1)] \end{aligned} \tag{7.18}$$

这就是由主应力计算杆件在单位体积内的弹性变形比能公式。因为单元体的变形可分为体积改变和形状改变，所以变形比能也可以看成由体积改变比能和形状改变比能这两部分的组合。

$$u = u_\theta + u_d \tag{7.19}$$

式中，u_θ 为体积改变比能(volumetric strain energy per unit volume)，u_d 为形状改变比能(distortional strain energy per unit volume)。

对于图 7.21(b)所示单元体,其各面上作用有相等的正应力 $\sigma_n = \dfrac{\sigma_1 + \sigma_2 + \sigma_3}{3}$,因此由式(7.18)可得体积改变比能:

$$u_\theta = \frac{1}{2E}\left[\sigma_n^2 + \sigma_n^2 + \sigma_n^2 - 2\mu(\sigma_n^2 + \sigma_n^2 + \sigma_n^2)\right]$$

$$= \frac{1-2\nu}{6E}(\sigma_1 + \sigma_2 + \sigma_3)^2 \tag{7.20}$$

由 u 中减去 u_θ,即得形状改变比能 u_d:

$$u_d = u - u_\theta = \frac{1}{2E}\left[\sigma_1^2 + \sigma_2^2 + \sigma_3^2 - 2\nu(\sigma_1\sigma_2 + \sigma_2\sigma_3 + \sigma_3\sigma_1)\right] - \frac{1-2\nu}{6E}(\sigma_1 + \sigma_2 + \sigma_3)^2$$

$$= \frac{1+\nu}{6E}(\sigma_1^2 + \sigma_2^2 + \sigma_3^2 - \sigma_1\sigma_2 - \sigma_2\sigma_3 - \sigma_3\sigma_1)$$

$$= \frac{1+\nu}{6E}\left[(\sigma_1 - \sigma_2)^2 + (\sigma_2 - \sigma_3)^2 + (\sigma_3 - \sigma_1)^2\right] \tag{7.21}$$

7.8 小　　结

1. 一点的应力状态

在一般受力情况下,构件内各点处的应力一般是不相同的,即使是同一点,不同截面上的应力一般也是不同的。所谓"一点的应力状态"就是指过一点各个方位截面上应力的变化规律。为了表示一点的应力状态,是围绕所讨论的那点取一正六面体——单元体。当三对相互垂直平面上的应力已知时,可以通过解析法或图解法求得任意方位截面上的应力。所以,单元体和三对相互垂直平面上的应力就代表了这一点的应力状态。

2. 平面应力状态问题

当有一个主应力为零时,此时单元体就成为平面应力状态。一般已知单元体上相互垂直的两个平面上的应力,根据解析法公式可以求任意斜截面上的应力。

$$\sigma_\alpha = \frac{\sigma_x + \sigma_y}{2} + \frac{\sigma_x - \sigma_y}{2}\cos 2\alpha - \tau_x \sin 2\alpha$$

$$\tau_\alpha = \frac{\sigma_x - \sigma_y}{2}\sin 2\alpha + \tau_x \cos 2\alpha$$

也可以利用应力圆来求任意斜截面上的应力,只要根据 x、y 面的应力作出应力圆,再根据点面对应关系,在应力圆上确定所求截面的点,然后根据该点的坐标值即可计算出该斜面上的应力。

利用解析法和图解法也可计算出主应力,主切应力,并确定主平面位置。

主应力:

$$\sigma_{\substack{\max\\\min}} = \frac{\sigma_x + \sigma_y}{2} \pm \sqrt{\left(\frac{\sigma_x - \sigma_y}{2}\right)^2 + \tau_x^2}$$

主应力方向:

$$\tan 2\alpha_0 = -\frac{2\tau_x}{\sigma_x - \sigma_y}$$

主切应力：

$$\tau_{\substack{\max\\\min}} = \pm\sqrt{(\frac{\sigma_x - \sigma_y}{2})^2 + \tau_x^2}$$

主应力 σ_1 和 σ_3 分别是构件中某点处的最大正应力和最小正应力。在该点其他任何方位的截面上的正应力数值一定都在 σ_1 和 σ_3 之间。

3. 广义胡克定律

广义胡克定律建立了单元体中应力与应变之间的关系，利用这种关系，可以已知应力求应变，也可以已知应变求应力。

7.9 思 考 题

1. 什么是一点处的应力状态？为什么要研究一点处的应力状态？如何研究一点处的应力状态？

2. 什么叫主平面和主应力？主应力和正应力有什么区别？如何确定平面应力状态的三个主应力及其作用面？

3. 如何利用应力圆求任意斜截面上的应力、主应力、主切应力、最大切应力？怎样确定上述各应力的作用平面？怎样在应力圆中表示出来？

4. 有人说，在平面应力状态中，$\sigma_{\max}$ 的方位必定在切应力 τ_x、τ_y 共同指向的象限内，这种说法对吗？为什么？

5. 二向应力状态的最大切应力按什么公式计算？利用二向应力状态的应力圆可以求出最大切应力，它是单元体真正的最大切应力吗？

6. 受力杆件内某点处若在一个方向上的线应变为零，那么该点处沿这个方向上的正应力为零；若沿某个方向上的正应力为零，那么该点处在这个方向上的线应变为零。这种说法对吗？为什么？

7. 计算杆件的变形能，在什么情况下能叠加，在什么情况下不能叠加？

8. 有材料相同的 a、b 两个单元体，已知：a 单元体上的主应力 $\sigma_1 = \sigma_2 = \sigma_3 = 300\text{MPa}$，$b$ 单元体上的主应力是 $\sigma_1 = 100\text{MPa}$，$\sigma_2 = 300\text{MPa}$，$\sigma_3 = -400\text{MPa}$，问此两个单元体的体积改变有无差异？体积改变比能是否相同？形状改变比能是否相同？

7.10 习 题

1. 有一横截面为 $40 \times 5\text{mm}^2$ 矩形受拉试件，当与轴线成 $\alpha = 45°$ 角的斜面上切应力 $\tau = 150\text{MPa}$ 时，试件上出现滑移线，试求这时试件所受轴向拉力 F 的值。

2. 试用解析法求如图 7.22 所示单元体指定斜截面上的应力，并把它们的方向标在单元体上(应力单位 MPa)。

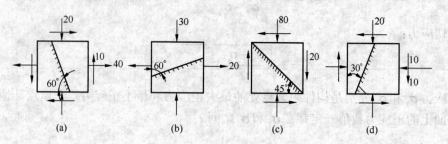

图 7.22 习题 2 图

3. 在木杆中截取的单元体,其应力状态如图 7.23 所示,木纹方向与 x 轴成 $30°$ 角,顺木纹方向的许用切应力为 1MPa,试通过计算,来说明此应力状态是否安全？

4. 试求如图 7.24 所示悬臂梁距离自由端 0.72m 的截面上,在顶面以下 40mm 的一点处的主应力的大小及方向。

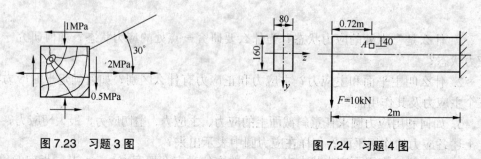

图 7.23 习题 3 图　　　　　图 7.24 习题 4 图

5. 各单元体各面上的应力如图 7.25 所示(应力单位 MPa),试利用应力圆求:
(1) 指定截面上的应力。
(2) 主应力数值。
(3) 在单元体上画出主平面的位置及主应力的方向。

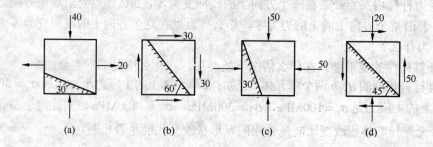

图 7.25 习题 5 图

6. 一焊接工字型截面钢梁受力情况如图 7.26 所示,已知 $F=480\text{kN}$,$F_q=40\text{kN/m}$。试求此梁在 C 截面左侧上边 K 点处的主应力大小及方向。

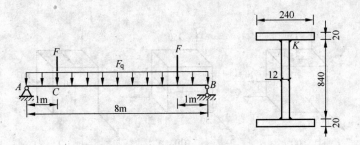

图 7.26 习题 6 图

7. 试用解析法和图解法求如图 7.27 所示各单元体的主应力及主平面,并在单元体上绘出主平面位置及主应力方向(应力单位 MPa)。

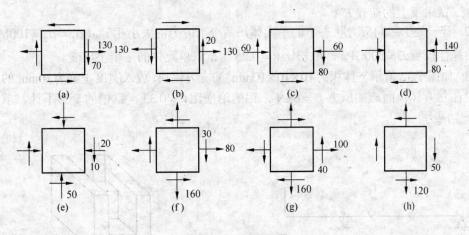

图 7.27 习题 7 图

8. 对如图 7.28 所示的梁进行试验时,测得梁上 A 点处的应变 $\varepsilon_x = 0.5 \times 10^{-3}$, $\varepsilon_y = 1.65 \times 10^{-4}$。若梁的材料弹性模量 $E = 210 \text{GPa}$,泊松比 $\nu = 0.3$,试求梁上 A 点处的正应力 σ_x、σ_y。

9. 如图 7.29 所示,扭转力偶 $m_T = 2.5 \text{kN} \cdot \text{m}$,作用在直径 $d = 60 \text{mm}$ 的钢轴上,试求圆轴表面上任一点处与轴线成 $\alpha = 30°$ 方向上的线应变。已知钢的弹性模量 $E = 210 \text{GPa}$,泊松比 $\nu = 0.28$。

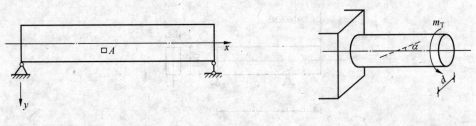

图 7.28 习题 8 图　　　　　图 7.29 习题 9 图

10. 单元体各面上的应力如图 30 所示(应力单位 MPa),试用应力圆求主应力及最大切应力。

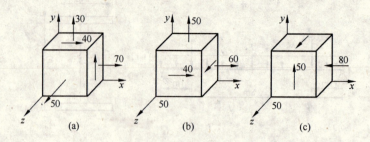

图 7.30 习题 10 图

11. 如图 7.31 所示简支梁，采用 28a 工字钢，在中性层 C 点处贴有电阻应变片，方向与轴线成 45°角，测得应变 $\varepsilon = -2.6 \times 10^{-5}$，已知钢材的弹性模量 $E = 200\text{GPa}$，泊松比 $\nu = 0.3$。试求梁上的荷载 F。

12. 有一处于二向应力状态下的单元体，两个主应力的大小相等，$\sigma_1 = \sigma_2 = 100\text{MPa}$，材料的弹性模量 $E = 200\text{GPa}$，泊松比 $\nu = 0.25$。试求单元体的三个主应变。

13. 如图 7.32 所示一体积为 $10 \times 10 \times 10 \text{mm}^3$ 的立方铝块，放入宽度正好为 10mm 的钢槽中。设在立方体顶面施加压力 $F = 6\text{kN}$，铝的泊松比 $\nu = 0.33$，钢槽的变形不计，求铝块的三个主应力。

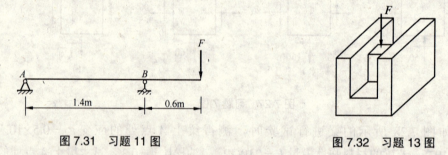

图 7.31 习题 11 图　　　　　图 7.32 习题 13 图

14. 有一直径 $d = 30\text{mm}$ 的实心钢球，若使它承受均匀的静水压力，压强为 14MPa，它的体积会减少多少？(已知钢球的 $E = 210\text{GPa}$，$\nu = 0.3$)。

15. 某钢梁截面为矩形，受力如图 7.33 所示，材料的弹性模量 $E = 200\text{GPa}$，泊松比 $\nu = 0.3$。经试验测得 A 点处在 u、v 方向的线应变 $\varepsilon_u = -101.5 \times 10^{-6}$，$\varepsilon_v = 171.5 \times 10^{-6}$。试求：(1) A 点处的主应变；(2) A 点处的线应变。

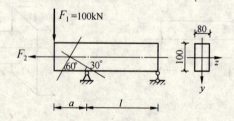

图 7.33 习题 15 图

第8章 强度理论

提要：前面各章我们已经研究了基本变形时构件的强度条件，本章主要是根据材料的力学性能以及受力情况，对危险点处于复杂应力状态下的构件，建立常温静荷载下的强度条件，即由主应力来建立强度条件。

构件受力后处于复杂应力状态时，其主应力就不止一个，在这种情况下，通过试验来确定构件的强度几乎是不可能的。为此，人们根据大量的破坏现象，通过判断、推理、概括，提出了种种关于破坏原因的假说，找出引起破坏的主要因素，经过实践检验，不断完善。本章提出了关于材料破坏原因的假设及计算方法，建立了复杂应力状态下的强度条件，主要介绍目前的4种常用的强度理论的意义、发展、内容及其应用。

8.1 强度理论的概念

基本变形时构件的强度条件是建立在实验的基础上。杆轴向拉、压时，材料处于单向应力状态，它的强度条件为

$$\sigma_{max} = \frac{N_{max}}{A} \leqslant [\sigma]$$

式中，材料的许用应力$[\sigma]$是直接通过拉伸试验测出材料失效时的应力再除以安全系数n获得的。

圆轴扭转时，材料处于纯剪切应力状态，它的强度条件为

$$\tau_{max} = \frac{T_{max}}{W_t} \leqslant [\tau]$$

式中，材料的许用应力$[\tau]$也是直接通过试验测出材料失效时的应力再除以安全系数n获得的。

至于梁横力弯曲时的弯曲正应力和弯曲切应力，其强度条件分别为

$$\sigma_{max} = \frac{M_{max}}{W_z} \leqslant [\sigma], \quad \tau_{max} = \frac{F_{Qmax} \times S^*_{max}}{Ib} \leqslant [\tau]$$

式中，材料的许用应力$[\sigma]$和$[\tau]$也是直接通过拉伸试验测出材料的失效应力再除以安全系数n获得的。

所以说，在以上简单应力状态下建立强度条件是比较容易的，它只要做拉伸或压缩试验即可以解决。

工程实践中大多数受力构件处于复杂应力状态。如果从主应力角度来考虑，一般情况下三个主应力σ_1、σ_2、σ_3之间可能有各种比值。实际上很难用实验方法来测出各种主应力比例下材料的极限应力。要解决这样的问题，只能从简单应力状态下的实验结果出发，

推测材料破坏的主要原因。由于构件在外力作用下，任意一点都有应力和应变，而且积蓄了应变能，因此材料的破坏与危险点的应力、应变或应变能等某个因素有关。

从长期的实践和试验数据中分析材料破坏的现象，进行推理，对材料破坏的原因提出各种假说。这种假说认为材料的破坏是某一特定因素引起的，不论构件处于简单应力状态还是在复杂应力状态下，其破坏都是由同一因素引起的，所以可以用简单应力状态下试件的试验结果来建立复杂应力状态下的强度条件。从而建立了强度理论。

综合分析材料破坏的现象，认为构件由于强度不足将引发两种失效形式：

(1) 脆性断裂：材料无明显的塑性变形即发生断裂，断面较粗糙，且多发生在垂直于最大正应力的截面上，如铸铁受拉、扭，低温脆断等。

(2) 塑性屈服(流动)：材料破坏前发生显著的塑性变形，破坏断面粒子较光滑，且多发生在最大切应力面上，例如低碳钢拉、扭，铸铁压。

8.2 四个强度理论

由于材料的破坏按其物理本质分为脆断和屈服两类形式，所以，强度理论也就相应地分为两类，下面就来介绍目前常用的四个强度理论。

8.2.1 最大拉应力理论

这一理论又称为第一强度理论。该理论认为构件破坏的主要因素是最大拉应力。不论构件处在何种应力状态下，只要第一主应力达到材料单向拉伸时的强度极限，即发生脆断破坏。

破坏形式：断裂。

破坏条件：
$$\sigma_1 = \sigma_b \tag{8.1}$$

强度条件：
$$\sigma_1 \leqslant [\sigma] \tag{8.2}$$

实验证明，该强度理论较好地解释了石料、铸铁等脆性材料沿最大拉应力所在截面发生断裂的现象；而对于单向受压或三向受压等没有拉应力的情况则不适合。

缺点：未考虑其他两主应力。

使用范围：适用脆性材料受拉。如铸铁拉伸，扭转。

8.2.2 最大伸长线应变理论

这一理论又称为第二强度理论。该理论认为构件破坏的主要因素是最大伸长线应变。不论构件处在何种应力状态下，只要第一主应变达到材料单向拉伸时的极限应变，即发生脆断破坏(假定直到发生断裂仍可用胡克定律计算)。

破坏形式：断裂。

脆断破坏条件：

$$\varepsilon_1 = \varepsilon_u = \frac{\sigma_b}{E}$$

$$\varepsilon_1 = \frac{1}{E}[\sigma_1 - \nu(\sigma_2 + \sigma_3)]$$

破坏条件： $\sigma_1 - \nu(\sigma_2 + \sigma_3) = \sigma_b$ (8.3)

强度条件： $\sigma_1 - \nu(\sigma_2 + \sigma_3) \leqslant [\sigma]$ (8.4)

实验证明，该强度理论较好地解释了石料、混凝土等脆性材料受轴向拉伸时，沿横截面发生断裂的现象。但是，其实验结果只与很少的材料吻合，因此已经很少使用。

缺点：不能广泛解释脆断破坏一般规律。

使用范围：适于石料、混凝土轴向受压的情况。

8.2.3 最大切应力理论

这一理论又称为第三强度理论。这一理论认为构件破坏的主要因素是最大切应力 $\tau_{\max}$。不论构件处在何种应力状态下，只要最大切应力达到单向材料拉伸时的极限切应力值，即发生屈服破坏。

破坏形式：屈服。

破坏因素：最大切应力。

屈服破坏条件：

$$\tau_{\max} = \tau_u = \frac{\sigma_s}{2}$$

$$\tau_{\max} = \frac{1}{2}(\sigma_1 - \sigma_3)$$

破坏条件： $\sigma_1 - \sigma_3 = \sigma_s$ (8.5)

强度条件： $\sigma_1 - \sigma_3 \leqslant [\sigma]$ (8.6)

实验证明，这一理论可以较好地解释塑性材料出现塑性变形的现象。但是，由于没有考虑 σ_2 的影响，故按这一理论设计的构件偏于安全。

缺点：无 σ_2 影响。

使用范围：适于塑性材料的一般情况。形式简单，概念明确，机械广用。但理论结果较实际偏安全。

8.2.4 形状改变比能理论

这一理论又称为第四强度理论。该理论认为：不论构件处在何种应力状态下，构件的形状改变比能(U_d)达到该材料在单向拉伸时的极限改变比能，构件发生屈服破坏。

破坏条件： $\sqrt{\frac{1}{2}[(\sigma_1 - \sigma_2)^2 + 2(\sigma_2 - \sigma_3)^2 + (\sigma_3 - \sigma_1)^2]} = \sigma_s$

强度条件：$\sigma_{r4} = \sqrt{\dfrac{1}{2}\left[(\sigma_1-\sigma_2)^2+(\sigma_2-\sigma_3)^2+(\sigma_3-\sigma_1)^2\right]} \leqslant [\sigma]$ (8.7)

根据几种材料(钢、铜、铝)的薄管试验资料，表明形状改变比能理论比第三强度理论更符合实验结果。在纯剪切下，按第三强度理论和第四强度理论的计算结果差别最大，这时，由第三强度理论的屈服条件得出的结果比第四强度理论的计算结果大15%。

四种强度理论的统一形式：令相当应力为σ_{rn}，有强度条件统一表达式$\sigma_{rn} \leqslant [\sigma]$。

相当应力的表达式：

$$\sigma_{r1} = \sigma_1 \leqslant [\sigma]$$

$$\sigma_{r2} = \sigma_1 - \nu(\sigma_2 + \sigma_3) \leqslant [\sigma]$$

$$\sigma_{r3} = \sigma_1 - \sigma_3 \leqslant [\sigma]$$

$$\sigma_{r4} = \sqrt{\dfrac{1}{2}\left[(\sigma_1-\sigma_2)^2+(\sigma_2-\sigma_3)^2+(\sigma_3-\sigma_1)^2\right]} \leqslant [\sigma]$$

8.3 莫尔强度理论

莫尔强度理论并不是简单地假设材料的破坏是由某一个因素(例如应力、应变或比能)达到了其极限值而引起的，它是以各种应力状态下材料的破坏试验结果为依据，考虑了材料拉、压强度的不同，承认最大切应力是引起屈服剪断的主要原因并考虑了剪切面上正应力的影响而建立起来的强度理论。

强度条件：

$$\sigma_1 - \dfrac{[\sigma_+]}{[\sigma_-]}\sigma_3 \leqslant [\sigma] \tag{8.8}$$

相当应力表达式：

$$\sigma_{rm} = \sigma_1 - \dfrac{[\sigma_+]}{[\sigma_-]}\sigma_3 \leqslant [\sigma] \tag{8.9}$$

分析：莫尔强度理论考虑了材料抗拉和抗压能力不等的情况，这符合脆性材料(如岩石混凝土等)的破坏特点，但未考虑中间主应力σ_2的影响是其不足之处。对于$[\sigma_+]$和$[\sigma_-]$相同的材料，式(8.8)可演化成式(8.6)。

8.4 各种强度理论的适用范围

8.4.1 强度理论的选用原则

1. 强度理论的选用原则

(1) 脆性材料：当最小主应力大于等于0时，使用第一强度理论；当最小主应力小于0而最大主应力大于0时，使用莫尔理论。当最大主应力小于等于0时，使用第三或第四强度理论。

(2) 塑性材料：当最小主应力大于等于 0 时，使用第一强度理论；其他应力状态时，使用第三或第四强度理论。

(3) 简单变形时：一律用与其对应的强度准则。如扭转，都用：
$$\tau_{max} \leqslant [\tau]$$

(4) 破坏形式还与温度、变形速度等有关。

8.4.2 强度计算的步骤

强度计算的步骤如下。

(1) 外力分析：确定所需的外力值。

(2) 内力分析：画内力图，确定可能的危险面。

(3) 应力分析：画危险面应力分布图，确定危险点并画出单元体，求主应力。

(4) 强度分析：选择适当的强度理论，计算相当应力，然后进行强度计算。

【例 8.1】 图 8.1 所示单元体，试按第三、第四强度理论求相当应力。

分析：本题所给出的 2 个单元体分别为二向和三向主应力单元体，为此可直接根据单元体上的三个主应力应用公式(8.6)公式(8.7)求解。

解：(a)图所示为二向应力状态单元体，则：

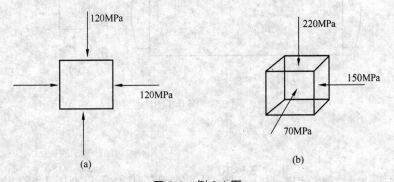

图 8.1 例 8.1 图

$$\sigma_{r3} = \sigma_1 - \sigma_3 = 0 - (-120) = 120 \text{MPa}$$

$$\sigma_{r4} = \sqrt{\frac{1}{2}\left[(0+120)^2 + (-120+120)^2 + (-120-0)^2\right]} = 120 \text{MPa}$$

(b)图所示为三向应力状态单元体，则：

$$\sigma_{r3} = -70 - (-220) = 150 \text{MPa}$$

$$\sigma_{r4} = \sqrt{\frac{1}{2}(150^2 + 70^2 + 220^2)} = 130 \text{MPa}$$

【例 8.2】 铸铁零件危险点单元体如图 8.2 所示。$[\sigma_+] = 50 \text{MPa}$，$[\sigma_-] = 150 \text{MPa}$。用莫尔理论校核其强度。

分析：先求出单元体上的主应力，再由公式(8.8)校核其强度。

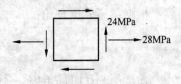

图 8.2 例 8.2 图

解：

(1) 求主应力

$$\sigma_1 = \frac{28}{2} + \sqrt{(\frac{28}{2})^2 + (-24)^2} = 41.8\text{MPa}$$

$$\sigma_3 = \frac{28}{2} - \sqrt{(\frac{28}{2})^2 + (-24)^2} = -13.8\text{MPa}$$

(2) 强度校核 $\sigma_{rm} = 41.8 - \frac{50}{150}(-13.8) = 46.4\text{MPa} < [\sigma_+]$

故此零件安全。

【例8.3】 受内压力作用的容器，其圆筒部分任意一点 A(图8.3(a))处的应力状态如图8.3(b)所示。当容器承受最大的内压力时，用应变计测得 $\varepsilon_x = 1.88 \times 10^{-4}$，$\varepsilon_y = 7.37 \times 10^{-4}$。已知钢材的弹性模量 $E = 210\text{GPa}$，泊松比 $\nu = 0.3$，许用应力 $[\sigma] = 170\text{MPa}$。试按第三强度理论校核 A 点的强度。

分析： 首先根据已知条件，计算出 A 点上的应力，确定其主应力，然后代入第三强度理论公式进行计算，校核其强度。

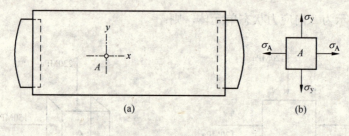

图8.3 例8.3图

解：

$$\sigma_x = \frac{E}{1-\nu^2}(\varepsilon_x + \nu\varepsilon_y) = \frac{2.1 \times 10^9}{1-0.3^2}(1.88 \times 10^{-4} + 0.3 \times 7.37 \times 10^{-4}) = 62.8\text{MPa}$$

$$\sigma_y = \frac{E}{1-\nu^2}(\varepsilon_y + \nu\varepsilon_x) = \frac{2.1 \times 10^9}{1-0.3^2}(7.37 \times 10^{-4} + 0.3 \times 1.88 \times 10^{-4}) = 183\text{MPa}$$

$\sigma_1 = \sigma_y = 183\text{MPa}$，$\sigma_2 = \sigma_x = 62.8\text{MPa}$，$\sigma_3 = 0$

根据第三强度理论： $\sigma_{r3} = \sigma_1 - \sigma_3 = 183\text{MPa}$

$$\frac{\sigma_{r3} - [\sigma]}{[\sigma]} = \frac{183 - 170}{170} \times 100\% = 7.64\%$$

σ_{r3} 超过 $[\sigma]$ 的 7.64%，不能满足强度要求。

【例8.4】 图8.4所示一T型截面的铸铁外伸梁，试用莫尔强度理论校核 B 截面腹板与翼缘交界处的强度。铸铁的抗拉和抗压许用应力分别为 $[\sigma_+] = 30\text{MPa}$，$[\sigma_-] = 160\text{MPa}$。

分析：本题主要是要确定 B 截面腹板与翼缘交界处横截面上的主应力，然后用莫尔强度理论公式校核其强度。为此，必先计算 B 截面 b 点的正应力和切应力，再求出主应力，由此代入莫尔强度理论公式校核其强度。

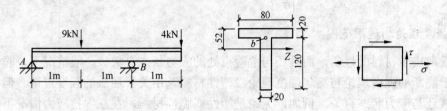

图 8.4 例 8.4 图

解：由图 8.4 易知，B 截面：$M = -4 \text{kN} \cdot \text{m}$，$F_Q = -6.5 \text{kN}$。

根据截面尺寸求得：

$$I_z = 763 \text{cm}^4 , \quad S_z^* = 67.2 \text{cm}^3$$

从而算出：

$$\begin{cases} \sigma = \dfrac{My}{I_z} = \dfrac{4 \times 10^6 \times 32}{763 \times 10^4} = 16.8 \text{MPa} \\ \tau = \dfrac{F_Q S_z^*}{I_z b} = \dfrac{6.5 \times 10^3 \times 67.2 \times 10^3}{763 \times 10^4 \times 20} = 2.86 \text{MPa} \end{cases}$$

在截面 B 上，翼缘 b 点的应力状态如图 8.4 所示。求出主应力为：由于铸铁的抗拉、压强度不等，应使用莫尔强度理论，有：

$$\left.\begin{matrix} \sigma_1 \\ \sigma_3 \end{matrix}\right\} = \dfrac{16.8}{2} \pm \sqrt{(\dfrac{16.8}{2})^2 + 2.86^2} = \begin{cases} 17.3 \\ -0.47 \end{cases} \text{MPa}$$

$$\sigma_{rm} = \sigma_1 - \dfrac{[\sigma_+]}{[\sigma_-]}\sigma_3 = 17.3 - \dfrac{30}{160}(-0.47) = 17.4 \text{MPa} < [\sigma_+]$$

故满足莫尔强度理论的要求。

8.5 小 结

1. 强度理论的概念

强度理论是关于材料失效现象主要原因的假设。即认为不论是简单应力状态还是复杂应力状态，材料某一类型的破坏是由于某一种因素引起的。据此，可以利用简单应力状态的实验结果，来建立复杂应力状态的强度条件。

2. 常用的 5 种强度理论及相当应力

$$\sigma_{r1} = \sigma_1 \leqslant [\sigma]$$
$$\sigma_{r2} = \sigma_1 - v(\sigma_2 + \sigma_3) \leqslant [\sigma]$$
$$\sigma_{r3} = \sigma_1 - \sigma_3 \leqslant [\sigma]$$

$$\sigma_{r4} = \sqrt{\frac{1}{2}\left[(\sigma_1-\sigma_2)^2+(\sigma_2-\sigma_3)^2+(\sigma_3-\sigma_1)^2\right]} \leqslant [\sigma]$$

$$\sigma_{rm} = \sigma_1 - \frac{[\sigma_+]}{[\sigma_-]}\sigma_3 \leqslant [\sigma]$$

3. 强度理论的适用范围

不仅取决于材料的性质，而且还与危险点处的应力状态有关。一般情况下，脆性材料选用关于脆断的强度理论与莫尔强度理论，塑性材料选用关于屈服的强度理论。但材料的失效形式还与应力状态有关。例如，无论是塑性或脆性材料，在三向拉应力情况下将以断裂形式失效，宜采用最大拉应力理论。在三向压应力情况下都引起塑性变形，宜采用第三或第四强度理论。

8.6 思 考 题

1. 什么叫强度理论，为什么要研究强度理论？
2. 四种强度理论的强度条件是什么？说明其基本观点，并阐明其适用范围？
3. 为什么有不同的强度理论？四种强度理论的优缺点？
4. 已知一点的应力状态如图 8.5 所示，若 $\sigma \leqslant [\sigma]$，$\tau \leqslant [\tau]$，为什么不能说该点的应力满足强度条件？理由何在？

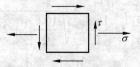

图 8.5 思考题 1 图

5. 低碳钢试件轴向拉压时，破坏是沿着与轴线约成 45° 面上发生的，铸铁轴向压缩时也是如此，这些都是与最大切应力 ($\tau_{max} = \frac{\sigma}{2} = \frac{1}{2}\frac{P}{A}$) 有关的，为什么在第 2 章中建立强度条件时都是从最大正应力考虑呢？

8.7 习 题

1. 直径为 $d=0.1$m 的圆杆受力如图 8.6 所示，$T=7$ kN·m，$P=50$kN，$T=7$ kN·m，$P=50$kN，为铸铁构件，$[\sigma]=40$MPa，试用第一强度理论校核杆的强度。

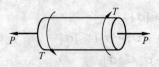

图 8.6 习题 1 图

2. 如图 8.7 所示两端封闭的铸铁圆筒，承受内压 $p=5\,\text{MPa}$、轴向压力 $F=100\,\text{kN}$ 和力偶矩 $M_e=3\,\text{kN}\cdot\text{m}$ 的共同作用，若其内径 $d=100\,\text{mm}$，壁厚 $t=10\,\text{mm}$，铸铁的许用拉应力 $[\sigma_t]=40\,\text{MPa}$，泊松比 $\nu=0.25$。试按第二强度准则校核其强度。

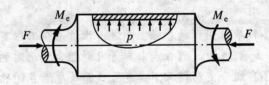

图 8.7 习题 2 图

3. 如图 8.8 所示钢制圆柱形薄壁压力容器，其内径 $d=800\,\text{mm}$，壁厚 $t=4\,\text{mm}$，材料的许用应力 $[\sigma]=120\,\text{MPa}$。试分别用第三和第四强度理论确定该容器的许用内压 $[p]$。

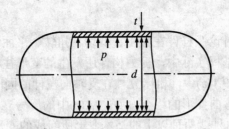

图 8.8 习题 3 图

4. 如图 8.9 所示为用 25b 工字钢制成的简支梁，钢的许用应力 $[\sigma]=160\,\text{MPa}$，许用切应力 $[\tau]=100\,\text{MPa}$。试对该梁作全面的强度校核。

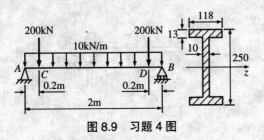

图 8.9 习题 4 图

第 9 章 组合变形

提要：本章在杆件各种基本变形的基础上，进一步讨论在工程实际中常见的斜弯曲、拉伸(压缩)与弯曲、偏心压缩(拉伸)、弯曲与扭转等几种组合变形时的强度问题。在叠加原理的基础上，分析讨论了在组合变形情况下对危险截面及危险点的确定方法，进而给出了各种组合变形的强度条件。

9.1 组合变形的概念

在前面各章中，分别讨论了杆件在拉压、剪切、扭转、平面弯曲四种基本变形条件下的强度及刚度问题。但在工程实际中，受力构件所发生的变形往往是由两种或两种以上的基本变形所构成。例如图 9.1(a)中，机床立柱在受轴向拉伸的同时还有弯曲变形；图(b)机械传动中的圆轴为扭转和弯曲变形的组合；而图 9.1(c)中的厂房立柱为轴向压缩及弯曲变形的组合等。我们将这种由两种或两种以上的基本变形所组成的变形称为**组合变形**(combined deformation)。

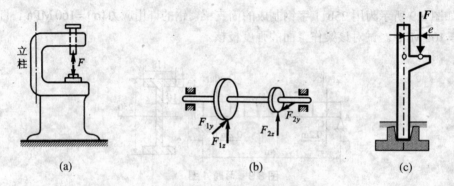

图 9.1 几种组合变形形式

(a) 立柱为拉弯组合变形； (b) 圆轴为弯扭组合变形； (c) 厂房立柱为压弯组合变形

构件在外力作用下，若在线弹性范围内，且满足小变形条件，即受力变形后仍可按原始尺寸和形状进行计算，那么构件上各个外力所引起的变形将相互独立、互不影响。这样，在处理组合变形问题时，就可以先将构件所受外力简化为符合各种基本变形作用条件下的外力系。通过对每一种基本变形条件下的内力、应力、变形进行分析计算，然后再根据叠加原理，综合考虑在组合变形情况下构件的危险截面的位置以及危险点的应力状态，并可据此对构件进行强度计算。

但需指出，若构件超出了线弹性范围，或不满足小变形假设，则各基本变形将会互相影响，这样就不能应用叠加原理进行计算，对于这类问题的解决，可参阅相关资料的介绍。而本章所涉及的内容，叠加原理均适用。

9.2 斜 弯 曲

在第 4 章的弯曲问题中已经介绍，若梁所受外力或外力偶均作用在梁的纵向对称平面内，则梁变形后的挠曲线亦在其纵向对称平面内，将这种弯曲称为平面弯曲。但在工程实际中，也常常会遇到梁上的横向力并不在梁的对称平面内，而是与其纵向对称平面有一夹角的情况。例如屋顶檩条倾斜安置时，梁所承受的铅垂方向的外力并不在其纵向对称平面内，其受力简图如图 9.2 所示。在这种情况下，梁变形后的挠曲线将与外力不在同一纵向平面内，将这种弯曲称为**斜弯曲**(oblique bending)。

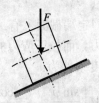

图 9.2 矩形截面受力图

以图 9.3 所示矩形截面悬臂梁为例，其自由端受一与 y 轴夹角为 φ 的集中力 $\boldsymbol{F}$ 作用。可将力 $\boldsymbol{F}$ 先简化为平面弯曲的情况，即将力 $\boldsymbol{F}$ 沿 y 轴和 z 轴进行分解，即

$$F_y = F\cos\varphi , \quad F_z = F\sin\varphi \tag{a}$$

在分力 $\boldsymbol{F}_y$、$\boldsymbol{F}_z$ 作用下，梁将分别在铅垂纵向对称平面内(xOy 面内)和水平纵向对称平面内(xOz 面内)发生平面弯曲。则在距左端点为 x 的截面上，由 F_z 和 F_y 引起的截面上的弯矩值分别为：

$$M_y = F_z(l-x) , \quad M_z = F_y(l-x) \tag{b}$$

若设 $M = F(l-x)$，并将式(a)代入式(b)中，则

$$M_y = M\sin\varphi , \quad M_z = M\cos\varphi \tag{c}$$

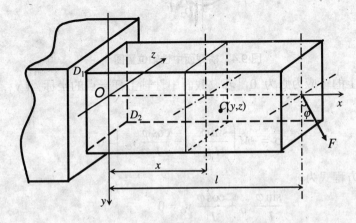

图 9.3 悬臂梁斜弯曲受力图

在截面的任一点 $C(y,z)$ 处，由 M_y 和 M_z 引起的正应力分别为

$$\sigma' = -\frac{M_y \cdot z}{I_y}, \quad \sigma'' = -\frac{M_z \cdot y}{I_z} \tag{d}$$

其中负号表示均为压应力。对于其他点处的正应力的正负可由实际情况确定。所以，C 点处的正应力为

$$\sigma = \sigma' + \sigma'' = -\frac{M_y \cdot z}{I_y} - \frac{M_z \cdot y}{I_z}$$

将式(c)代入上式可得

$$\sigma = -M\left(\frac{\sin\varphi}{I_y}z + \frac{\cos\varphi}{I_z}y\right) \tag{9.1}$$

由上面分析及式(9.1)可知，梁上固定端截面上有最大弯矩，且其顶点 D_1 和 D_2 点为危险点，分别有最大拉应力和最大压应力。而拉压应力的绝对值相等，可知危险点的应力状态均为单向应力状态，所以，梁的强度条件为：

$$\sigma_{\max} = \left| M\left(\frac{\sin\varphi}{I_y}z_{\max} + \frac{\cos\varphi}{I_z}y_{\max}\right) \right| \leqslant [\sigma]$$

即

$$\sigma_{\max} = \left| \frac{M_y}{W_y} + \frac{M_z}{W_z} \right| \leqslant [\sigma] \tag{9.2}$$

同平面弯曲一样，危险点应在离截面中性轴最远的点处。而对于这类具有棱角的矩形截面梁，其危险点的位置均应在危险截面的顶点处，所以较容易确定。但对于图 9.4 所示没有棱角的截面，要先确定出截面的中性轴位置，才能确定出危险点的位置。

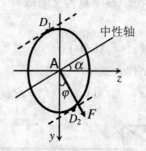

图 9.4　横截面中性轴位置图

因为中性轴上的正应力必为 0，若设截面中性轴上任一点的坐标为 (y_O, z_O)，且由式(9.1)可得

$$\sigma = -M\left(\frac{\sin\varphi}{I_y}z_O + \frac{\cos\varphi}{I_z}y_O\right) = 0$$

所以，中性轴的方程式为

$$\frac{\sin\varphi}{I_y}z_O + \frac{\cos\varphi}{I_z}y_O = 0 \tag{9.3}$$

由上式可知，它是一条通过截面形心的斜直线。设它与 z 轴的夹角为 α，可得

$$\tan\alpha = \left|\frac{y_O}{z_O}\right| = \left|\frac{I_z}{I_y}\tan\varphi\right| \quad . \tag{9.4}$$

由截面中性轴与 z 轴的夹角 α 即可确定其位置。

由式(9.3)、式(9.4)可知，截面中性轴主要有以下特点：

(1) 中性轴通过截面形心。

(2) 其位置只取决于外力 F 与 y 轴的夹角及截面形状和几何尺寸，而与外力的大小无关。

(3) 当外力 F 在第一、三象限时，中性轴必在第二、四象限内；当外力 F 在第二、四象限时，中性轴必在第一、三象限内。

(4) 当截面的 $I_y \neq I_z$ 时，$\alpha \neq \varphi$，即中性轴不垂直于外力 F，而截面的挠曲线所在平面与中性轴垂直，所以挠曲线与外力作用面不在同一平面内，故称为斜弯曲；反之，若截面的 $I_y = I_z$ 时，则 $\alpha = \varphi$，即不论 φ 为何值，中性轴都会与外力 F 垂直，即梁只会发生平面弯曲，例如圆、正方形、正多边形等截面均为此类截面。

如图 9.4 所示，在确定了中性轴的位置后，作平行于中性轴的两直线，分别与横截面周边相切于 D_1、D_2 两点，其分别为截面上的最大拉应力和最大压应力。

梁在斜弯曲时的挠度也可利用叠加原理进行计算。如图 9.5 为图 9.3 所示悬臂梁的自由端截面，由弯曲变形公式可知由 F_y、F_z 引起的两方向上的挠度值分别为：

$$w_y = \frac{F_y \cdot l^3}{3EI_z} = \frac{F\cos\varphi \cdot l^3}{3EI_z}$$

$$w_z = \frac{F_z \cdot l^3}{3EI_y} = \frac{F\sin\varphi \cdot l^3}{3EI_y}$$

所以总挠度值为：

$$w = \sqrt{w_y^2 + w_z^2}$$

设挠度 w 与 z 轴夹角为 β，则

$$\tan\beta = \frac{w_z}{w_y} = \frac{I_z}{I_y}\tan\varphi$$

由上式及式(9.4)可知，$\beta = \alpha$，即挠曲线所在平面始终与截面的中性轴垂直，并且当截面的 $I_y \neq I_z$ 时，$\beta \neq \varphi$，由图 9.5 可知梁变形后的挠曲线与外力 F 作用面不在同一纵向平面内，会发生斜弯曲；当 $I_y = I_z$ 时，$\beta = \varphi$，此时为平面弯曲；当 $I_z > I_y$ 时，$\beta > \varphi$，表明挠曲线所在纵向平面比外力所在纵向平面的倾角要大。当 I_z/I_y 比值越大，即横截面越狭长时，即使 φ 值很小，也会引起弯曲平面很大的倾角，其危险点的应力亦会显著增大。

计算表明，若矩形截面高宽比 $h/b = 3.3$，外力 F 的倾角 $\varphi = 5°$ 时，其 $\beta = 44°$，说明 $w_y \approx w_z$，此时横截面上的最大正应力 σ_{max} 较 $\varphi = 0°$ 时的正应力将增大约 30%。对于高而狭的梁来讲，若能在平面弯曲下工作，对强度是有利的，但若 $\varphi \neq 0°$，则会由于斜弯曲的影响而使梁产生侧向失稳并造成事故。所以，不能片面采用高而狭的横截面来提高梁的强度。

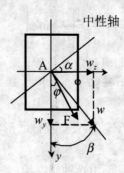

图 9.5 斜弯曲挠度计算示意图

【例 9.1】 图 9.6 为一屋顶结构图,已知屋面坡度为 1:2,二桁架间的距离为 3m,木檩条的间距为 1.5m,屋面及檩条重为 0.6kN/m^2;木檩条为 $80\times120\text{mm}^2$ 的矩形截面,其弹性模量为 $E=10\text{GPa}$,许用应力 $[\sigma]=10\text{MPa}$,许用挠度 $[w]=l/200$,试校核木檩条的强度和刚度。

分析:屋面的重量是通过檩条传给桁架的。檩条由桁架所支承,可设其为两端铰支。所以檩条的计算简图可简化为图 9.6(b)所示,其跨度 $l=3\text{m}$,所受均布荷载为

$$q = 0.6 \times 1.5 = 0.9 \text{kN/m}$$

由于屋面坡度为 1:2,则在图 9.6(c)中 $\tan\varphi=1/2$,即 $\varphi=26°34'$。若檩条所受分布荷载通过其截面形心且铅垂向下,则檩条应为斜弯曲变形。

解:(1) 确定危险截面及其上的内力。

由檩条的受力状态可知,其中点截面上应有最大弯矩 $M_{\max}=ql^2/8$,故该截面为危险截面,且其在两形心主惯性平面 xy、xz 内的弯矩分别为

$$M_z = M_{\max} \cdot \cos\varphi = \frac{ql^2}{8}\cos\varphi = \frac{900 \times 3^2}{8}\cos 26°34' = 905.6 \text{N} \cdot \text{m}$$

$$M_y = M_{\max} \cdot \sin\varphi = \frac{ql^2}{8}\sin\varphi = \frac{900 \times 3^2}{8}\sin 26°34' = 452.8 \text{N} \cdot \text{m}$$

(2) 强度校核。

由斜弯曲的强度条件:

$$\sigma_{\max} = \frac{M_y}{W_y} + \frac{M_z}{W_z} \leqslant [\sigma]$$

且截面的几何性质:

$$W_y = \frac{hb^2}{6} = \frac{120 \times 80^2 \times 10^{-9}}{6} = 1.28 \times 10^{-4} \text{m}^3$$

$$W_z = \frac{bh^2}{6} = \frac{80 \times 120^2 \times 10^{-9}}{6} = 1.92 \times 10^{-4} \text{m}^3$$

所以

$$\sigma_{\max} = \frac{M_y}{W_y} + \frac{M_z}{W_z} = \frac{452.8}{1.28 \times 10^{-4}} + \frac{905.6}{1.92 \times 10^{-4}} = 8.25 \times 10^6 \text{N/m}^2 = 8.25\text{MPa} < [\sigma]$$

故满足强度要求。

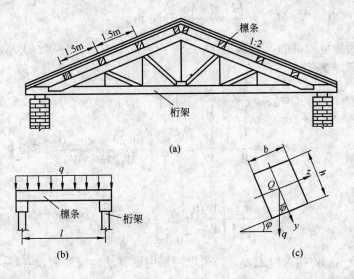

图 9.6 例 9.1 图

(3) 刚度校核。

经分析可知其最大挠度也发在中点，且其在 y、z 两方向的挠度值分别为

$$w_y = \frac{5(q\cos\varphi)l^4}{384EI_z} = \frac{5\times 900\cos 26°34'\times 3^4}{384\times 10\times 10^9 \times \dfrac{80\times 120^3\times 10^{-12}}{12}} = 7.37\times 10^{-3}\,\text{m}$$

$$w_z = \frac{5(q\sin\varphi)l^4}{384EI_y} = \frac{5\times 900\sin 26°34'\times 3^4}{384\times 10\times 10^9 \times \dfrac{120\times 80^3\times 10^{-12}}{12}} = 8.29\times 10^{-3}\,\text{m}$$

所以，总挠度为

$$w = \sqrt{w_y^2 + w_z^2} = \sqrt{7.37^2 + 8.29^2} = 11.09\,\text{mm} < [w] = \frac{3000}{200} = 15\,\text{mm}$$

可见其满足刚度要求。

【例 9.2】 图 9.7 工字钢截面简支梁 $l = 4\,\text{m}$，在中点受集中荷载 $F = 7\,\text{kN}$ 作用，荷载 F 通过截面形心，与铅垂轴夹角 $\varphi = 20°$，若材料的 $[\sigma] = 160\,\text{MPa}$，试选择工字钢的型号。

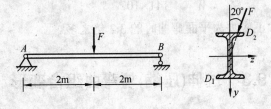

图 9.7 例 9.2 图

分析： 根据梁的受力特点，可知其将发生斜弯曲变形。应先通过受力分析确定危险截面及危险点，再由相应公式选择截面。

解：因为其中点截面上有最大弯矩值为

$$M_{\max} = \frac{Fl}{4} = \frac{7 \times 4}{4} = 7\text{kN} \cdot \text{m}$$

所以梁中间截面为危险截面，且其上 D_1、D_2 点为危险点，并分别有大小相等的最大拉、压应力。由其强度条件

$$\sigma_{\max} = \frac{M_y}{W_y} + \frac{M_z}{W_z} \leqslant [\sigma]$$

$$\sigma_{\max} = \frac{M_y}{W_y} + \frac{M_z}{W_z} = M_{\max}\left(\frac{\sin 20°}{W_y} + \frac{\cos 20°}{W_z}\right) \leqslant [\sigma]$$

所以

$$W_z \geqslant \frac{M_{\max}}{[\sigma]}\left(\frac{W_z}{W_y}\sin 20° + \cos 20°\right)$$

因上式中 W_y、W_z 均为待定参数，所以需采用试算法。可先假设 $\dfrac{W_z}{W_y} = 10$ 试算，则

$$W_z \geqslant \frac{7 \times 10^3}{160 \times 10^6}(10\sin 20° + \cos 20°) = 190.8 \times 10^{-6}\text{m}^3$$

查表试选用 No.18 工字钢，其 $W_z = 185\text{cm}^3$，$W_y = 26\text{cm}^3$。所以

$$\sigma_{\max} = 7 \times 10^3\left(\frac{\sin 20°}{26 \times 10^{-6}} + \frac{\cos 20°}{185 \times 10^{-6}}\right) = 127.6 \times 10^6 \text{Pa} = 127.6\text{MPa}$$

因为材料的 $[\sigma] = 160\text{MPa}$，所以截面选得过大。若选用 No.16 工字钢，其 $W_z = 141\text{cm}^3$，$W_y = 21.2\text{cm}^3$，则

$$\sigma_{\max} = 7 \times 10^3\left(\frac{\sin 20°}{21.2 \times 10^{-6}} + \frac{\cos 20°}{141 \times 10^{-6}}\right) = 159.6 \times 10^6 \text{Pa} = 159.6\text{MPa}$$

该值与材料的许用应力较为接近，且其 $\dfrac{W_z}{W_y} = \dfrac{141}{21.2} = 6.7 < 10$，所以选用 No.16 工字钢较为合适。

另外，若外力 F 与铅垂轴夹角 $\varphi = 0°$，则梁上最大正应力为

$$\sigma_{\max} = \frac{M_{\max}}{W_z} = \frac{7 \times 10^3}{141 \times 10^{-6}} = 49.7 \times 10^6 \text{Pa} = 49.7\text{MPa}$$

可见，斜弯曲时的最大正应力为平面弯曲时的 3.2 倍之多。

9.3 拉伸(压缩)与弯曲组合变形

由杆件的基本变形可知，轴向拉压时杆件所受外力的合力作用线必须通过轴线；而在弯曲时所受外力则须与杆件轴线垂直。但当杆件受到轴向力和横向力共同作用时，或外力的合力作用线不通过轴线时，杆件都将产生拉伸(或压缩)与弯曲的组合变形。例如图 9.8(a)

所示一悬臂吊车的横梁 AB，其在受到压缩的同时还受到弯曲变形，即为压弯组合变形。另外当梁发生横力弯曲时，若还受到轴向力作用也可构成拉弯(或压弯)组合变形，如图 9.8(b)所示。但需注意，若要利用叠加原理，则杆件须满足应用的条件，即材料在线弹性范围内，且符合小变形假设。例如图 9.8(b)中只有当梁的弯曲刚度 EI 较大，即其挠度较小且可由其原始尺寸计算时，叠加原理才是适用的。

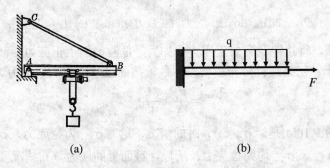

图 9.8　梁受拉弯组合变形图

(a) 起重架 AB 梁为拉弯组合；(b) 悬臂梁受拉弯组合

以图 9.9(a)所示矩形截面等直杆其自由端受一集中力 F 作用为例，来说明拉(压)弯组合变形时的分析方法和强度计算问题。

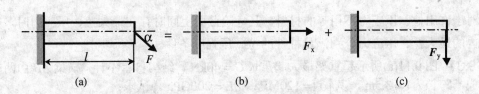

图 9.9　悬臂梁受拉弯组合图

设力 F 与杆轴线在自由端截面上相交且夹角为 α。可先将力 F 分解为沿轴线和垂直于轴线方向的两个分力 F_x 和 F_y，其大小分别为

$$F_x = F\cos\alpha, \quad F_y = F\sin\alpha$$

由图 9.9(b)可知，杆件为轴向拉伸，横截面上的正应力为均匀分布，如图 9.10(a)所示，其截面上各点均为危险点，最大正应力为

$$\sigma_N = \frac{F_x}{A}$$

由图 9.9(c)可知，杆件为平面弯曲，因为固定端截面上弯矩最大 $M = F_y l$，所以其截面上、下边缘各点均为危险点，横截面上的正应力为线性分布，如图 9.10(b)所示，最大正应力的大小为

$$\sigma_M = \frac{M}{W} = \frac{F_y l}{W}$$

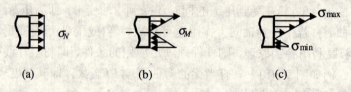

图 9.10 横截面上应力分布图

(a) 轴向拉伸时应力分布图；(b) 横向弯曲时正应力分布图；(c) 拉弯组合时正应力分布图

利用叠加原理，将拉伸及弯曲正应力叠加后，危险截面上正应力沿截面高度的变化情况如图 9.10(c)所示，仍为线性分布。所以，危险截面上危险点的正应力为

$$\begin{matrix} \sigma_{max} \\ \sigma_{min} \end{matrix} = \frac{F_x}{A} \pm \frac{M}{W}$$

应当注意，图 9.10(c)是当 $\sigma_N < \sigma_M$ 时的情况，这时 σ_{max} 为拉应力，σ_{min} 为压应力。而当 $\sigma_N \geqslant \sigma_M$ 时，σ_{max}、σ_{min} 均为拉应力，所以，截面上的应力分布情况要根据实际受力状态来确定。

由上分析可知，危险点处的应力状态应为单向应力状态，所以可将截面上的 σ_{max} 与材料的许用应力相比较而建立其强度条件：

$$\sigma_{max} = \frac{F_x}{A} + \frac{M}{W} \leqslant [\sigma] \tag{9.5}$$

对于许用拉、压应力不相等的材料，且危险截面上同时存在最大拉、压应力时，则须使杆内的最大拉、压应力分别满足杆件的拉、压强度条件。

【例 9.3】 图 9.11(a)所示起重架最大起重量 $G = 40\text{kN}$，结构自重不计，横梁 AB 由两根槽钢组成，跨长为 $l = 3.5\text{m}$，其 $[\sigma] = 120\text{MPa}$，$E = 200\text{GPa}$。试求：

(1) 选择槽钢型号。

(2) 若拉杆 BC 为 $b \times h = 10\text{mm} \times 40\text{mm}$ 的钢条，材料与 AB 梁相同。当载荷 G 作用于梁 AB 的中点时，计算该点的铅垂位移。

分析：应先作出 AB 梁的受力图，以便确定其变形形式。再进一步确定其危险截面和危险点，以此进行相应计算。

解：(1) AB 梁的受力简图如图 9.11(b)所示，可知其应为压弯组合变形。且当载荷 G 移动到梁中点时，横梁处于最危险状态。其弯矩及轴力图如图 9.11(c)、(d)所示，可判断出危险截面应为梁的中点截面，其内力分量为：

$$F_N = \frac{G/2}{\tan 30°} = \frac{40}{2\tan 30°} = 34.64\text{kN}$$

$$M_z = \frac{Gl}{4} = \frac{40 \times 3.5}{4} = 35\text{kN} \cdot \text{m}$$

因为在危险截面的上边缘有最大压应力，所以应以此点进行计算。

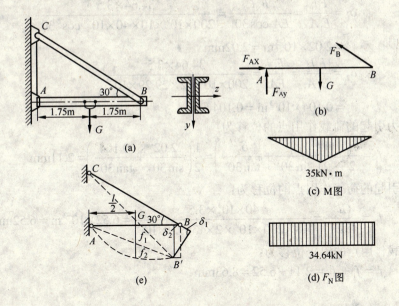

图 9.11 例 9.3 图

由强度条件 $\sigma = \dfrac{F_N}{A} + \dfrac{M_z}{W_z} \leqslant [\sigma]$ 进行截面设计。

因为式中 A、M_z 均为待定参数，故不能直接求出。可先由弯曲强度选择截面，然后再考虑轴向力进行校核，则有

$$\sigma = \dfrac{M_z}{W_z} \leqslant [\sigma]$$

$$W_z \geqslant \dfrac{M_z}{[\sigma]} = \dfrac{35 \times 10^3}{120 \times 10^6} = 0.292 \times 10^{-3} \, \text{m}^3 = 292 \, \text{cm}^3$$

因截面由两个槽钢组成，所以应由 $W_z = \dfrac{M_z}{2} = 146 \, \text{cm}^3$ 查表。可选用 No.18 号槽钢，其相关截面参数为 $A = 29.29 \, \text{cm}^2$，$W_z = 152.2 \, \text{cm}^3$，$I_z = 1369.9 \, \text{cm}^4$。

所以横梁最大的压应力的值为：

$$\sigma_{\max} = \dfrac{F_N}{A} + \dfrac{M_z}{W_z} = \dfrac{34.64 \times 10^3}{2 \times 29.29 \times 10^{-4}} + \dfrac{35 \times 10^3}{2 \times 152.2 \times 10^{-6}} = 120.9 \, \text{MPa}$$

虽然 $\sigma_{\max} > [\sigma] = 120 \, \text{MPa}$，但

$$\dfrac{\sigma_{\max} - [\sigma]}{[\sigma]} = \dfrac{120.9 - 120}{120} = 0.75\% < 5\%$$

即超过许用应力不足 5%，故可认为满足强度要求。

(2) 求载荷作用点的铅垂位移。

因材料受力在线弹性范围内，且为小变形，故也可由叠加原理进行计算。

其变形几何关系如图 9.11(e)所示，当仅有轴向力作用时，因为

$$\delta_1 = \frac{F_1 l_1}{E_1 A_1} = \frac{F_N l}{E A_1 \cos 30°} = \frac{34.64 \times 3.5}{200 \times 10^9 \times 10 \times 40 \times 10^{-6} \cos^2 30°}$$

$$= 2.02 \times 10^{-3} \text{m} = 2.02 \text{mm}$$

$$\delta_2 = \frac{F_2 l_2}{E_2 A_2} = \frac{F_N l}{E A_2} = \frac{34.64 \times 3.5}{200 \times 10^9 \times 2 \times 29.29 \times 10^{-4}}$$

$$= 0.104 \times 10^{-3} \text{m} = 0.104 \text{mm}$$

所以由轴向力引起的荷载作用点的位移为：

$$f_1 = \frac{\delta_B}{2} = \frac{1}{2}\left(\frac{\delta_1}{\sin 30°} + \frac{\delta_2}{\tan 30°}\right) = \frac{1}{2}\left(\frac{2.02}{\sin 30°} + \frac{0.104}{\tan 30°}\right) = 2.11 \text{mm}$$

由弯矩引起的荷载作用点的位移为：

$$f_2 = \frac{Gl^3}{48 E I_z} = \frac{40 \times 10^3 \times 3.5^3}{48 \times 200 \times 10^9 \times 2 \times 1369.9 \times 10^{-8}} = 6.52 \times 10^{-3} \text{m} = 6.52 \text{mm}$$

所以荷载作用点的铅垂位移为：

$$f = f_1 + f_2 = 2.11 + 6.52 = 8.63 \text{mm}$$

9.4 偏心压缩与偏心拉伸

当杆件受到一与杆轴线平行但不重合的外力作用时，将会使杆产生**偏心压缩**(eccentric compression)或**偏心拉伸**(eccentric tension)现象。例如图 9.1(a)所示的机床的立柱及图 9.1(c)所示的厂房立柱分别就为偏心拉伸和偏心压缩。

现以一矩形截面等直杆受到一距离截面形心 O 为 e 的偏心压力 F 作用为例，来分析在偏心压缩(拉伸)时，杆件的强度计算问题。

如图 9.12(a)所示，设偏心压力 F 的作用点 A 的坐标为$(e_y、e_z)$，根据力系的等效原理，可先将力 F 向截面形心 O 点简化，得到一符合基本变形外力作用条件的静力等效力系，如图 9.12(b)所示，于是就将原来的偏心压力 F 转化为：

轴向压力 F

作用于 xOz 面内的力偶矩 $M_y^O = F e_z$

作用于 xOy 面内的力偶矩 $M_z^O = F e_y$

在上述各力的作用下，将分别使杆发生轴向压缩和两个在纵向对称平面内的纯弯曲，即压、弯、弯组合变形。且由图 9.12(b)可知，在杆件任一横截面上的内力，即轴力和弯矩均保持不变，它们的大小分别为：

$$F_N = F, \quad M_y = M_y^O = F e_z, \quad M_z = M_z^O = F e_y$$

则上述三种内力在任一截面上的任一点 $B(y, z)$ 处所产生的正应力分别为

$$\sigma' = \frac{F_N}{A} = -\frac{F}{A}, \quad \sigma'' = \frac{M_y \cdot z}{I_y} = -\frac{F e_z \cdot z}{I_y}, \quad \sigma''' = \frac{M_z \cdot y}{I_z} = -\frac{F e_y \cdot y}{I_z}$$

式中，A、I_y、I_z 分别为杆件横截面的面积及截面对其形心主惯性轴 y、z 轴的惯性矩。一般情况下，每一种内力在截面上某一点处所产生的应力的正、负均可由受力图直接判断出

来。如图 9.12(a)所示情况，σ'、σ''、σ'''均为压应力，故在上式中均以负号表示。

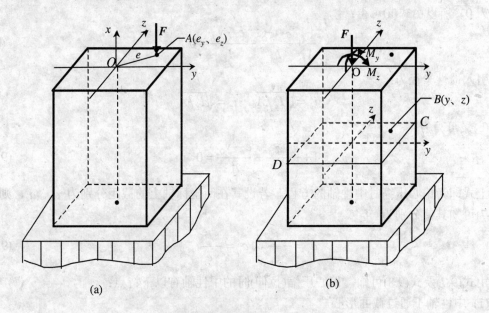

图 9.12　矩形截面偏心受力示意图
(a) 偏心受力示意图；(b) 力向形心简化示意图

所以，根据叠加原理可得 B 点处的正应力为：

$$\sigma = \sigma' + \sigma'' + \sigma''' = -\frac{F}{A} - \frac{Fe_z \cdot z}{I_y} - \frac{Fe_y \cdot y}{I_z} \tag{a}$$

由式(a)可知，在图 9.12(b)中任一横截面上角点 C 将产生最大压应力；若横截面上有拉应力的话，则最大拉应力必发生在截面的角点 D 处。即 C、D 两点为其危险点，且两点的应力状态均为单向应力状态，所以，偏心压缩(拉伸)的强度条件可表示为：

$$\left.\begin{matrix}\sigma_{t,\max}\\ \sigma_{c,\max}\end{matrix}\right\} = \left|-\frac{F}{A} \pm \frac{Fe_z \cdot z}{I_y} \pm \frac{Fe_y \cdot y}{I_z}\right| \leqslant \begin{matrix}[\sigma_t]\\ [\sigma_c]\end{matrix} \tag{9.6}$$

对于没有明显凸出棱角的横截面，如图 9.13 所示形状的截面，只有先确定出截面的中性轴位置，才可进一步确定出危险点的位置。

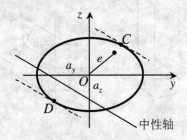

图 9.13　中性轴位置示意图

设偏心压力的作用点为 A 点,且中性轴上任一点的坐标为(y_O、z_O),因为中性轴上的应力为 0,所以由式(a)可得:

$$\frac{1}{A}+\frac{e_z \cdot z_O}{I_y}+\frac{e_y \cdot y_O}{I_z}=0 \tag{b}$$

引入惯性半径为:

$$i_y=\sqrt{I_y/A},\quad i_z=\sqrt{I_z/A}$$

则式(b)又可写为:

$$1+\frac{e_z \cdot z_O}{i_y^2}+\frac{e_y \cdot y_O}{i_z^2}=0 \tag{9.7}$$

上式即为偏心压缩时中性轴的方程。若设其在两坐标轴上的截距分别为 a_y、a_z,则由式(9-7)可知其值分别为

$$a_y=-\frac{i_z^2}{e_y},\quad a_z=-\frac{i_y^2}{e_z} \tag{9.8}$$

由式(9.7)及式(9.8)可知,偏心压缩(拉伸)时的中性轴有以下特点:

(1) 中性轴不通过截面形心。

(2) 中性轴的位置仅取决于外力作用点的位置即偏心矩 e 值和横截面的形状与几何尺寸,而与外力大小无关。

(3) 外力作用点 A 与中性轴分别处于截面形心的相对两边。

(4) 当外力作用点 A 分别在截面对称轴 y、z 轴上时,则中性轴将分别与 z、y 轴平行,即为单向偏心压缩(拉伸)。

在确定了截面的中性轴的位置后,分别作与中性轴平行的两直线,并使其与截面外边缘相切于 C、D 两点,如图 9.13 所示。该两点分别就是产生最大压、拉应力的危险点。

【例9.4】 矩形截面短柱承受载荷 $F_1=25kN$,$F_2=5kN$ 作用,且 F_1 的偏心距 $e=25mm$,柱高 $h=600mm$,其他几何尺寸如图 9.14(a)所示。已知材料的许用拉应力 $[\sigma_t]=10MPa$,许用压应力 $[\sigma_c]=15MPa$,试校核短柱强度并确定危险截面中性轴的位置。

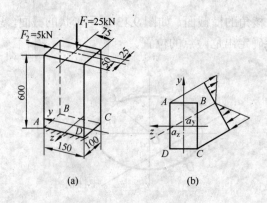

图9.14 例9.4图

分析:由短柱的受力状态可知,其应为偏心压缩变形,且固定端截面为危险截面。

解：危险截面上的内力分量为

$$F_N = P_1 = 25\text{kN} \quad (压)$$
$$M_y = P_1 \times e = 25 \times 10^3 \times 25 \times 10^{-3} = 625\text{N·m}$$
$$M_z = P_2 \times h = 5 \times 10^3 \times 600 \times 10^{-3} = 3\,000\text{N·m}$$

危险截面上 A、C 两点将分别产生最大拉应力和最大压应力，其大小可由式(9.6)可得

$$\sigma_A = -\frac{F_N}{A} + \frac{M_y}{W_y} + \frac{M_z}{W_z}$$
$$= -\frac{25 \times 10^3}{100 \times 150 \times 10^{-6}} + \frac{625 \times 6}{150 \times 100^2 \times 10^{-9}} + \frac{3\,000 \times 6}{100 \times 150^2 \times 10^{-9}}$$
$$= 8.83\text{MPa} < [\sigma_t]$$

$$\sigma_c = \left| -\frac{F_N}{A} - \frac{M_y}{W_y} - \frac{M_z}{W_z} \right|$$
$$= \frac{25 \times 10^3}{100 \times 150 \times 10^{-6}} + \frac{625 \times 6}{150 \times 100^2 \times 10^{-9}} + \frac{3\,000 \times 6}{100 \times 150^2 \times 10^{-9}}$$
$$= 12.17\text{MPa} < [\sigma_c]$$

所以短柱满足强度条件。

欲确定危险截面中性轴的位置，可设中性轴上任一点的坐标为(y_O、z_O)，则有

$$\sigma(y_O, z_O) = -\frac{F_N}{A} + \frac{M_y z_O}{I_y} + \frac{M_z y_O}{I_z} = 0$$

即

$$-\frac{25 \times 10^3}{100 \times 150 \times 10^{-6}} + \frac{625 \times 12}{150 \times 100^3 \times 10^{-12}} z_O + \frac{3000 \times 12}{100 \times 150^3 \times 10^{-12}} y_O = 0$$

所以可得中性轴方程

$$29.94 z_O + 63.89 y_O - 1 = 0$$

分别令 $z_O = 0$，$y_O = 0$，可得中性轴主 y、z 在轴上的截距分别为

$$a_y = 15.7\text{mm}$$
$$a_z = 33.4\text{mm}$$

中性轴位置如图 9.14(b)所示。

9.5 截面核心

我们知道，中性轴将截面分成了拉、压两个应力区域。由式(9.8)还可看出，当外力偏心距 e_y、e_z 愈小时，中性轴的截距 a_y、a_z 就愈大，即中性轴离截面形心就越远，甚至会移到截面以外去。这样，对于偏心压缩而言其截面上就只会产生压应力而没有拉应力。所以，当偏心压力作用在截面形心附近的某个范围内时，中性轴就将在截面以外或与截面周边相切，而使整个截面不出现拉应力。将这个只使截面产生压应力的外力作用的范围称为该截面的**截面核心**(core of section)。

在土建工程中常用的砖、石、混凝土等一类建筑材料，其抗拉强度远低于抗压强度，在对这类构件进行设计计算时，为安全起见，一般最好不让截面上出现拉应力，以免出现拉裂破坏。对于这类问题，截面核心这个概念将具有重要的意义。

在确定任一形状截面的截面核心边界时，应先确定截面的形心主惯性轴。如图 9.15 所示截面，设 y、z 轴为其形心主惯性轴。作一与截面边界相切的直线 1-1，可将其作为中性轴，其在 y、z 轴上的截距为 a_y、a_z，由式(9.8)可得

$$e_y = -\frac{i_z^2}{a_y}, \quad e_z = -\frac{i_y^2}{a_z} \tag{9.9}$$

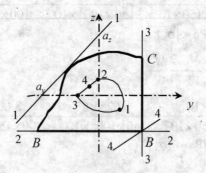

图 9.15 任意截面核心示意图

由此可确定一个点 1 的位置，其坐标为 $(e_y、e_z)$，该点即为与中性轴 1-1 所对应的外力作用点，它也是截面核心边界上的一个点。同理，可以作出与截面边界相切的一系列中性轴，并由式(9.9)确定出对应的截面核心的各边界点，将这些点依序连接起来即可得一封闭的曲线，该曲线即为截面核心的边界，由该曲线所围成的面积即为图形的截面核心，如图 9.15 中带阴影线的面积。

当确定较规则的多边形的截面核心时，可将其某一截面边界线作为中性轴并确定其所对应的截面核心的边界点。如图 9.15 中截面的 AB、BC 边，当分别以 AB、BC 边(即直线 2-2、直线 3-3)作为中性轴时，其所对应的截面核心边界点(即外力作用点)分别为 2、3 点。但过截面的顶点 B 可作出一系列不同斜率的且不与截面相交的中性轴，例如直线 4-4 即为其中一条。因为 B 点为中性轴上的一点，可将其坐标(y_B, z_B)代入中性轴方程(9.7)中，可得

$$1 + \frac{e_z \cdot z_B}{i_y^2} + \frac{e_y \cdot y_B}{i_z^2} = 0$$

由于在上式中 y_B、z_B 及惯性半径都为常数，所以它即为表示外力作用点的坐标 e_y、e_z 之间关系的直线方程。也就是说，当直线 4-4 中性轴绕 B 点转动时，其所对应的外力作用点 4 必然是在一条连接 2、3 点的直线上移动。所以在这种情况下，只需确定以多边形边界作为中性轴所对应的外力作用点，再将其以直线连接即可确定其截面核心的边界。

但应注意，对于周边有凹进部分的截面，在确定截面核心边界时，不能取与凹进部分的周边相切的直线作为中性轴，因为该直线将与横截面相交。这样，截面上将有拉应力的存在。

如图 9.16 所示在工程中常见的矩形截面，欲确定其截面核心，可分别取截面边界 AB、BC、CD、AD 为中性轴，并确定出各中性轴所对应的截面核心的边界点，再将这些点依次

用直线连接即可得到截面核心的范围。现取 AB 为中性轴，其在 y、z 两轴上的截距分别为

$$a_{y1} = \frac{h}{2}, \quad a_{z1} = \infty$$

因为矩形截面的惯性半径为

$$i_y^2 = \frac{b^2}{12}, \quad i_z^2 = \frac{h^2}{12}$$

由式(9-9)可得与 AB 为中性轴所对应的截面核心边界点 1 的坐标为

$$e_{y1} = -\frac{i_z^2}{a_{y1}} = -\frac{h}{6}, \quad e_{z1} = -\frac{i_y^2}{a_{z1}} = 0$$

同理，可确定分别以 BC、CD、AD 为中性轴时所对应的截面核心边界点 2、3、4 的坐标分别为 $2(0, \frac{b}{6})$、$3(\frac{h}{6}, 0)$、$4(0, -\frac{b}{6})$。将所确定的四个点依次以直线相连，即得到矩形截面的截面核心边界。由图 9.16 可知，它是一个位于截面中央的菱形，其对角线长度分别为 $b/3$ 和 $h/3$。所以，当矩形截面受到偏心压力作用时，欲使其横截面上不出现拉应力，则所受的偏心压力必须在图 9.16 所示的阴影线范围以内，即在其截面核心范围以内。

在如图 9.17 所示直径为 d 的圆截面上，作一与圆截面边界相切的 AB 直线为中性轴，其在 y、z 两轴上的截距分别为

$$a_{y1} = \frac{d}{2}, \quad a_{z1} = \infty$$

因为圆截面惯性半径为

$$i_y = i_z = \frac{d}{4}$$

由式(9.9)可得与 AB 为中性轴所对应的截面核心边界点 1 的坐标为

$$e_{y1} = -\frac{i_z^2}{a_{y1}} = -\frac{d}{8}, \quad e_{z1} = -\frac{i_y^2}{a_{z1}} = 0$$

由圆截面的对称性可知，其截面核心的边界也应为一圆，且其直径为 $d/4$。所以，圆截面的截面核心是一直径为 $d/4$ 的同心圆，如图 9.17 中阴影线面积。

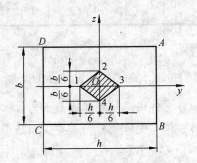

图 9.16 矩形截面截面核心

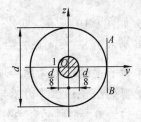

图 9.17 圆截面截面核心

【例 9.5】 试确定图 9.18 所示 No.20 号槽钢截面的截面核心。

分析： 可依次选取截面的边界为中性轴，再由式(9.9)求出相应的外力作用点的位置，再依次连接所确定的各点即可得到相应截面的截面核心。

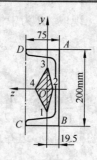

图 9.18 例 9.5 图

解：查表可知 No.20 号槽钢的惯性半径为

$$i_y = 2.09\text{cm}, \quad i_z = 7.64\text{cm}$$

当分别以 *AD*、*AB*、*BC*、*CD* 为中性轴时，求出其在两坐标轴上的截距 a_y、a_z，再由式(9.9)得。

$$e_y = -\frac{i_z^2}{a_y}, \quad e_z = -\frac{i_y^2}{a_z}$$

即可得其所对应的荷载作用点的坐标(e_y、e_z)，依次连接各点即可得所求截面的截面核心，如图 9.18 所示。具体计算见表 9-1。

表 9-1 例 9.5 计算结果

中性轴编号		AD	CD	BC	AB
中性轴的截距 (cm)	a_y	10	∞	-10	∞
	a_z	∞	5.55	∞	-1.95
对应的截面核心界上的点		1	2	3	4
截面核心边界上点的坐标值(cm)	$e_y = -\dfrac{i_z^2}{a_y}$	-5.84	0	5.84	0
	$e_z = -\dfrac{i_y^2}{a_z}$	0	-0.787	0	2.24

【例 9.6】 如图 9.19 所示，欲建造一矩形截面混凝土挡水坝，水的高度为 h。若水和混凝土的容重分别为 γ_w、γ_c，且 $\gamma_w = 2.5\gamma_c$。若要求坝底的拉应力为 0，试设计坝的宽度 b。

分析：取单位长度的坝体考虑。坝体受到静水压力和自重作用，故在其底面上为偏心受压与受剪的组合，但剪力不导致拉应力，所以仍按偏心受压处理。若要使坝底截面上拉应力为 0，则所受合力作用点必须通过截面核心的边缘。

解：由矩形截面的截面核心几何关系及图 9.19 可知：

$$\frac{1}{2}\gamma_w h^2 \Big/ \gamma_c bh = \frac{b}{6} \Big/ \frac{h}{3}$$

且

$$\gamma_w = 2.5\gamma_c$$

所以
$$2.5b^2 = h^2$$
即
$$b = 0.63h$$

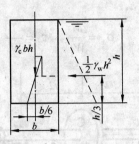

图 9.19　例 9.6 图

9.6　弯曲与扭转组合变形

在基本变形中我们研究了圆轴受扭时的强度和刚度问题。而在工程实际中，杆件在受到扭转变形的同时，往往还会受横力弯曲的作用。而当这种弯曲变形不能忽略时，杆件所发生的变形就应是扭转和弯曲共同作用的弯扭组合变形。如图 9.20 所示折杆在其自由端受一铅垂方向的集中力作用下，杆件 BC 段只发生横力弯曲变形，而 AB 段所发生的变形就为扭转和弯曲的组合变形。

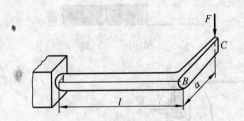

图 9.20　拐轴受力示意图

现以图 9.21(a)所示传动轴为例，来说明弯扭组合变形条件下构件的强度问题。设传动轴在传动轮上所受的水平方向的集中力 F 及工作阻力偶 M_e 作用下而处于平衡状态，且传动轮的半径为 R，构件的自重不计。为明确传动轴的基本变形形式，首先将力 F 向轴心简化，可得到一力 F 和附加力偶 M_e 的等效力系，如图 9.21(b)所示。由其受力简图可知传动轴应为弯扭组合变形。

根据轴的受力状态可分别作出其弯矩图和扭矩图(剪力忽略不计)，如图 9.21(c)、(d)所示。可知轴的中间截面，即传动轮所在截面为危险截面，且其内力值，即弯矩 M 和扭矩 T 的大小分别为：

$$M = \frac{Fl}{4}, \quad T = M_e = FR$$

由内力状态可作出危险截面上的应力分布图，如图 9.21(e)所示。可知危险截面上的最大弯曲拉、压正应力发生在水平直径的前、后两点,即 k、k' 处;而最大扭转切应力发生在圆截面周边上的各点处。所以,综合以上情况可知 k、k' 点应为危险截面上的危险点。该两点的应力状态如图 9.21(f)所示,均为平面应力状态。且危险点处的正应力和切应力的大小分别为:

$$\sigma_x = \frac{M}{W_y}, \quad \tau_x = \frac{T}{W_P} \tag{a}$$

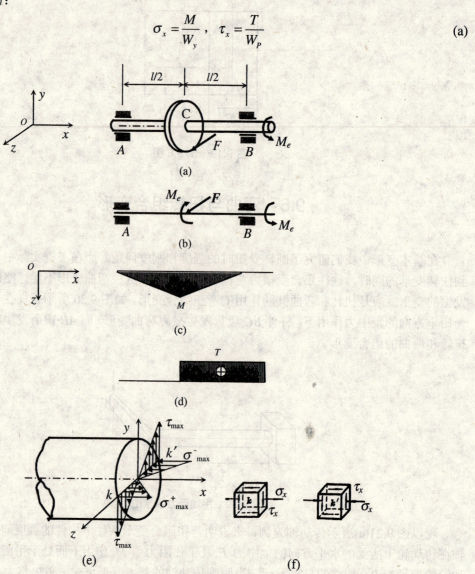

图 9.21 圆轴受弯扭组合应力计算示意图

(a) 圆轴受弯扭组合示意图;(b) 圆轴受弯扭计算简图;(c) 弯矩图;

(d) 扭矩图;(e) 横截面应力分布图;(f) 单元体

对于许用拉、压应力相同的材料,这两点的危险程度是一样的。所以,可任取一点进行强度分析。现取 k 点进行强度计算,由于危险点的应力状态为复杂应力状态,故不能用建立基本变形强度条件的方法来解决其强度问题,而需要应用强度理论来解决。

由主应力的计算公式可得危险点 k 的三个主应力为

$$\begin{aligned}&\sigma_1\\&\sigma_3\end{aligned} = \frac{\sigma_x}{2} \pm \sqrt{\left(\frac{\sigma_x}{2}\right)^2 + \tau_x^2} = \frac{\sigma_x}{2} \pm \frac{1}{2}\sqrt{\sigma_x^2 + 4\tau_x^2} \qquad \text{(b)}$$

$$\sigma_2 = 0$$

对于塑性材料而言，应采用第三或第四强度理论来进行强度计算。若采用第三强度理论，则其相当应力为

$$\sigma_{r3} = \sigma_1 - \sigma_3 = \sqrt{\sigma_x^2 + 4\tau_x^2}$$

所以其强度条件为

$$\sigma_{r3} = \sqrt{\sigma_x^2 + 4\tau_x^2} \leqslant [\sigma] \qquad (9.10)$$

若将式(a)代入式(9.10)中，并考虑到圆截面的惯性矩和极惯性矩的关系 $W_P = 2W_y$，则可得式(9.10)的另一表达式为

$$\sigma_{r3} = \sqrt{\left(\frac{M}{W_y}\right)^2 + 4\left(\frac{T}{W_P}\right)^2} = \frac{\sqrt{M^2 + T^2}}{W_y} \leqslant [\sigma] \qquad (9.11)$$

同理，可得第四强度理论的强度条件为

$$\sigma_{r4} = \sqrt{\sigma_x^2 + 3\tau_x^2} \leqslant [\sigma] \qquad (9.12)$$

或

$$\sigma_{r4} = \frac{\sqrt{M^2 + 0.75T^2}}{W_y} \leqslant [\sigma] \qquad (9.13)$$

所以，对于圆截面受弯扭组合变形的杆件，只要确定出其危险截面上的弯矩 M 和扭矩 T，即可由式(9.11)或式(9.13)进行强度计算。

另外，若圆轴受到拉(压)、弯、扭组合变形的作用，则危险点 k 的正应力将由拉伸(压缩)、弯曲变形共同产生，这时第三和第四强度理论的相当应力可表示为：

$$\sigma_{r3} = \sqrt{\left(\frac{F_N}{A} + \frac{M}{W_y}\right)^2 + 4\left(\frac{T}{W_P}\right)^2} \qquad (9.14)$$

及

$$\sigma_{r4} = \sqrt{\left(\frac{F_N}{A} + \frac{M}{W_y}\right)^2 + 3\left(\frac{T}{W_P}\right)^2} \qquad (9.15)$$

关于上式的分析过程读者可自行考虑。

应该指出，对于上述圆轴受弯扭组合变形的问题，我们是在假设圆轴处于静止平衡状态下而进行分析和讨论的。但实际上一般机械传动中的圆轴应处于均速转动状态，这时圆轴截面上的危险点应力处于周期性交替变化状态中，我们将这种状态下所产生的应力称为**交变应力**。而在交变应力状态下，构件往往是在最大应力远小于静载时的强度指标的情况下而发生突然的破坏。关于交变应力问题将在第 12 章中进行介绍。

【例 9.7】 水平薄壁圆管 AB，A 端固定支承，B 端与刚性臂 BC 垂直连接，且 $l = 800\text{mm}$，$a = 300\text{mm}$，如图 9.22 所示。圆管的平均直径 $D_0 = 40\text{mm}$，壁厚 $t = 5/\pi\text{mm}$。材料的 $[\sigma] = 100\text{MPa}$，若在 C 端作用铅垂载荷 $P = 200\text{N}$，试按第三强度理论校核圆管强度。

分析：应先经受力分析并作出杆的受力图，以确定其变形形式。

解：杆 AB 的受力简图如图9.22(b)所示，可知其为弯扭组合变形。其 M、T 图如图9.22(c)、图9.22(d)所示，可知其危险截面为固定端 A 截面，其上的内力为

$$M = Fl = 200 \times 800 \times 10^{-3} = 160 \text{N} \cdot \text{m}$$

$$T = Fa = 200 \times 300 \times 10^{-3} = 60 \text{N} \cdot \text{m}$$

且截面惯性矩为

$$I = \frac{I_P}{2} = \frac{1}{2} \times \pi D_0 t \left(\frac{D_0}{2}\right)^2 = \frac{\pi \times \frac{5}{\pi} \times 40^3 \times 10^{-12}}{8} = 4 \times 10^{-8} \text{m}^4$$

所以抗弯截面系数为

$$W = \frac{I}{(D_0 + t)/2} = \frac{4 \times 10^{-8} \times 2}{\left(40 + \frac{5}{\pi}\right) \times 10^{-3}} = 1.92 \times 10^{-6} \text{m}^3$$

由式(9.11)第三强度理论强度条件

$$\sigma_{r3} = \frac{\sqrt{M^2 + T^2}}{W} \leqslant [\sigma]$$

$$\sigma_{r3} = \frac{\sqrt{160^2 + 60^2}}{1.92 \times 10^{-6}} = 89 \times 10^6 \text{Pa} = 89 \text{MPa} \leqslant [\sigma]$$

故 AB 杆满足强度条件。

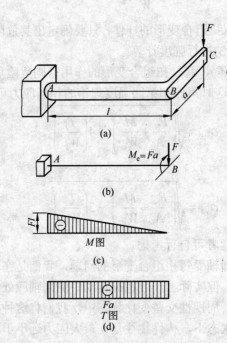

图9.22 例9.7图

【例9.8】 某精密磨床砂轮轴如图9.23所示,已知电动机功率$P = 3\text{kW}$,转速$n = 1400\text{rpm}$,转子重力$G_1 = 101\text{N}$,砂轮直径$D = 25\text{cm}$,重力为$G_2 = 275\text{N}$,磨削力$F_y/F_z = 3$,轴的直径$d = 50\text{mm}$,材料的$[\sigma] = 60\text{MPa}$。当砂轮机满负荷工作时,试校核轴的强度。

分析: 应先经受力分析并作出杆的受力图,以确定其变形形式。

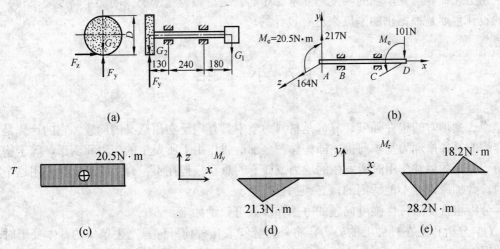

图9.23 例9.8图

解: (1) 受力分析。

本题应先由已知条件求出砂轮轴所受所有外力,其所受的扭转力偶矩为

$$M_e = 9549\frac{P}{n} = 9549\frac{3}{1400} = 20.5\text{N}\cdot\text{m}$$

磨削力为

$$F_z = \frac{M_e}{D/2} = \frac{20.5\times 2}{25\times 10^{-2}} = 164\text{N}$$

$$F_y = 3F_z = 3\times 164 = 492\text{N}$$

根据砂轮轴的受力状态,可作出其受力简图如图9.23(b)所示。

(2) 内力分析。

作出轴的扭矩T、弯矩M_y、M_z图如图9.23(c)、图9.23(d)和图9.23(e)所示。可知危险截面为截面B,其内力分量即扭矩和弯矩值分别为:

$$T = M_e = 20.5\text{N}\cdot\text{m}$$

$$M = \sqrt{M_y^2 + M_z^2} = \sqrt{21.3^2 + 28.2^2} = 35.4\text{N}\cdot\text{m}$$

但应注意,因为圆截面的任一直径都是形心主惯性轴,故可将弯矩M_y、M_z合成,先求出合成弯矩M,再按M进行应力或强度计算。但若不是圆截面,则不可合成,而应按两相互垂直平面内平面弯曲的方法进行计算。

(3) 强度校核

由第三强度理论

$$\sigma_{r4} = \frac{\sqrt{M^2 + 0.75T^2}}{W} = \frac{\sqrt{35.4^2 + 0.75 \times 20.5^2}}{\frac{\pi}{32} \times (50 \times 10^{-3})^3} = 3.23\text{MPa} \leqslant [\sigma]$$

由上述计算可见，轴的强度是非常保守的。这是因为精密磨床的加工精度要求较高，轴的设计主要是根据轴的刚度来进行设计的。

9.7 小　结

组合变形时的构件强度计算，是材料力学中具有广泛实用意义的问题。它的计算是以力作用的叠加原理为基本前提，即构件在全部荷载作用下所发生的应力和变形，等于构件在每一个荷载单独作用时所发生的应力或变形的总和。但在不符合力的独立性作用这个前提时，叠加原理是不能适用的，必须加以注意。

分析组合变形杆件强度问题的方法和步骤可归纳如下。

(1) 分析作用在杆件上的外力，将外力分解成几种使杆件只产生单一的基本变形时受力情况。

(2) 作出杆件在各种基本变形情况下的内力图，并确定危险截面及其上的内力值。

(3) 通过对危险截面上的应力分布规律的分析，确定危险点的位置，并明确危险点的应力状态。

(4) 若危险点为单向应力状态，则可按基本变形时的情况建立强度条件；若为复杂应力状态，则应由相应的强度理论进行强度计算。

9.8 思　考　题

1. 分析组合变形的基本方法是叠加法，它的应用条件是什么？为什么？
2. 悬臂梁的横截面形状分别如图 9.24 所示。若作用于自由端的载荷 P 垂直于梁的轴线，其作用方向如图中虚线所示。试问各梁将发生什么变形？

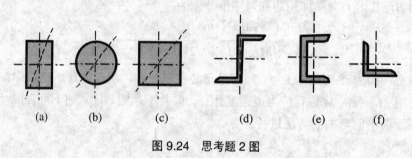

图 9.24　思考题 2 图

3. 梁截面如图 9.25 所示，同时承受弯矩 M_y 和 M_z 作用，则该截面上的最大弯曲正应力为 $\sigma_{\max} = \dfrac{M_y}{W_y} + \dfrac{M_z}{W_z}$。试问上述计算是否正确？

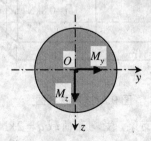

图 9.25　思考题 3 图

4. 横力弯曲梁的横向力作用在梁的形心主惯性平面内，则梁是否只产生平面弯曲？

5. 什么是截面核心？怎样画出一截面的截面核心？

6. 在建立组合变形下的强度条件时，是否都须应用强度理论来建立？在什么情况下可应用强度理论进行强度计算？试对所介绍的各种组合变形进行分析讨论。

9.9　习　　题

1. 如图 9.26 所示截面为 16a 号槽钢的简支梁，跨长 $l = 4.2\text{m}$，受集度为 $q = 2\text{kN/m}$ 的均布荷载作用，梁放在 $\varphi = 20°$ 的斜面上，试确定危险截面上 A 点和 B 点处的弯曲正应力。

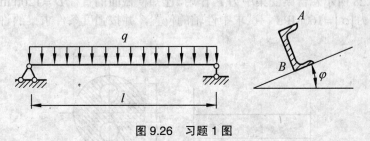

图 9.26　习题 1 图

2. 矩形截面的悬臂梁承受荷载如图 9.27 所示，已知材料的许用应力 $[\sigma] = 10\text{MPa}$，弹性模量 $E = 10\text{GPa}$。

(1) 当 $h/b = 2$ 时，试设计截面的尺寸 b、h。

(2) 求自由端的挠度。

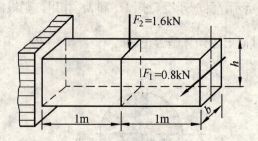

图 9.27 习题 2 图

3. 如图 9.28 所示矩形截面简支梁，受均布荷载 $q=2\text{kN/m}$ 作用，且荷载作用面与梁的纵向对称平面的夹角为 $\varphi=30°$。已知该梁材料的弹性模量 $E=10\text{GPa}$，且 $l=4\text{m}$，$b=120\text{mm}$，$h=160\text{mm}$，许用应力 $[\sigma]=12\text{MPa}$，许可挠度 $[w]=\dfrac{l}{150}$。试校核梁的强度和刚度。

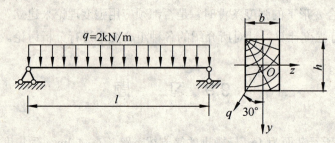

图 9.28 习题 3 图

4. 如图 9.28 所示悬臂梁受集中力 F 作用。已知横截面的直径 $D=120\text{mm}$，$d=30\text{mm}$，材料的许用应力 $[\sigma]=160\text{MPa}$。试求中性轴的位置，并按强度条件求梁的许可荷载 $[F]$。

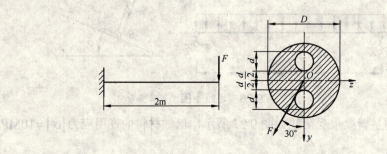

图 9.29 习题 4 图

5. 如图 9.30 所示悬臂梁，承受载荷 F 作用，由实验测得梁表面 A 与 B 点处的纵向线应变为 $\varepsilon_A=2.1\times10^{-4}$ 与 $\varepsilon_B=3.2\times10^{-4}$，材料的弹性模量 $E=200\text{GPa}$。试求荷载 F 及其方位角 β 之值。

6. 如图 9.31 所示钻床的立柱由铸铁制成，$F=15\text{kN}$，许用拉应力 $[\sigma_t]=35\text{MPa}$，试确定立柱所需的直径 d。

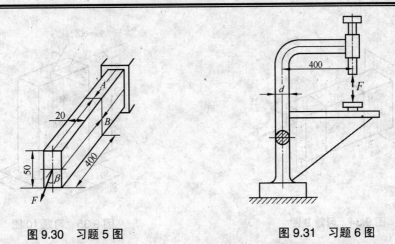

图 9.30 习题 5 图　　　　图 9.31 习题 6 图

7. 如图 9.32 所示起重装置，滑轮 A 安装在槽钢组合梁的端部，已知荷载 $F=40$kN，许用应力 $[\sigma]=140$MPa 试选择槽钢型号。

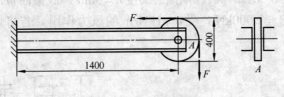

图 9.32 习题 7 图

8. 人字架承受载荷如图 9.33 所示。试求 I-I 截面上的最大正应力及 A 点的正应力。

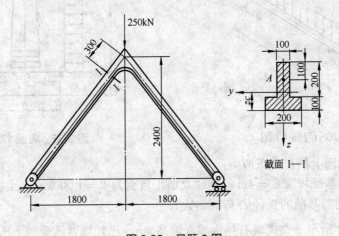

图 9.33 习题 8 图

9. 如图 9.34 所示，矩形截面杆在自由端承受位于纵向对称面内的纵向载荷 $F=60$kN 作用，试求：

(1) 横截面上点 A 的正应力取最大值时的截面高度 h。

(2) 在上述 h 值下点 A 的正应力值。

10. 矩形截面柱受力如图 9.35 所示，试求：

(1) 已知 $\beta=5°$ 时，求图示横截面上 a、b、c 三点的正应力。

(2) 求使横截面上点 b 正应力为 0 时的角度 β 值。

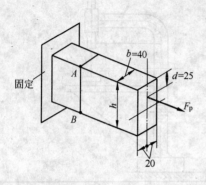

图9.34 习题9图

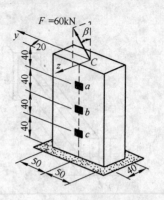

图9.35 习题10图

11. 如图9.36所示，一楼梯木斜梁的长度为 $l=4\text{m}$，截面为 $b\times h=0.1\text{m}\times 0.2\text{m}$ 的矩形，受均布荷载作用 $q=2\text{kN/m}$。试作梁的轴力图和弯矩图，并求横截面上的最大拉、压应力。

12. 如图9.37所示，已知一砖砌烟囱的高度 $h=30\text{m}$，底截面 $m-m$ 的外径 $d_1=3\text{m}$，内径 $d_2=2\text{m}$，自重 $P_1=2\,000\text{kN}$，受 $q=1\text{kN/m}$ 的风力作用。若将烟囱看作等截面杆，试求：

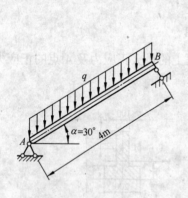

图9.36 习题11图

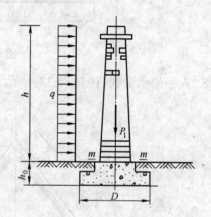

图9.37 习题12图

(1) 烟囱底截面上的最大压应力；

(2) 若烟囱的基础埋深 $h_0=4\text{m}$，基础及填土自重为 $P_2=1\,000\text{kN}$，土壤的许用压应力 $[\sigma]=0.3\text{MPa}$，圆形基础的直径 D 应为多大？

13. 如图9.38所示一浆砌块石挡土墙，墙高4m，已知墙背承受的土压力 $F=137\text{kN}$，并且与铅垂线成夹角 $\alpha=45.7°$，浆砌石的密度为 $\rho=2.35\times 10^3\text{kg/m}^3$，其他尺寸如图所示。试取1m长的墙体作为研究对象，计算作用在截面 AB 上 A 点和 B 点处的正应力。又砌体的许用拉、压应力分别为 $[\sigma_t]=0.14\text{MPa}$，$[\sigma_c]=3.5\text{MPa}$，试校核强度。

14. 如图9.39所示某渡槽刚架的基础。已知在其顶面受到由柱子传来的弯矩 $M=110\text{kN}\cdot\text{m}$、轴力 $F_N=980\text{kN}$ 和水平剪力 $F_Q=60\text{kN}$，基础的自重和基础上土重的总重为 $W=173\text{kN}$。试作出在基础底面的反力分布图。(设反力是按直线规律分布的)

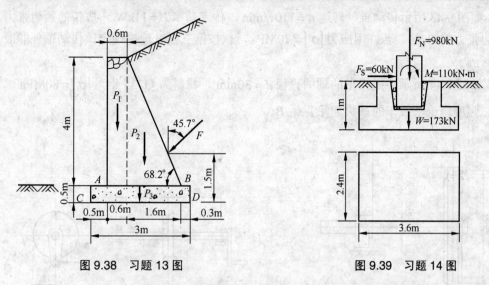

图 9.38 习题 13 图   图 9.39 习题 14 图

15. 如图 9.40 所示，正方形截面杆一端固定，另一端自由，中间部分开有切槽。杆自由端受有平行于杆轴线的纵向力 $F=1\text{kN}$，试求杆内横截面上的最大正应力，并指出其作用位置。

16. 如图 9.41 所示矩形截面钢杆，用应变片测得其上、下表面的轴向线应变分别为 $\varepsilon_a=1.0\times10^{-3}$ 与 $\varepsilon_b=0.4\times10^{-3}$，材料的弹性模量 $E=210\text{GPa}$。试画出横截面上的正应力分布图，并求拉力 F 及其偏心距 e 的数值。

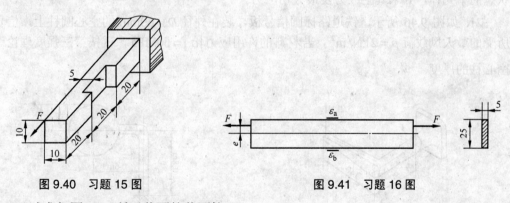

图 9.40 习题 15 图   图 9.41 习题 16 图

17. 试求如图 9.42 所示截面的截面核心。

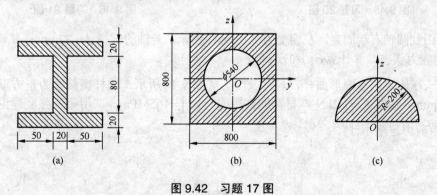

图 9.42 习题 17 图

18. 如图9.43所示传动轴，转速$n=110\text{r/min}$，传递功率$P=11\text{kW}$，皮带的紧边张力为其松边张力的3倍。若许用应力$[\sigma]=70\text{MPa}$，试按第三强度理论确定该传动轴外伸段的许可长度l。

19. 如图9.44所示手摇绞车的轴的直径$d=30\text{mm}$，材料为Q235钢，$[\sigma]=80\text{MPa}$。试按第三强度理论求绞车的最大起吊重量P。

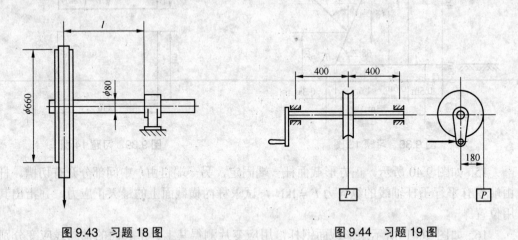

图9.43 习题18图　　　　图9.44 习题19图

20. 曲拐受力如图9.45所示，其圆杆部分的直径$d=50\text{mm}$。试画出表示A点处应力状态的单元体，并求其主应力及最大切应力。

21. 如图9.46所示，铁道路标圆信号板，装在外径$D=60\text{mm}$的空心圆柱上，信号板所受的最大风载荷$p=2\text{kN/m}^2$，若材料的许用应力$[\sigma]=60\text{MPa}$，试按第三强度理论选定空心柱的厚度。

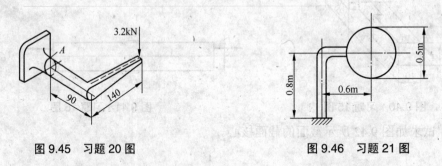

图9.45 习题20图　　　　图9.46 习题21图

22. 铝制圆轴右端固定，左端受力如图9.47所示。若轴的直径$d=32\text{mm}$，试确定点a和点b的应力状态，并计算σ_{r3}和σ_{r4}值。

23. 一端固定的半圆形曲杆，尺寸及受力如图9.48所示。曲杆横截面为正方形，边长为$a=30\text{mm}$，荷载$F=1.2\text{kN}$，材料的许用应力$[\sigma]=165\text{MPa}$。试用第三强度理论校核曲杆的强度(剪力忽略不计)。

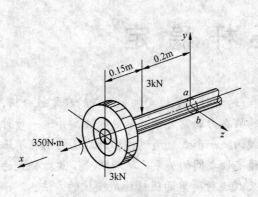
图 9.47 习题 22 图

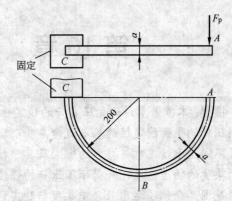
图 9.48 习题 23 图

24. 如图 9.49 所示一钢制实心圆轴，轴上的齿轮 C 上作用有铅垂切向力 $F_{\tau 1}=5$kN，径向力 $F_{r1}=1.82$kN；齿轮 D 上作用有水平切向力 $F_{\tau 2}=10$kN，径向力 $F_{r2}=3.64$kN。齿轮 C、D 的节圆直径分别为 $d_C=400$mm，$d_D=200$mm。设许用应力 $[\sigma]=100$MPa，试按第四强度理论求轴的直径。

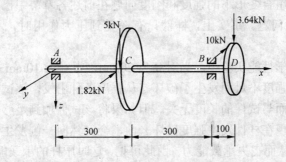
图 9.49 习题 24 图

25. 如图 9.50 所示传动轴传递功率 $P=7$kW，转速 $n=200$r/min。齿轮 A 上的作用力 F 与水平线夹角为 20°（即压力角）。皮带轮 B 上的拉力 F_{Q1} 和 F_{Q2} 为水平方向，且 $F_{Q1}=2F_{Q2}$。若轴的许用应力 $[\sigma]=80$MPa，试对下列两种情况下，按第三强度理论确定轴的直径。

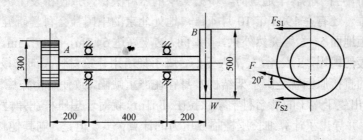
图 9.50 习题 25 图

(1) 忽略皮带轮自重。
(2) 考虑皮带轮自重 $W=1.8$kN。

第10章 压杆稳定

提要：本章着重讨论受压直杆的稳定性计算。通过对两端铰支细长压杆的稳定性分析，阐明压杆的平衡稳定性的基本概念，明确压杆的临界力的意义及其确定方法，并进一步讨论了不同支承情况对临界力的影响及其欧拉公式的统一形式。通过临界应力总图明确了压杆的柔度的物理意义，并揭示了压杆的强度和稳定性之间的关系，从而明确了欧拉公式的适用范围。介绍了运用长、中柔度杆稳定计算公式进行简单的压杆稳定校核的方法。

10.1 压杆稳定的概念

在绪论中已指出，衡量构件承载能力的指标有强度、刚度、稳定性。关于杆件在各种基本变形以及常见的组合变形下的强度和刚度问题在前述各章节中已作了较详细的阐述，但均未涉及到稳定性问题。事实上，杆件只有在受到压力作用时，才可能存在稳定性的问题。

在材料的拉压力学性能实验中，当对高为 20mm，直径为 10mm 的短粗铸铁试件进行压缩试验时，其由于强度不足而发生了破坏。从强度条件出发，该试件的承载能力应只与其横截面面积有关，而与试件的长度无关。但如果将该试件加到足够的长度，再对其施加轴向压力时，将会发现在杆件发生强度破坏之前，会突然向一侧发生明显弯曲，若再继续加力就会发生折断，从而丧失承载能力。由此可见，这时压杆的承载能力并不取决于强度，而是与它受压时的弯曲刚度有关，即与压杆的稳定性有关。

在工程建设中，由于对压杆稳定问题没有引起足够的重视或设计不合理，曾发生了多起严重的工程事故。例如 1907 年，北美洲魁北克的圣劳伦斯河上一座跨度为 548m 的钢桥正在修建时，由于两根压杆失去稳定，造成了全桥突然坍塌的严重事故。又如在 19 世纪末，瑞士的一座铁桥，当一辆客车通过时，桥桁架中的压杆失稳，致使桥发生灾难性坍塌，大约有 200 人遇难。还有在 1983 年 10 月 4 日，地处北京的中国社会科学研究院科研楼工地的钢管脚手架距地面 5～6 处突然外拱，刹那间，这座高达 54.2m，长 17.25m，总重 565.4kN 的大型脚手架轰然坍塌，5 人死亡，7 人受伤，脚手架所用建筑材料大部分报废，而导致这一灾难性事故的直接原因就是脚手架结构本身存在严重缺陷，致使结构失稳坍塌。实际上，早在 1744 年，出生于瑞士的著名科学家欧拉(L. Euler)就对理想压杆在弹性范围内的稳定性进行了研究，并导出了计算细长压杆临界压力的计算公式。但是，同其他科学问题一样，压杆稳定性的研究和发展与生产力发展的水平密切相关。欧拉公式面世后，在相当长的时间里之所以未被认识和重视，就是因为当时在工程与生活建造中实用的木桩、石柱都不是细长的。直到 1788 年熟铁轧制的型材开始生产，然后出现了钢结构。特别是 19 世纪，随着铁路金属桥梁的大量建造，细长压杆的大量出现，相关工程事故的不断发生，才引起人们对压杆稳定问题的重视，并进行了不断深入的研究。

第10章 压杆稳定

除了压杆以外，还有许多其他形式的构件也同样存在稳定性问题，如薄壁球形容器在径向压力作用下的变形(图 10.1(a))；狭长梁在弯曲时的侧弯失稳(图 10.1(b))；两铰拱在竖向载荷作用下变为虚线所示形状而失稳(图 10.1(c))等。但材料力学只涉及到了压杆的稳定性问题，同时它也是其他形状构件稳定性分析的理论基础。

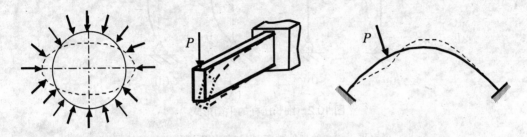

图 10.1 几种其他形式的稳定性问题
(a) 薄壁球形容器的失稳；(b) 狭长矩形截面梁的侧弯失稳；(c) 两铰拱的失稳

所以，对细长压杆而言，使其失去承载能力的主要原因并不是强度问题，而是稳定性问题。我们以图 10.2(a)所示两端铰支受轴向压力的匀质细长直杆为例来说明关于稳定性的基本概念。当杆件受到一逐渐增加的轴向压力 F 作用时，其始终可以保持为直线平衡状态。但当同时受到一水平方向干扰力 Q 干扰时，压杆会产生微弯(如图 10.2(a)中虚线所示)，而当干扰力消失后，其会出现如下两种情况：

① 当轴向压力 F 小于某一极限值 F_{cr} 时，压杆将复原为直线平衡。这种当去除横向干扰力 Q 后，能够恢复为原有直线平衡状态的平衡称为**稳定平衡状态**，如图10.2(b)所示。

② 当轴向压力 F 大于极限值 F_{cr} 时，虽已去除横向干扰力 Q，但压杆不能恢复为原有直线平衡状态而呈弯曲状态，若横截面上的弯矩值不断增加，压杆的弯曲变形亦随之增大，或由于弯曲变形过大而屈曲毁坏。将这种原有的直线平衡状态称为**不稳定平衡状态**，如图 10.2(c)所示。

③ 当轴向压力 F 等于极限值 F_{cr} 时，压杆虽不能恢复为原有直线平衡状态但可保持微弯状态。将这种由稳定平衡状态过渡到不稳定平衡状态的直线平衡，称之为**临界平衡状态**，如图 10.2(d)所示。而此时的临界值 F_{cr} 称为压杆的**临界力**(critical force)。将压杆丧失其直线平衡状态而过渡为曲线平衡，并失去承载能力的现象，称为丧失稳定，或简称为**失稳**(lost stability buckling)。

以上所述"材料均匀、轴线为直线、压力作用线通过轴线"的等直压杆又称为理想的"中心受压直杆"。而实际的压杆由于材料的不均匀、初曲率或加载的微小偏心等等因素的影响，均可引起压杆变弯。所以，实际压杆会在达到理想压杆临界压力之前就突然变弯而失去承载能力。故实际压杆的轴向压力极限值一定低于理想压杆的临界压力 F_{cr}。但为了便于研究，本章主要以理想中心受压直杆为研究对象，来讨论压杆的稳定性问题。

综上所述可知，压杆是否具有稳定性，主要取决于其所受的轴向压力。即研究压杆的稳定性的关键是确定其临界力 F_{cr} 的大小。当 $F < F_{cr}$ 时，压杆处于稳定平衡状态；当 $F > F_{cr}$ 时，则处于不稳定平衡状态。

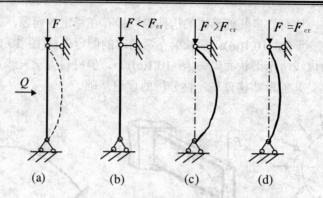

图 10.2 细长压杆的平衡形式

(a) 受水平干扰力的杆件微弯；(b) 细长压杆稳定平衡；
(c) 细长压杆不稳定平衡；(d) 细长压杆临界平衡

10.2 两端铰支中心压杆的欧拉公式

设两端铰支的理想中心受压细长直杆，当其压力达到临界值 F_{cr} 时，在横向因素的干扰下压杆可在微弯状态下保持平衡。可见，临界压力 F_{cr} 就是使压杆保持微弯平衡的最小压力。现来确定此临界压力 F_{cr} 的计算公式。

建立如图 10.3 所示坐标系 xoy，假想距坐标原点 O 为 x 处将杆件截开，取其一部分为研究对象(如图 10.3(b)所示)，则在截面上除了有轴向压力 F_{cr} 外，还作用有弯矩 $M(x)$，弯矩值为

$$M(x) = F_{cr} \cdot y \tag{a}$$

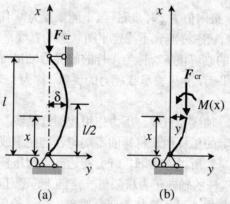

图 10.3 细长压杆的平衡形式

(a) 细长压杆的受压平衡；(b) 细长压杆受压局部受力分析

当压杆的应力在比例极限范围以内，即在线弹性工作条件下，可利用第 6 章的公式 (6.1)，即梁在小变形条件下挠曲线近似微分方程

第10章 压杆稳定

$$\frac{d^2y}{dx^2} = -\frac{M(x)}{EI} \tag{b}$$

将式(a)代入式(b)可得杆轴微弯成曲线的近似微分方程为

$$\frac{d^2y}{dx^2} = -\frac{F_{cr}y}{EI} \tag{c}$$

令

$$k^2 = \frac{F_{cr}}{EI} \tag{d}$$

可得一常系数线性二阶齐次微分方程

$$\frac{d^2y}{dx^2} + k^2y = 0 \tag{e}$$

此微分方程的通解为

$$y = a\sin kx + b\cos kx \tag{f}$$

式中，a，b 为积分常数，可由杆端的边界条件来确定。由图 10.3 可知，当 $x=0$ 时，$y=0$；将其代入式(f)可得

$$b = 0$$

则式(f)可写为

$$y = a\sin kx \tag{g}$$

当 $x=l$ 时，$y=0$，代入式(g)可得

$$a\sin kl = 0 \tag{h}$$

上式只有在 $a=0$ 或 $\sin kl = 0$ 时才成立。而当 $a=0$ 时，则式(g)就变为 $y\equiv 0$，其表示压杆任一横截面的挠度均等于零，即压杆并无弯曲而处于直线平衡状态，这与在临界压力作用下压杆保持微弯的平衡状态这一前提不相符，因此，必然是

$$\sin kl = 0$$

使上式成立的 kl 值为

$$kl = n\pi$$

其中 n 为任意整数($n=0$，1，2，3，…)。

由此可得

$$k = n\pi/l$$

将上式代回到式(d)中，则

$$k^2 = \frac{F_{cr}}{EI} = \frac{n^2\pi^2}{l^2}$$

可得

$$F_{cr} = \frac{n^2\pi^2 EI}{l^2}$$

由上式可知：由于 n 为任意整数，所以使压杆保持微弯平衡状态的临界压力 F_{cr}，在理论上可以有无穷多个，但实际上，当压杆在最小临界压力作用下，其就已处于由稳定平衡向不稳定平衡过渡的临界平衡状态并将丧失稳定性了。但 $n=0$ 时，不合要求。故当 $n=1$ 时，F_{cr} 为最小值，这就是保证压杆安全工作的临界压力 F_{cr}，即

$$F_{cr} = \frac{\pi^2 EI}{l^2} \tag{10.1}$$

上式为两端铰支等截面理想细长压杆的临界压力计算公式,由于此式最早由欧拉导出,故又称为**欧拉公式**(Euler formula)。

若将 $k = \pi/l$ 代入式(g)中,则

$$y = a \sin \frac{\pi x}{l} \tag{i}$$

上式即为压杆处于临界平衡状态时的挠曲线方程。可知其是半个正弦波形曲线,如图 10.3 所示。

由图 10.3 知,当 $x = l/2$ 时, $y = \delta$ (δ 为压杆中点的挠度值),将其代入(i)中可得

$$a = \delta$$

上式说明积分常数 a 的物理意义为压杆中点处所产生的最大挠度,则压杆的挠曲线方程又可以表示为

$$y = \delta \sin \frac{\pi x}{l}$$

在上式中,δ 是一个随机值。因为当 $F < F_{cr}$ 时,$\delta = 0$,即压杆处于稳定平衡状态而保持为直线;当 $F = F_{cr}$ 时,在横向因素的干扰下,压杆可在 δ 为任意微小值的情况下而保持微弯平衡状态,压杆所受压力 F 和中点挠度 δ 之间的关系可由图 10.4 中的 OAB 折线来表示。但实际上,δ 之所以具有不确定性,是因为在公式推导过程中使用了式(b)的挠曲线近似微分方程。若采用挠曲线的精确微分方程

$$\frac{d\theta}{ds} = -\frac{F_{cr} y}{EI} \tag{j}$$

可求得压力 F 与中点挠度 δ 之间的关系将如图 10.4 中的 OAC 曲线所示。由曲线可知,当 $F \geqslant F_{cr}$ 时,F 与 δ 有着一一对应关系。所以,中点挠度 δ 的不确定性并不存在。

而对于实际受压杆件,由于材料的不均匀、存在的初曲率或加载的微小偏心等因素的影响,在其压力 F 未达到临界压力 F_{cr} 之前,实际上就已出现了微弯变形,可用图 10.4 中的 OD 曲线来表示 F 和 δ 之间的关系。

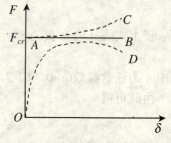

图 10.4　压杆的 **F-δ** 关系

10.3　不同约束条件下压杆的欧拉公式

杆件受到轴向压力作用而发生微小弯曲时,其挠曲线的形式将与杆端的约束情况有直接的关系,这说明在其他条件相同的情况下,压杆两端的约束不同,其临界压力也不同。但在推导不同杆端约束条件下细长压杆的临界压力计算公式时,可以采用上述类似的方法进行推导。另外,也可以利用对比的方法,即将杆端为某种约束的细长受压杆在临界状态时的挠曲线形状与两端铰支受压杆的挠曲线形状进行对比分析,来得到该约束条件下的临

界压力计算公式。本节利用该方法给出几种典型的约束条件下,理想中心受压直杆的临界压力计算公式。

由上节可知,两端铰支细长压杆的挠曲轴线的形状为半个正弦波。对于杆端为其他约束条件的细长压杆,若能够找到挠曲轴线上的两个拐点,即两个弯矩为零的截面,则可认为在该截面处为铰链支承。所以,两拐点间的一段杆可视为两端铰支的细长压杆,而其临界压力应与相同长度的两端铰支细长压杆相同。例如对于一端固定、一端铰支的细长压杆,在其挠曲轴线上距固定端 $0.3l$ 处有一个拐点,这样上下两个铰链的长度 $0.7l$,因此其临界压力应与长度为 $0.7l$ 且两端铰支细长压杆的临界压力公式相同;对于两端固定的细长压杆,两拐点间的长度为 $0.5l$,所以,只需将公式(10.1)中的长度 l 替换为 $0.5l$ 即可;而对于一端固定另一端自由而在自由端受到轴向压力的细长压杆,相当于两端铰支长为 $2l$ 的压杆挠曲线的上半部分等。表 10-1 给出了几种工程实际中常见的理想约束条件下细长压杆的挠曲线形状及其相应的欧拉公式表达式。

表 10-1 各种支承约束条件下等截面细长压杆临界压力的欧拉公式

支端情况	两端铰支	一端固定另端铰支	两端固定	一端固定另端自由	两端固定但可沿横向方向相对移动
临界状态时挠曲线形状			C, D: 挠曲线拐点		C: 挠曲线拐点
		C: 挠曲线拐点			
临界力公式	$F_{cr}=\dfrac{\pi^2 EI}{l^2}$	$F_{cr}\approx\dfrac{\pi^2 EI}{(0.7l)^2}$	$F_{cr}=\dfrac{\pi^2 EI}{(0.5l)^2}$	$F_{cr}=\dfrac{\pi^2 EI}{(2l)^2}$	$F_{cr}=\dfrac{\pi^2 EI}{l^2}$
长度系数 μ	$\mu=1$	$\mu\approx 0.7$	$\mu=0.5$	$\mu=2$	$\mu=1$

由表 10-1 可知,对于各种不同约束条件下的等截面中心受压细长直杆的临界压力的欧拉公式可写成统一的形式

$$F_{cr}=\frac{\pi^2 EI}{(\mu l)^2} \tag{10.2}$$

公式中:系数 μ 称为压杆的**长度系数**(factor of length),与压杆的杆端约束情况有关;μl

称为原压杆的计算长度,又称**相当长度**(equivalent length)。其物理意义就为在各种不同支承情况下两拐点之间的长度,即挠曲线上相当于半波正弦曲线的一段长度。

应当指出,当杆端在各个方向的约束情况相同时(如球形铰约束),欧拉公式中的惯性矩 I 应取最小值,即应取最小形心主惯性矩;而若在不同方向杆端约束情况不同(如柱形铰约束),则惯性矩 I 应取挠曲时横截面对其中性轴的惯性矩。另外,在工程实际中,由于实际支承与理想支承约束的差异,其长度系数 μ 应以表 10-1 中的参数作为参考来根据实际情况进行选取,在有关的设计规范中,对压杆的长度系数 μ 多有具体的规定。

【**例 10.1**】 图 10.5 示一矩形截面的细长压杆,其两端为柱形铰约束,即在 xoy 面内可视为两端铰支,在 xoz 面内可视为两端固定。若压杆是在弹性范围内工作,试确定压杆截面尺寸 b 和 h 之间应有的合理关系。

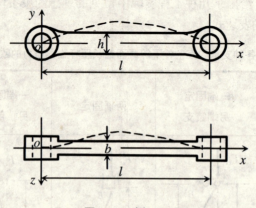

图 10.5 例 10.1 图

分析:所谓求解杆件截面的相应合理关系,也就是应使杆件在不同平面内具有相同的稳定性。即应使压杆分别在 xoy 和 xoz 两平面内失稳时的临界压力相同。

解:(1) 若压杆在 xoy 平面内失稳,压杆可视为两端铰支,则长度系数为 $\mu=1$,且截面对中性轴的惯性矩 $I_z = \dfrac{bh^3}{12}$;

由公式(10.2)知

$$F'_{cr} = \frac{\pi^2 E I_z}{l^2} = \frac{\pi^2 E b h^3}{12 l^2}$$

(2) 若压杆在 xoz 平面内失稳,压杆可视为两端固定,则长度系数为 $\mu=0.5$,且截面对中性轴的惯性矩 $I_y = \dfrac{hb^3}{12}$;

由公式(10.2)知

$$F''_{cr} = \frac{\pi^2 E I_y}{(0.5l)^2} = \frac{4\pi^2 E h b^3}{12 l^2} = \frac{\pi^2 E h b^3}{3 l^2}$$

(3) 由分析,应有

$$F'_{cr} = F''_{cr}$$

即

$$\frac{\pi^2 E b h^3}{12 l^2} = \frac{\pi^2 E h b^3}{3 l^2}$$

可得
$$h^2 = 4b^2$$

即其合理的截面尺寸关系为
$$h = 2b$$

【例 10.2】 试推导一端固定、一端自由细长压杆的临界压力 F_{cr} 欧拉公式，已知压杆长度为 l，抗弯刚度为 EI。

分析：压杆在临界力 F_{cr} 作用下，其挠曲线形状如图 10.6 所示。其最大挠度值 δ 在自由端处，可先写出压杆任意横截面上的弯矩方程，再由挠曲线近似微分方程求解。

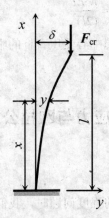

图 10.6　例 10.2 图

解：其任意 x 横截面上由临界力所引起的弯矩为
$$M(x) = -F_{cr}(\delta - y)$$

将 $M(x)$ 值代入梁在小变形条件下挠曲线近似微分方程，得
$$\frac{d^2 y}{dx^2} = -\frac{M(x)}{EI} = \frac{F_{cr}(\delta - y)}{EI}$$

则
$$EI \frac{d^2 y}{dx^2} = F_{cr}\delta - F_{cr} y$$

令 $k^2 = \dfrac{F_{cr}}{EI}$，有
$$\frac{d^2 y}{dx^2} + k^2 y = k^2 \delta$$

该微分方程通解为
$$y = a \sin kx + b \cos kx + \delta$$

式中，a、b、k 为待定常数，可由边界条件确定：

由 $x = 0$ 时，$y = 0$，得 $b = -\delta$；

由 $x = 0$ 时，$y' = 0$，得 $a = 0$。

所以
$$y = \delta(1-\cos kx)$$
再将边界条件 $x=l$ 时，$y=\delta$ 代入上式，得
$$\delta = \delta(1-\cos kl)$$
由上式知，$\cos kl = 0$。即
$$kl = \frac{n\pi}{2} \quad (n=1,3,5\cdots)$$
取其最小值，即当 $n=1$ 时，$kl=\pi/2$，则得
$$k^2 = \frac{F_{cr}}{EI} = \frac{\pi^2}{(2l)^2}$$
所以，得到一端自由一端固定细长压杆的临界力欧拉公式：
$$F_{cr} = \frac{\pi^2 EI}{(2l)^2}$$

对于两端为其他支承形式的理想中心受压直杆的临界力欧拉公式均可利用上述类似的方法而求得。

10.4 临界应力与欧拉公式应用范围

10.4.1 计算临界应力的欧拉公式

在研究理想直杆受到压力作用的强度问题时，我们是通过应力进行相关计算的。为了对压杆的工程实际问题进行系统的分析研究，以下将引入**临界应力**(critical force)的概念。所谓临界应力就是在临界压力的作用下，压杆横截面上的平均正应力。若假设压杆的横截面面积为 A，则其临界应力为

$$\sigma_{cr} = \frac{F_{cr}}{A} = \frac{\pi^2 EI}{(\mu l)^2 A}$$

式中，$I/A = i^2$，即 $i = \sqrt{I/A}$ 为压杆横截面的**惯性半径**(radius of gyration of an area)，可参见附录1.2。则临界应力公式为

$$\sigma_{cr} = \frac{\pi^2 E}{(\mu l/i)^2}$$

引入参数 λ

$$\lambda = \frac{\mu l}{i} \tag{10.3}$$

可知

$$\sigma_{cr} = \frac{\pi^2 E}{\lambda^2} \tag{10.4}$$

上式即为计算细长压杆临界应力的欧拉公式。式中，$\lambda = \mu l/i$ 称为压杆的**柔度**或**长细比**(slenderness)，其为无量纲的量。它反映了压杆长度、支承情况以及横截面形状和尺寸等因素对临界应力的综合影响。由公式(10.4)看出，压杆的临界应力与其柔度的平方成反比，压杆的柔度值越大，其临界应力越小，压杆越容易失稳。可见，柔度 λ 在压杆稳定计算中

是一个非常重要的参数。

10.4.2 欧拉公式的应用范围

对于受压杆件而言，在什么条件下需要以强度为原则进行分析，而什么情况下又需考虑其稳定性呢？事实上，在推导压杆临界力欧拉公式时，使用了10.2节中公式(c)的梁的挠曲线近似微分方程，而该方程是在材料服从胡克定律即在线弹性范围以内才成立的。所以，欧拉公式的应用也有其适用的范围，即其临界应力不能超过材料的比例极限，故

$$\sigma_{cr} = \frac{\pi^2 E}{\lambda^2} \leqslant \sigma_p$$

可得

$$\lambda \geqslant \sqrt{\frac{\pi^2 E}{\sigma_p}}$$

上式中比例极限 σ_p 及弹性模量 E 均是只与材料有关的参量，可令

$$\lambda_P = \sqrt{\frac{\pi^2 E}{\sigma_P}} \tag{10.5}$$

则

$$\lambda \geqslant \lambda_p \tag{10.6}$$

上式即为欧拉公式的适用范围。也就是说，只有当压杆的实际柔度 λ 大于或等于与材料的比例极限 σ_p 所对应的柔度值 λ_p 时，欧拉公式才适用。

λ_p 仅仅与材料的力学性能有关，不同的材料有不同的 λ_p 值。以 Q235 低碳钢为例，$\sigma_p = 200\text{MPa}$，$E = 206\text{GPa}$，代入式(12.6)得

$$\lambda_p = \sqrt{\frac{\pi^2 \times 206 \times 10^9}{200 \times 10^6}} \approx 100$$

这表明用 Q235 钢制成的压杆，只有当其柔度 $\lambda \geqslant 100$ 时，才能应用欧拉公式(10.2)、公式(10.4)计算其临界力、临界应力。将 $\lambda \geqslant \lambda_p$ 的压杆称为**大柔度杆**(slender column)或**长细杆**，前面所提到的细长压杆均为这类压杆。

10.4.3 超过比例极限时压杆的临界应力

当压杆的柔度值 $\lambda < \lambda_p$ 时，说明压杆横截面上的应力已超过了材料的比例极限 σ_P，这时欧拉公式已不适用。在这种情况下，压杆的临界应力在工程计算中常采用建立在实验基础上的经验公式来计算，其中有在机械工程中常用的直线型经验公式和在钢结构中常用的抛物线型经验公式。

1. 直线经验公式

其一般表达式为

$$\sigma_{cr} = a - b\lambda \tag{10.7}$$

上式表明，压杆的临界应力与其柔度成线性关系。式中，a、b 为与材料性质有关的常数，其单位为 MPa。表 10-2 中给出了几种常见材料的 a、b 值，供查用。

表 10-2　几种常见材料的直线公式系数 a，b 及柔度 λ_p，λ_s

材　料	a(MPa)	b(MPa)	λ_p	λ_s
Q235 钢	304	1.12	100	61.4
优质碳钢 $\sigma_s=306$MPa	460	2.57	100	60
硅钢 $\sigma_s=353$MPa	577	3.74	100	60
铬钼钢	980	5.3	55	40
硬铝	372	2.14	50	
铸铁	332	1.45	80	
木材	39	0.2	50	

我们知道，压杆的柔度越小，其临界应力就越大。以由塑性材料制成的压杆为例，当其临界应力达到材料的屈服极限时，其已属于强度问题了。所以，直线经验公式也有一个适用范围，即由经验公式算出的临界应力，不能超过压杆材料的压缩屈服极限应力。即

$$\sigma_{cr} = a - b\lambda < \sigma_s$$

由上式可得

$$\lambda > \frac{a - \sigma_s}{b}$$

上式中，a、b、σ_s 均为只与材料力学性能有关的常数，可令

$$\lambda_s = \frac{a - \sigma_s}{b} \tag{10.8}$$

则

$$\lambda > \lambda_s \tag{10.9}$$

式中，λ_s 是对应于材料屈服极限 σ_s 时的柔度值。例如 Q235 钢的屈服极限 $\sigma_s=235$MPa，常数 $a=304$MPa、$b=1.12$MPa，则

$$\lambda_s = \frac{a - \sigma_s}{b} = \frac{304 - 235}{1.12} \approx 60$$

几种常见的材料的 λ_s 值可由表 10-2 中查得。

可见，当压杆的实际柔度 $\lambda > \lambda_s$ 与 $\lambda < \lambda_p$ 时，才能用直线经验公式(10.7)计算其临界应力，故直线经验公式的适用范围为 $\lambda_s < \lambda < \lambda_p$。

当压杆柔度值 $\lambda \leq \lambda_s$ 时，其临界应力将达到或超过材料的屈服极限，其已属于强度问题，而不会出现失稳现象。若将这类压杆也按稳定形式处理，则材料的临界应力 σ_{cr} 可表示为

$$\sigma_{cr} = \sigma_s$$

综上所述，在计算压杆的临界应力时应根据其柔度值来选择相应的计算公式。如由塑性材料制成的压杆的临界应力与其柔度的关系曲线及相应的计算公式可用图 10.7 来表示，称其为**临界应力总图**(total diagram of critical stress)。由图知，可将压杆分为三大类。

(1) 当 $\lambda \geqslant \lambda_p$ 时，称为细长杆，或大柔度杆；可用欧拉公式(10.4)计算其临界应力。

(2) 当 $\lambda_s < \lambda < \lambda_p$ 时，称为中长杆，或中柔度杆；可用直线经验公式(10.7)计算其临界应力。

(3) 当 $\lambda \leqslant \lambda_s$ 时，称为短粗杆，或小柔度杆；其临界应力就为材料的屈服极限，属强度问题。

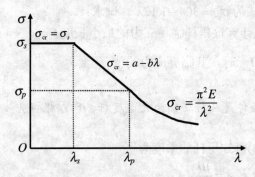

图 10.7　直线型临界应力总图

2. 抛物线型经验公式

其一般表达式为

$$\sigma_{cr} = a_1 - b_1\lambda^2 \tag{10.10}$$

上式表明，压杆的临界应力与其柔度成二次抛物线关系。式中，a_1、b_1 为与材料性质有关的常数。而在钢结构中，常用如下公式

$$\sigma_{cr} = \sigma_s \left[1 - \alpha\left(\frac{\lambda}{\lambda_c}\right)^2\right] \tag{10.11}$$

式中，α、λ_c 为与材料有关的常量。其中 λ_c 是细长压杆和非细长压杆的分界值。由于初曲率、压力的偏心及残余应力等因素的影响，工程中的实际受压杆件不可能处于理想中心受压直杆的状态，所以在实用上并不是以比例极限所对应的柔度值 λ_p 为分界点，而是以与材料相关的经验值 λ_c 为分界值。例如 Q235 钢的 $\alpha = 0.43$，$\lambda_c = 123$，各种常用材料的 α、λ_c 值可由相关手册查得。所以，当压杆的柔度值 $\lambda < \lambda_c$ 时，其临界应力可用经验公式(10.11)计算。其临界应力总图如图 10.8 所示。根据压杆的柔度值 λ_c 可将压杆分为两大类：

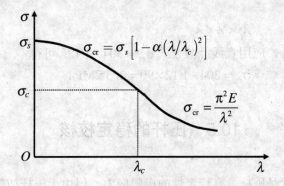

图 10.8　抛物线型临界应力总图

(1) 当 $\lambda \geq \lambda_c$ 时,称为细长杆,可用欧拉公式(10.4)计算其临界应力。

(2) 当 $\lambda < \lambda_c$ 时,称为非细长杆,可用抛物线经验公式(10.11)计算其临界应力。

对于非细长压杆,除以上两种经验公式以外,其临界应力的计算还有很多不同的观点,如折减弹性模量理论等,可参阅有关的书籍。

【例 10.3】 一两端铰支的空心圆管,其外径 $D=60\text{mm}$,内径 $d=45\text{mm}$,材料的 $\lambda_p=120$,$\lambda_s=70$,其直线经验公式为 $\sigma_{cr}=304-1.12\lambda$。试求:

(1) 可应用欧拉公式计算该压杆临界应力的最小长度 $l_{\min}$;

(2) 当压杆长度为 $\frac{3}{4}l_{\min}$ 时,其临界应力的值。

分析:应用欧拉公式的条件是压杆必须为大柔度杆,所以根据 $\lambda \geq \lambda_p$ 条件即可确定 $l_{\min}$。

解:(1) 由公式(10.3)可知压杆的柔度为

$$\lambda = \frac{\mu l}{i}$$

且惯性半径

$$i = \sqrt{\frac{I}{A}} = \frac{1}{4}\sqrt{D^2+d^2} = \frac{1}{4}\sqrt{60^2+45^2} = \frac{75}{4}$$

由欧拉公式的应用条件

$$\lambda = \frac{\mu l}{i} \geq \lambda_p = 120$$

且由两端铰支可知长度系数 $\mu=1$,则

$$l \geq \frac{\lambda_p i}{\mu} = \frac{120 \times 75}{1 \times 4} = 2250\text{mm} = 2.25\text{m}$$

所以压杆的最小长度为

$$l_{\min} = 2.25\text{m}$$

(2) 当压杆长度 $l=\frac{3}{4}l_{\min}$ 时,其柔度值为

$$\lambda = \frac{\mu l}{i} = \frac{3}{4} \times \frac{\mu l_{\min}}{i} = \frac{3}{4}\lambda_p = \frac{3}{4} \times 120 = 90$$

因为

$$\lambda_s < \lambda < \lambda_p$$

所以压杆为中长杆,应用直线经验公式 $\sigma_{cr}=304-1.12\lambda$ 可得

$$\sigma_{cr} = 304 - 1.12 \times 90 = 203.2\text{MPa}$$

10.5 压杆的稳定校核

压杆的临界应力就是压杆具有稳定性的极限应力。但由于压杆初曲率、压力的偏心、材料的不均匀以及支座的缺陷等因素对临界压力的影响非常大,所以,需将由欧拉公式或

经验公式计算出的临界应力 σ_{cr} 除以一个大于 1 的稳定安全系数 n_{st}，可得压杆的稳定许用应力

$$[\sigma_{cr}] = \frac{\sigma_{cr}}{n_{st}}$$

将 $[\sigma_{cr}]$ 作为压杆具有稳定性的极限应力，则可得压杆的稳定条件

$$\sigma = \frac{F_N}{A} \leqslant [\sigma_{cr}] \tag{10.12}$$

或以荷载表示

$$F \leqslant \frac{F_{cr}}{n_{st}} = [F_{cr}] \tag{10.13}$$

在应用时，也可将上述稳定条件表示为安全系数法

$$n_w = \frac{\sigma_{cr}}{\sigma} \geqslant n_{st} \tag{10.14}$$

或

$$n_w = \frac{F_{cr}}{F} \geqslant n_{st} \tag{10.15}$$

上式中 n_w 为实际稳定安全系数，n_{st} 为给定的稳定安全系数。

另外须指出，压杆的稳定性是对其整体而言的，故当其截面有局部削弱(如开孔、开槽)时，可不考虑其对稳定性的影响。但对削弱的截面需作强度校核。

在钢结构中，常用折减系数法对压杆稳定性进行计算，即

$$\sigma = \frac{F_N}{A} \leqslant \varphi[\sigma]$$

式中 φ 称为折减系数，它是压杆稳定许用应力 $[\sigma_{cr}]$ 与材料的强度许用应力 $[\sigma]$ 的比值，φ 实际是压杆柔度 λ 的函数，对应不同的 λ 的 φ 值可由钢结构的相关资料中查得。

【例 10.4】 在例 10.1 中，若已知矩形截面的高 $h = 60$ mm，宽 $b = 25$ mm，压杆长度 $l = 1.5$ m。压杆的材料为 Q235 钢，规定的稳定安全系数 $n_{st} = 3$，当压杆受到 $F = 90$ kN 的压力作用时，试校核压杆的稳定性。

分析：欲校核该压杆的稳定性，须先确定压杆的柔度值，以此确定计算临界应力的公式，然后即可由稳定性条件对压杆进行校核。由于压杆在 xoy 和 xoz 平面内的柔度值不同，所以须分别计算并取一较大的柔度值进行稳定性校核。

解：(1) 计算柔度 λ。

压杆若在 xoy 面内失稳，由例 10.1 及图 10.5 可知，在该平面内压杆可视为两端铰支，即长度系数 $\mu = 1$，此时横截面绕 z 轴转动，所以惯性半径为

$$i_z = \sqrt{\frac{I_z}{A}} = \sqrt{\frac{bh^3/12}{bh}} = \frac{h}{2\sqrt{3}} = \frac{60}{2\sqrt{3}} = 17.32 \text{ mm}$$

所以柔度

$$\lambda_z = \frac{\mu l}{i_z} = \frac{1 \times 1500}{17.32} = 86.6$$

而若在 xoz 面内失稳，则压杆可视为两端固定，即长度系数 $\mu=0.5$，此时横截面绕 y 轴转动，则惯性半径为

$$i_y=\sqrt{\frac{I_y}{A}}=\sqrt{\frac{hb^3/12}{bh}}=\frac{b}{2\sqrt{3}}=\frac{25}{2\sqrt{3}}=7.22\text{mm}$$

所以柔度

$$\lambda_y=\frac{\mu l}{i_y}=\frac{0.5\times1500}{7.22}=103.9$$

比较两个方向的柔度值，因为 $\lambda_y>\lambda_z$，故压杆必先在 xoz 平面内失稳，所以应以 λ_y 来计算压杆的临界应力。

(2) 计算临界压力。

查表 10-2 可知，Q235 钢的 $\lambda_p=100$，$\lambda_s=61.4$，所以 $\lambda_s<\lambda_y<\lambda_p$，说明压杆为中柔度杆，应由直线经验公式进行计算。由 Q235 钢的经验公式 $\sigma_{cr}=304-1.12\lambda$ 可得

$$\sigma_{cr}=304-1.12\lambda_y=304-1.12\times103.9=187.6\text{MPa}$$

(3) 稳定性校核。

由稳定性条件式(10.12)，且压杆的许用临界应力为

$$[\sigma_{cr}]=\frac{\sigma_{cr}}{n_{st}}=\frac{187.6}{3}=62.5\text{MPa}$$

则

$$\sigma_w=\frac{F}{A}=\frac{90\times10^3}{60\times25\times10^{-6}}=60\times10^6\text{Pa}=60\text{MPa}<[\sigma_{cr}]$$

所以，压杆的稳定性满足要求。

在上例中还可用安全系数法对压杆进行稳定性校核，即

由稳定性条件式(10.14)

$$n_w=\frac{\sigma_{cr}}{\sigma_{\perp}}=\frac{187.6}{60}=3.13>n_{st}=3$$

可知，压杆是稳定的。另外，亦可采用式(10.13)或式(10.15)对压杆进行稳定校核，可自行分析计算。

【例 10.5】 一两端铰支的圆截面压杆，长度 $l=2\text{m}$，材料的弹性模量 $E=200\text{GPa}$，$\sigma_p=200\text{MPa}$，最大的轴向压力 $F=20\text{kN}$，规定的稳定安全系数 $n_{st}=4$，试按稳定条件设计压杆的直径 d。

分析：因压杆的直径 d 为所求量，所以无法确定杆件的柔度，也就不能确定临界应力的计算公式。因此，只能采用试算法。即可先假设可应用欧拉公式计算，待求出直径后，再求出柔度并验证是否满足欧拉公式的应用条件。

解：由欧拉公式(10.2)，且长度系数 $\mu=1$，所以

$$F_{cr}=\frac{\pi^2 EI}{(\mu l)^2}=\frac{\pi^2\times200\times10^9\times\pi d^4}{(1\times2)^2\times64}=\frac{25\times10^9\pi^3 d^4}{32}$$

由式(10.15)安全系数法

$$n_{w} = \frac{F_{cr}}{F} = \frac{25 \times 10^{9} \pi^{3} d^{4}}{32 \times 20 \times 10^{3}} \geqslant n_{st} = 4$$

解得

$$d \geqslant 0.0426\text{m}, \text{ 取 } d = 43\text{mm}$$

所以压杆的惯性半径

$$i = \sqrt{\frac{I}{A}} = \sqrt{\frac{\pi d^{4}/64}{\pi d^{2}/4}} = \frac{d}{4} = \frac{43}{4} = 10.8\text{mm}$$

则柔度值为

$$\lambda = \frac{\mu l}{i} = \frac{1 \times 2000}{10.8} = 185.2$$

且由式(10.5)知

$$\lambda_{P} = \sqrt{\frac{\pi^{2} E}{\sigma_{P}}} = \sqrt{\frac{\pi^{2} \times 200 \times 10^{9}}{200 \times 10^{6}}} = 99.3$$

因为 $\lambda > \lambda_{p}$，所以应用欧拉公式计算是正确的，可取 $d = 43$mm。

【**例 10.6**】 一两端固定的压杆长 $l = 7$m，其横截面由两个 10 号槽钢组成，已知材料的 $E = 200$GPa，$\lambda_{c} = 123$，且材料的经验公式为 $\sigma_{cr} = 235 - 0.006\,66\lambda^{2}$MPa，规定稳定安全系数 $n_{st} = 3$。试求当两个槽钢靠紧(如图 10.9(a)所示)和离开相距 $a = 40$mm 放置(图 10.9(b))时，钢杆的许可载荷 F。

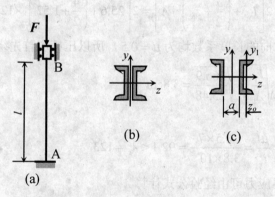

图 10.9 例 10.5 图

分析：压杆的许可载荷取决于杆件的临界力。所以，需先求出压杆的柔度值并选择相应的临界应力计算公式即可求解。

解：由型钢表可知 10 号槽钢的参数：$A = 12.74\text{cm}^{2}$，$I_{z} = 198.3\text{cm}^{4}$，$I_{y_{1}} = 25.6\text{cm}^{4}$，$z_{o} = 1.52$cm。

(1) 当截面为图 10-9(b)两槽钢靠紧放置时，可知

$$A_{1} = 2A = 2 \times 12.74 = 25.48\text{cm}^{2}$$
$$I_{\min} = I_{y} = 2(I_{y_{1}} + z_{o}^{2} \cdot A) = 2(25.6 + 1.52^{2} \times 12.74) = 110\text{cm}^{4}$$

所以截面的最小惯性半径为

$$i_{\min} = i_y = \sqrt{\frac{I_y}{A_1}} = \sqrt{\frac{110}{25.48}} = 2.08\text{cm}$$

由图 10.9(a)可知,压杆在各方向的支承均为两端固定,故长度系数均为 $\mu = 0.5$。所以

$$\lambda_y = \frac{\mu l}{i_y} = \frac{0.5 \times 7}{2.08 \times 10^{-2}} = 168 > \lambda_c = 123$$

可知压杆为大柔度杆,可用欧拉公式计算其临界应力

$$\sigma_{\text{cr}} = \frac{\pi^2 E}{\lambda_y^2} = \frac{\pi^2 \times 200 \times 10^9}{168^2} = 69.9\text{MPa}$$

则

$$F_{\text{cr}} = \sigma_{\text{cr}} \cdot A_1 = 69.9 \times 10^6 \times 25.48 \times 10^{-4} = 178.1\text{kN}$$

由稳定性条件式(10.13)可得许可载荷为

$$F_1 < [F_{\text{cr}}] = \frac{F_{\text{cr}}}{n_{\text{st}}} = \frac{178.1}{3} = 59.4\text{kN}$$

(2) 当截面为图 10.9(c)两槽钢离开一定距离放置时,需计算两个方向的惯性矩并以此判断压杆可能失稳的方向。

$$I_z = 2 \times 198.3 = 396.6\text{cm}^4$$

$$I_y = 2\left[I_{y_1} + \left(\frac{a}{2} + z_o\right)^2 \cdot A\right] = 2\left[25.6 + \left(\frac{4}{2} + 1.52\right)^2 \times 12.74\right] = 366.9\text{cm}^4$$

因为 $I_y < I_z$,且在两方向的长度系数均为 $\mu = 0.5$,所以压杆应首先绕 y 轴失稳。

$$i_y = \sqrt{\frac{I_y}{A_1}} = \sqrt{\frac{366.9}{25.48}} = 3.8\text{cm}$$

由柔度公式(10.12)

$$\lambda_y = \frac{\mu l}{i_y} = \frac{0.5 \times 7}{3.8 \times 10^{-2}} = 92.1 < \lambda_c = 123$$

压杆为非细长杆,临界应力可由经验公式计算

$$\sigma_{\text{cr}} = 235 - 0.006\,66\lambda_y^2 = 235 - 0.006\,66 \times 92.1^2 = 178.5\text{MPa}$$

$$F_{\text{cr}} = \sigma_{\text{cr}} \cdot A_1 = 178.5 \times 10^6 \times 25.48 \times 10^{-4} = 454.8\text{kN}$$

由式(10-13)可得许可载荷为

$$F_2 < [F_{\text{cr}}] = \frac{F_{\text{cr}}}{n_{\text{st}}} = \frac{454.8}{3} = 151.6\text{kN}$$

比较以上两种情况可知,将两槽钢离开一定距离的截面形式可使压杆的稳定性明显增强,承载能力大大提高。在条件许可的情况下,最好能使 $I_y = I_z$,以便使压杆在两个方向有相等的抵抗失稳的能力。这也是设计压杆的合理截面形状的基本原则。

10.6 提高压杆稳定性的措施

所谓提高压杆的稳定性，就是要提高压杆的临界应力。由计算临界应力的欧拉公式(10.4)可知，欲提高压杆的临界应力可从以下两方面考虑。

1. 合理的选用材料

对于大柔度压杆，其临界应力 σ_{cr} 与材料的弹性模量 E 成正比，所以选用 E 值大的材料可提高压杆的稳定性。但在工程实际中，一般压杆均是由钢材制成的，由于各种类型的钢材的弹性模量 E 值均在 200～240GPa 之间，差别不是很大。故用高强度钢代替普通钢做成压杆，对提高其稳定性意义不大。而对于中、小柔度杆，由经验公式可知，其临界应力与材料强度有关，所以选用高强度钢将有利于压杆的稳定性。

2. 减小压杆的柔度

由临界应力公式可知，压杆的柔度越小，其临界应力越大。所以，减小柔度是提高压杆稳定性的主要途径。由式(10.3)的柔度计算公式

$$\lambda = \frac{\mu l}{i}$$

可知，对于减小压杆柔度可从三方面考虑：

(1) 选择合理的截面形状，增大截面的惯性矩。

在压杆横截面面积 A 一定时，应尽可能使材料远离截面形心，使其惯性矩 I 增大。这样可使其惯性半径 $i = \sqrt{I/A}$ 增大，则柔度值将减小。如图 10.10(a)所示，当面积相同时，空心圆截面要比实心圆合理；图 10.10(b)中由四个等边角钢组成的截面，分散布置形式的组合截面要比集中布置形式的组合截面合理。但也不能为了增加截面的惯性矩而无限制地加大圆环截面的半径并减小其壁厚，这样将会由于压杆管壁过薄而发生局部折皱导致整体失稳；对于由型钢组合而成的压杆，应用缀条或板把分开放置的型钢联成一个整体以提高其整体稳定性，相关内容将在钢结构课程中介绍。

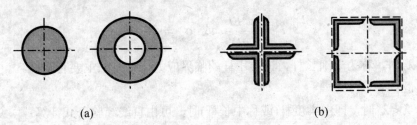

图 10.10 截面示意图

(a) 实心截面与空心截面；(b) 集中布置的组合截面和分散布置的组合截面

另外，在以上述原则选择截面的同时，还应考虑到压杆在各纵向平面内应具有相同的稳定性，即应使压杆在各纵向平面内具有相同的柔度值。若杆端在各个弯曲平面内的约束

性质相同(如球形铰支承)，则应使截面各方向的惯性矩相同；若约束性质不同(如柱形铰支承)，则应使压杆在不同方向的柔度值尽量相等。

(2) 减小压杆的长度。

在条件许可的情况下，可通过增加中间约束等方法来减小压杆的计算长度，这样可使压杆的柔度值明显减小，以达到提高压杆稳定性的目的。这也是提高稳定性的最有效的方法之一。

(3) 改善压杆支承。

由表 10-1 可知，杆端约束刚性越强，压杆的长度系数越小，则其临界应力越大。所以，通过增加杆端支承刚性，亦可提高压杆的稳定性。

10.7 小 结

在工程实际中，受压杆件应综合考虑两方面的问题，即强度问题和稳定性问题。本章主要介绍了压杆稳定的基本概念、不同柔度的压杆的临界压力及临界应力计算方法以及其稳定性校核。其主要要注意以下几方面问题。

1. 受压杆件的强度和稳定性问题的分界

在解决受压杆件的承载能力问题时，必须先明确它是属于哪方面的问题。所以，应先由柔度计算公式

$$\lambda = \frac{\mu l}{i}$$

计算出压杆的柔度值 λ，由 λ 值即可确定压杆的类型，并可明确压杆应为强度或稳定性问题。

2. 临界应力总图

临界应力总图较清晰地反映了不同柔度的压杆所对应的其临界应力的计算公式。

当压杆 $\lambda \geq \lambda_p$ 时，称为细长杆，或大柔度杆；其临界压力或临界应力可用欧拉公式计算：

$$F_{cr} = \frac{\pi^2 EI}{(\mu l)^2} \quad 或 \quad \sigma_{cr} = \frac{\pi^2 E}{\lambda^2}$$

当 $\lambda < \lambda_p$ 时，称为非细长杆，该类压杆的临界应力计算方法主要有两种。

1) 直线经验公式

当 $\lambda_s < \lambda < \lambda_p$ 时，即中柔度杆(或称中长杆)时，可由直线经验公式计算：

$$\sigma_{cr} = a - b\lambda$$

而当 $\lambda \leq \lambda_s$ 时，即为短粗杆，(或称小柔度杆)，其临界应力就为材料的屈服极限，属强度问题。

在此情况下可由压杆柔度将杆分为长细杆、中长杆和短粗杆三类。

2) 抛物线经验公式

该公式由于考虑了实际压杆与理想中心受杆直杆的区别，所以并不是以材料的比例极限对应的柔度值 λ_p 对压杆进行分类，而是以一建立在实验基础上的 λ_c 值做为压杆的分界值。当压杆 $\lambda < \lambda_c$ 时，可由抛物线经验公式计算其临界应力：

$$\sigma_{cr} = a_1 - b_1\lambda^2$$

在利用抛物线经验公式时，可由材料的 λ_c 值将压杆分为二大类，即长细杆及非长细杆。但当计算出其临界应力达到屈服极限时，实际上已属于强度问题了。

3. 压杆的稳定性条件

压杆的临界应力即为压杆可保持稳定的极限承载能力，考虑到各种综合因素的影响，实际压杆的极限应力应由其许用临界应力来控制，即

$$[\sigma_{cr}] = \frac{\sigma_{cr}}{n_{st}}$$

压杆的稳定性条件主要有三种形式：

1) 基本形式

$$\sigma = \frac{F_N}{A} \leq [\sigma_{cr}] \quad 或 \quad F \leq \frac{F_{cr}}{n_{st}} = [F_{cr}]$$

2) 安全系数法

$$n_w = \frac{\sigma_{cr}}{\sigma} \geq n_{st} \quad 或 \quad n_w = \frac{F_{cr}}{F} \geq n_{st}$$

上式中 n_w 为实际稳定安全系数，n_{st} 为给定的稳定安全系数。

3) 折减系数法

$$\sigma = \frac{F_N}{A} \leq \varphi[\sigma]$$

式中，φ 称为折减系数，φ 实际是压杆柔度 λ 的函数，对应不同的 λ 的 φ 值可由钢结构的相关资料中查得。这样在形式上其就与压杆的强度条件统一起来了。

10.8 思 考 题

1. 受压杆的强度问题和稳定性问题有何区别和联系？
2. 试说明压杆的临界压力和临界应力的含义。其临界力是否与压杆所受作用力有关？
3. 若将受压杆的长度增加一倍，其临界压力和临界应力将有何变化？若将圆截面压杆的直径增加一倍，其临界压力和临界应力的值又有何变化？
4. 压杆的柔度反映了压杆的哪些因素？
5. 一端固定、一端自由的压杆，其横截面如图10.11所示几种形状，问当压杆失稳时其横截面会绕哪一根轴转动？

图 10.11 思考题 5 图

6. 如果压杆横截面 $I_y > I_z$，那么杆件失稳时，横截面一定绕 z 轴转动而失稳吗？

10.9 习　　题

1. 如图 10.12 所示细长压杆的两端为球形铰支，弹性模量 $E = 200\text{GPa}$，试用欧拉公式计算临界力：

(1) 圆形截面：$d = 25\text{mm}$，$l = 1\text{m}$；

(2) 矩形截面：$h = 2b = 40\text{mm}$，$l = 1\text{m}$；

(3) 16 号工字钢，$l = 2\text{m}$。

2. 一根 $30\text{mm} \times 50\text{mm}$ 的矩形截面压杆，材料的弹性模量 $E = 200\text{GPa}$，比例极限 $\sigma_p = 200\text{MPa}$，两端为球形铰支。试问压杆长度 l 为多少时即可应用欧拉公式计算临界力。

3. 某钢材，已知其 $\sigma_p = 230\text{MPa}$，$\sigma_s = 274\text{MPa}$，$E = 200\text{GPa}$，经验公式 $\sigma_{cr} = 338 - 1.22\lambda$。试计算 λ_p 和 λ_s 值，并绘制临界应力总图。

4. 某连杆如图 10.13 所示，截面为工字形，材料为 Q235 钢。连杆的最大轴向压力为 465kN。在摆动平面（xy 平面）内两端可认为铰支；而在与摆动平面垂直的 xz 平面内，两端则可认为是固定支座。试确定其工作安全系数。

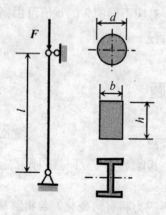

图 10.12　习题 1 图

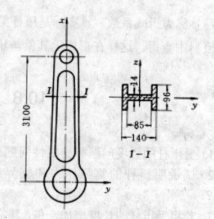

图 10.13　习题 4 图

5. 如图 10.14 所示横截面由两个 $56\text{mm} \times 56\text{mm} \times 8\text{mm}$ 等边角钢组成的压杆长为 1.5m，两端铰支，$F = 150\text{kN}$。角钢的 $E = 200\text{GPa}$，$\sigma_p = 200\text{MPa}$。计算临界应力的经验公式有：$\sigma_{cr} = 235 - 0.00666\lambda^2$。试确定压杆的临界应力及工作安全系数。

6. 如图 10.15 所示一钢托架，已知 DC 杆的直径 $d = 40\text{mm}$，材料为低碳钢，弹性模量

$E = 206\text{GPa}$，规定的稳定安全系数 $n_{st} = 2$。试校核该压杆是否安全？

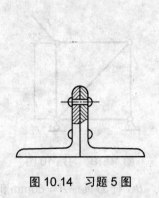

图 10.14 习题 5 图

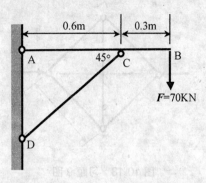

图 10.15 习题 6 图

7. 如图 10.16 所示铰接杆系 ABC 由两根具有相同截面和同样材料的细长杆所组成。若由于杆件在平面 ABC 内失稳而引起毁坏，试确定荷载 F 为最大时的 θ 角(假设 $0 \leq \theta \leq \dfrac{\pi}{2}$)。

8. 试求图 10.17 所示千斤顶丝杠的工作安全因数。已知其最大承载力 $F = 150\text{kN}$，有效直径 $d_1 = 52\text{mm}$，长度 $l = 0.5\text{m}$，材料 Q235 钢，$\sigma_s = 235\text{MPa}$。丝杠可视为下端固定，上端自由。

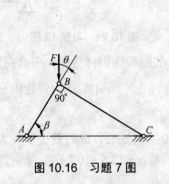

图 10.16 习题 7 图

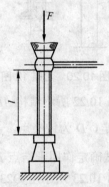

图 10.17 习题 8 图

9. 如图 10.18 所示正方形桁架，$F = 50\text{kN}$，各边杆的横截面面积均为 $A_1 = 295\text{mm}^2$，对角杆的面积 $A_2 = 417\text{mm}^2$，各杆的截面形状均为实心圆，桁架的边长 $a = 0.5\text{m}$，$\lambda_p = 100$。

(1) 若 $n_{st} = 3$，校核其稳定性。

(2) 试求桁架的许可荷载 $[F]$。

(3) 如将一对压力 F 改为拉力，则桁架的许可荷载 $[F]$ 是否会有变化？

10. 如图 10.19 所示正方形桁架由五根圆截面钢杆组成，已知各杆直径为 $d = 30\text{mm}$，$a = 1\text{m}$ 材料的 $E = 200\text{GPa}$，$[\sigma] = 160\text{MPa}$，$\lambda_p = 100$，$n_{st} = 3$，试求此结构的许可荷载 $[F]$。

11. 某活塞杆两端可视为铰支，承受的压力 $F = 120\text{kN}$，长度 $l = 1.8\text{m}$，直径 $d = 75\text{mm}$，材料 Q275 钢的 $E = 210\text{GPa}$，$\sigma_p = 240\text{MPa}$。若 $n_{st} = 8$，试校核该活塞杆的稳定性。

12. 如图 10.20 所示立柱，$l = 6\text{m}$，由两根 No.10 槽钢组成，材料的弹性模量 $E = 200\text{GPa}$，比例极限 $\sigma_p = 200\text{MPa}$。立柱顶端为球形铰支，根部为固定端。试问当两槽

钢间距 a 为多大时立柱的临界压力 F_{cr} 最高,其值为多少?

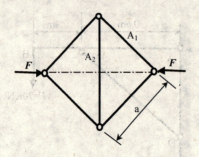

图 10.18 习题 9 图

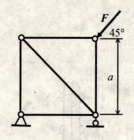

图 10.19 习题 10 图

13. 如图 10.21 所示结构,AB 杆为 No.16 号工字钢,BC 杆为直径 $d=60$mm 的圆截面杆,且已知材料的 $E=205$GPa,$\lambda_p=90$,$\lambda_s=50$,中长杆经验公式用 $\sigma_{cr}=338-1.22\lambda$ MPa 计算,强度许用应力 $[\sigma]=140$MPa,稳定安全系数 $n_{st}=3$。试求荷载 F 的许可值。

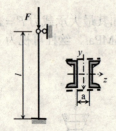

图 10.20 习题 12 图

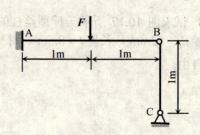

图 10.21 习题 13 图

14. 如图 10.22 所示结构 $ABCD$ 由三根直径均为 d 的圆截面钢杆组成,在 B 点铰支、A 点和 C 点固定,D 为铰接点,$\dfrac{l}{d}=10\pi$。若结构由于杆件在平面 $ABCD$ 内弹性失稳而丧失承载能力,试确定作用于结点 D 处的荷载 F 的临界值。

15. 如图 10.23 所示用 Q235 钢制成的钢管在 $t=20$ ℃时安装,此时管子不受力。已知钢管的外径 $D=70$mm,内径 $d=60$mm,钢的线膨胀系数 $\alpha=12.5\times10^{-6}$ ℃$^{-1}$,$E=206$GPa。当温度升高多少度时,管子将失去稳定?

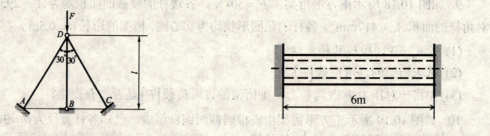

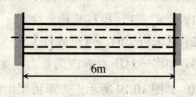

图 10.22 习题 14 图

图 10.23 习题 15 图

第11章 变形能法

提要：本章主要讨论利用变形能原理解决变形固体在外因作用下的位移计算，其中主要介绍卡氏定理的有关原理和方法，并利用该法计算杆或杆系的位移问题。

11.1 基本概念

任何弹性体在外力作用下都要发生变形，同时外力作用点要产生位移。因此，在弹性体变形过程中外力将沿其作用线方向做功，我们将此功称为外力功。用 W 表示。当弹性体的变形在弹性范围内时，外力由零缓慢增加，外力功将以能量的形式储存在弹性体内部，通常称为变形能，用 U 表示。在卸载过程中弹性体有恢复其原状的能力。

根据能量守恒定律可知，若不计其他能量损失，弹性体内的变形能在数值上应等于荷载所做的功，即：

$$W = U \tag{11.1}$$

根据这一原理求解可变形固体的位移和内力的方法称为**能量法**。

11.2 变形能的计算

现在讨论杆件在各种基本变形下变形能的计算。

11.2.1 轴向拉伸(压缩)杆弹性变形能

图 11.1(a)所示的受拉直杆，在线弹性范围内，当拉力 F 从零开始增加到最终值时，杆件伸长 Δl，与拉力 F 之间的关系为一斜直线(图 11.1(b))，外力 F 所做的功的大小可用三角形 OAB 的面积来表示：

$$W = \frac{1}{2} F \Delta l \tag{11.2}$$

根据式(11.1)可知，受拉杆的弹性变形能为

$$U = W = \frac{1}{2} F \Delta l$$

因 $\Delta l = \dfrac{Fl}{EA}$，上式可写成

$$U = \frac{F^2 l}{2EA} = \frac{EA\Delta l^2}{2l} \tag{11.3}$$

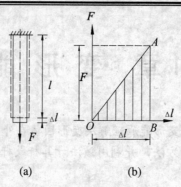

图 11.1 轴向受拉杆外力的功

(a) 受拉直杆；(b) F 与 Δl 关系

11.2.2 受扭圆轴的弹性变形能

圆轴受扭时(图 11.2(a))，在弹性范围内，外力偶矩从 0 增加到最终值 M，则扭转角 φ 与 M 的关系也是一斜直线(图 11.2(b))，与拉伸时一样，外力偶矩 M 所做的功可用图 11.2(b) 的三角形 OAB 面积来表示：

$$W = \frac{1}{2}M\varphi \tag{11.4}$$

图 11.2(a)所示圆轴任意横截面扭矩为常量

$$M_n = M$$

相距 l 的两横截面相对转角

$$\varphi = \frac{M_n l}{GI_P}$$

所以圆轴内储存的变形能：

$$U = W = \frac{1}{2}M_n\varphi = \frac{M_n^2 l}{2GI_P} = \frac{GI_P}{2l}\varphi^2 \tag{11.5}$$

若沿圆轴的扭矩为变量 $M_n(x)$ 时，圆轴的变形能为

$$U = \int_l \frac{M_n^2(x)\mathrm{d}x}{2GI_P} \tag{11.6}$$

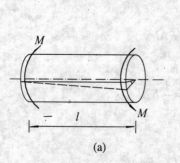

图 11.2 圆轴扭转

(a) 圆轴受扭　　　　　(b) M 与 φ 关系

11.2.3 杆在弯曲情况下的变形能

1. 纯弯曲情况

图 11.3 所示等直杆，在两端受到纵对称平面内的集中力偶 M_0 作用而发生纯弯曲，当外力偶由零逐渐增加到最终值 M_0 时，梁的两截面均产生转角 θ，外力偶所做的功为

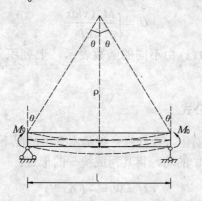

图 11.3　梁纯弯情况下的变形

$$W = 2 \times \frac{1}{2} M_0 \theta \tag{11.7}$$

其中

$$\theta = \frac{M_0 l}{3EI} + \frac{M_0 l}{6EI} = \frac{M_0 l}{2EI}$$

从而杆的弹性变形能为

$$U = W = 2 \times \frac{1}{2} M_0 \theta = \frac{M_0^2 l}{2EI} = \frac{2EI\theta^2}{l} \tag{11.8}$$

2. 横力弯曲下

杆在横力弯曲下(图 11.4(a))，梁的横截面上既有弯矩又有剪力，一般情况下，弯矩和剪力都是随截面位置的不同而变化，都是 x 的函数，弯矩和剪力产生的位移分别是独立的。因此，分别计算弯矩和剪力相对应的变形能。在细长梁情况下，剪切产生的变形很小，通常忽略不计，只要计算弯曲产生的变形能即可。

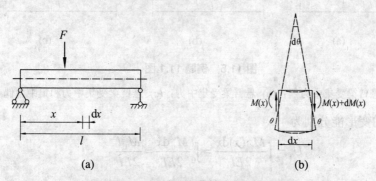

图 11.4　横力弯曲情况下的变形图
(a) 横力弯曲；(b) 受弯时的微段

从梁内取出长为 dx 的微段(图 11.4(b))，其左右两截面上的弯曲分别是 $M(x)$ 和 $M(x)+dM(x)$。省略弯矩增量 $dM(x)$ 后，把微段看作纯弯曲情况，应用公式(11.9)。

$$dU = \frac{M^2(x)dx}{2EI}$$

全梁的弯曲变形能为

$$U = \int_l \frac{M^2(x)dx}{2EI} \tag{11.9}$$

如在梁各段内，弯曲 $M(x)$ 由不同的函数表示，上列积分应分段进行，然后再求其总和。

11.2.4 弹性变形能的一般公式

从上面导出的公式可以看出，在任何一种基本变形情况下的杆件，其弹性变形能在数值上等于变形过程中外力所做的功，将其写成统一的形式：

$$U = W = \frac{1}{2}F\delta \tag{11.10}$$

式中，F 为广义力，在拉伸时表示拉力，扭转或弯曲时表示为力偶矩；δ 为广义位移，与广义力相对应的位移。

与集中力对应的是线位移，与集中力偶对应的是角位移。在线弹性体的情况下，广义力和广义位移是线性关系，运用胡克定理，上式还可以写成：

$$U = \frac{F^2 l}{2C} = \frac{C\delta^2}{2l} \tag{11.11}$$

式中，C 是杆的刚度，从上式可以看出，弹性变形能是广义力或广义位移的二次函数。

【例 11.1】 试分别计算图 11.5 所示各梁的变形能。

分析：图 11.5(a)是梁处在纯弯状态，图 11.5(b)、图 11.5(c)是梁处在横力弯曲状态，在不计剪力影响的情况下，都可以应用公式(11.10)进行计算。

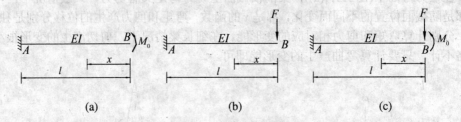

图 11.5　例题 11.1 图

(a) 悬臂梁受集中力偶；(b) 悬臂梁受集中力；(c) 悬臂梁受集中力和集中力偶

解：各梁的变形能分别为

$$U_1 = \int_l \frac{M^2(x)dx}{2EI} = \int_0^l \frac{M_0^2 dx}{2EI} = \frac{M_0^2 l}{2EI}$$

$$U_2 = \int_l \frac{M^2(x)dx}{2EI} = \int_0^l \frac{(-Fx)^2 dx}{2EI} = \frac{F^2 l^3}{6EI}$$

$$U_3 = \int_l \frac{M^2(x)\mathrm{d}x}{2EI} = \int_0^l \frac{(M_0 - Fx)^2 \mathrm{d}x}{2EI} = \frac{1}{2EI}\int_0^l (M_0^2 - 2M_0 + F^2 x^2)\mathrm{d}x$$

$$= \frac{1}{2EI}(M_0^2 l - M_0 F l^2 + \frac{1}{3}F_P l^3) = \frac{M_0^2 l}{2EI} + \frac{F^2 l^3}{6EI} - \frac{M_0 F l^2}{2EI}$$

由上面计算可以看出，$U_1 + U_2 \neq U_3$，因为变形能是力的二次函数，求弯矩时可以运用叠加原理，$M(x) = M_F + M_0$。求弹性变形能时，则不能应用叠加原理，这是因为$(M_0 + F)^2 \neq M_0^2 + F^2 x^2$，其中 U_3 中的 $\left(-\dfrac{M_0 F l^2}{2EI}\right)$ 为 F 和 M_0 共同作用时在相互影响下所做的功。

11.3 卡氏定理

应用上节导出的弹性变形能公式，可以计算杆件或结构的位移，但只限于单一荷载作用，而且是荷载作用点上沿荷载作用方向并与之对应的位移。如图 11.5(a)中，若杆长 l，杆的刚度 EI 已知时，可以计算 B 截面的转角，因为 $U = \dfrac{M_0^2 l}{2EI}$，而外力偶 M_0 所做的功为 $W = \dfrac{M_0 \theta_B}{2}$，由 $W = U$ 可得

$$\frac{M_0 \theta_B}{2} = \frac{M_0^2 l}{2EI}$$

$$\theta_B = \frac{M_0 l}{EI}$$

其结果与梁的变形一章中计算结果一致。从上面的计算可以看出，由于变形能为力的函数，若将变形能对力求偏导数，则

$$\frac{\partial U}{\partial M_0} = \frac{\partial}{\partial M_0}\left(\frac{M_0^2 l}{2EI}\right) = \frac{M_0 l}{EI} = \theta_B$$

这表明，变形能对力的偏导数等于力作用点在力作用方向的位移。这不是偶然的巧合，而是一个普遍规律——**卡氏定理**(A.Castigliano law)。

卡氏定理为：若有 n 个外力(广义力)作用于同一弹性体上，则该弹性体的变形能 U 对于任一外力的偏导数，等于该力的作用点沿该力作用方向的位移。表达式为

$$\delta_1 = \frac{\partial U}{\partial F_1} \quad \delta_2 = \frac{\partial U}{\partial F_2} \cdots \quad \delta_n = \frac{\partial U}{\partial F_n}$$

证明如下。

设 $F_1, F_2, \cdots, F_n$ 作用于弹性体上(图 11.6)，这些力产生的相应位移为 $\delta_1, \delta_2, \cdots \delta_n$，在变形过程中，外力所做的功等于弹性体的变形能，于是变形能 U 为 $F_1, F_2, \cdots, F_n$ 的函数。

$$U = f(F_1, F_2, \cdots, F_n) \tag{a}$$

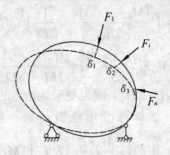

图 11.6 弹性体受 n 个外力作用

给以上任一外力 F_i 一个增量 dF_i，则变形能 U 的相应增量为 $\dfrac{\partial U}{\partial F_{Pi}}dF_i$，于是弹性体的变形能为

$$U + \frac{\partial U}{\partial F_i}dF_i \tag{b}$$

因为变形能与外力的加载次序无关，若将外力的加载次序改为先作用 dF_i，沿 dF_i 方向的位移为 $d\delta_i$，弹性体的变形能为 $\dfrac{1}{2}dF_i \cdot d\delta_i$。后作用 $F_1,F_2,\cdots,F_n$，这些力所做的功为 U，则弹性体的变形能仍与式(b)相同。但是在 $F_1,F_2,\cdots,F_n$ 作用时，dF_i 又做了功 $(dF_i)\delta_i$，其总的变形能为

$$\frac{1}{2}dF_i d\delta_i + U + dF_i d\delta_i \tag{c}$$

式(c)应等于式(b)

$$U + \frac{\partial U}{\partial F_i}dF_i = \frac{1}{2}dF_i d\delta_i + U + (dF_i)\delta_i$$

忽略二阶微量，得证：

$$\delta_i = \frac{\partial U}{\partial F_i} \tag{11.12}$$

应用卡氏定理时，F_i 是广义力，δ_i 是广义位移。在导出卡氏定理时，变形能与外力作用的次序无关。当材料服从胡克定理时，各外力引起的位移很小，可忽略其相互的影响，变形能对力的偏导数都是以内力分量对外力的偏导数形式出现的。分述如下。

轴向拉(压)：

$$\delta_i = \frac{\partial U}{\partial F_i} = \frac{\partial}{\partial F_i}\left(\int_l \frac{F_N^2(x)dx}{2EA}\right) = \int_l \frac{F_N(x)}{EA}\frac{\partial F_N(x)}{\partial F_i}dx$$

扭转：

$$\delta_i = \frac{\partial U}{\partial F_i} = \frac{\partial}{\partial F_i}\left(\int_l \frac{M_0^2(x)dx}{2GI_P}\right) = \int_l \frac{M_0(x)}{GI_P}\frac{\partial M_0(x)}{\partial F_i}dx \tag{11.13}$$

弯曲：

$$\delta_i = \frac{\partial U}{\partial F_i} = \frac{\partial}{\partial F_i}\left(\int_l \frac{M^2(x)dx}{2EI}\right) = \int_l \frac{M(x)}{EI}\frac{\partial M(x)}{\partial F_i}dx$$

当欲计算没有外力作用截面处的位移时，可先设想在该点沿欲求位移的方向作用一假设的力 F'（广义力），写出所有力(包括 F')作用下的变形能，并对 F' 求偏导数，然后令 $F' = 0$，即为所求。若计算结果为正，表示位移，与 F' 方向相同；否则相反。

$$\delta_0 = \left(\frac{\partial U}{\partial F'}\right)_{F'=0} \tag{11.14}$$

【例 11.2】 图 11.7 所示外伸梁，已知抗弯刚度 EI 为常数，试求跨中 C 截面的竖向位移 δ_{cy}。

分析：梁上作用有两种荷载 F 和 M_0，先分段算出梁在该荷载作用下的弯矩方程，再根据卡氏定理将弯矩方程对 F 求偏导数，代入式(11.13)。在积分之前，可将 $M_0 = Fl$ 代入计算，其结果即为所求。

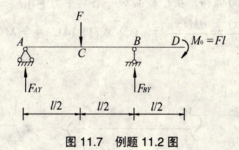

图 11.7 例题 11.2 图

解：先计算支座反力

$$F_{RA} = \frac{F}{2} - \frac{M_0}{l}, \quad F_{RB} = \frac{F}{2} + \frac{M_0}{l}$$

分段计算弯矩方程及其相应导数：

在 AC 段：

$$M_1(x) = \frac{F}{2}x - \frac{M_0}{l}x \quad \frac{\partial M_1(x)}{\partial F} = \frac{x}{2}$$

在 CB 段：

$$M_2(x) = F_A x - F\left(x - \frac{l}{2}\right) = \frac{F}{2}(l-x) - \frac{M_0 x}{l}$$

$$\frac{\partial M_2(x)}{\partial F} = \frac{l}{2} - \frac{x}{2}$$

在 BD 段：

$$M_3(x) = F_A x - F\left(x - \frac{l}{2}\right) + F_B(x-l) = -M_0$$

$$\frac{\partial M_3(x)}{\partial F} = 0$$

$$\delta_{cy} = \frac{\partial U}{\partial F_P} = \int_0^{\frac{l}{2}} \frac{M_1(x)}{EI} \frac{\partial M_1(x)}{\partial F} dx + \int_{\frac{l}{2}}^{l} \frac{M_2(x)}{EI} \frac{\partial M_2(x)}{\partial F} dx + \int_{l}^{\frac{3l}{2}} \frac{M_3(x)}{EI} \frac{\partial M_3(x)}{\partial F} dx$$

$$= \frac{1}{EI}\left[\int_0^{\frac{l}{2}}(\frac{F}{2}x-\frac{M_0}{l}x)\bigg|_{M_0=Fl}\frac{x}{2}\mathrm{d}x+\int_{\frac{l}{2}}^{l}\left[\frac{F}{2}(l-x)-\frac{M_0 x}{l}\right](\frac{l}{2}-\frac{x}{2})\bigg|_{M_0=Fl}\mathrm{d}x\right]$$

$$= -\frac{Fl^3}{24EI}\ (\uparrow)$$

负号表示位移与 F 作用方向相反。

【例 11.3】 试求图 11.8(a)所示简支梁支座 A 的转角 θ_A 和跨中 C 截面的竖向位移 δ_{cy}，已知 $EI=$ 常数。

分析： 由于在所求截面没有相应的荷载，为了应用卡氏定理求该截面的位移，可在所求截面处加上一个相应的外力(求转角 θ_A，可在 A 截面加一个力偶 $M'(M'=0)$，图 10.8(b) 所示；求 C 截面竖向位移，在 C 截面加一个集中力 $F'(F'=0)$，(图 10.8(c)所示)。在 计算出相应的 $\frac{\partial M(x)}{\partial M'}$ 和 $\frac{\partial M(x)}{\partial F}$ 后，代入式(11.14)，再令 $M'=0$ 和 $F'=0$，然后积分，结果即为所求。

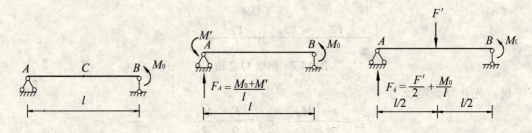

图 11.8 例题 11..3 图

解：(1) 求 θ_A，如图 11.8(b)所示。
支座反力：

$$F_A = \frac{M_0 + M'}{l}$$

$$F_B = -\frac{M_0 + M'}{l}$$

$$M_x = F_A x - M' = \frac{M_0 x}{l} + \frac{M'(x-l)}{l}$$

$$\frac{\partial M(x)}{\partial M'} = \frac{x-l}{l}$$

$$\theta_A = \int_l \frac{M(x)}{EI}\frac{\partial M(x)}{\partial M'}\mathrm{d}x = \frac{1}{EI}\int_0^l (\frac{M_0 x}{l} + \frac{M'(x-l)}{l})(\frac{x-l}{l})\bigg|_{M'=0}\mathrm{d}x$$

$$= \frac{1}{EI}\int \frac{M_0(x-l)^2}{l^2}\mathrm{d}x = -\frac{M_0 l}{6EI}(\curvearrowleft)$$

计算结果为负，表示 A 截面位移与假设 M' 方向相反，即顺时针转向。

(2) 求 δ_{cy}，如图 11.8(c)所示。

支座反力：
$$F_A = \frac{F'}{2} + \frac{M_0}{l}$$

AC 段：
$$M_1(x) = F_A x = \frac{F'x}{2} + \frac{M_0 x}{l}$$
$$\frac{\partial M_1(x)}{\partial F'} = \frac{x}{2}$$

CB 段：
$$M_2(x) = F_A x - F'\left(x - \frac{l}{2}\right) = \frac{F'(l-x)}{2} + \frac{M_0 x}{l}$$
$$\frac{\partial M_2(x)}{\partial F'} = \frac{l-x}{2}$$

$$\delta_{cy} = \int_0^l \frac{\partial M_1(x)}{EI}\frac{\partial M_1(x)}{\partial F'}dx + \int_{\frac{l}{2}}^l \frac{\partial M_2(x)}{EI}\frac{\partial M_2(x)}{\partial F'}dx$$
$$= \frac{1}{EI}\left[\int_0^{\frac{l}{2}}\left(\frac{F'x}{2}+\frac{M_0 x}{l}\right)\left(\frac{x}{2}\right)\Big|_{F'=0}dx + \int_{\frac{l}{2}}^l\left(\frac{F'(l-x)}{2}+\frac{M_0 x}{l}\right)\left(\frac{l-x}{2}\right)\Big|_{F'=0}dx\right]$$
$$= \frac{M_0 l^2}{16EI}(\downarrow)$$

计算结果为正，表示 C 截面位移与假设力 F' 方向一致，即位移向下。

【例 11.4】 轴线为四分之一圆周的平面曲杆(图 11.9(a))，A 端固定，自由端 B 作用一竖直向下的集中力 F，EI =常数。求 B 点的垂直和水平位移。

分析：为一曲杆位移问题，曲杆不仅产生弯矩和剪力，还产生轴力。由于压缩变形能远小于弯曲变形能，故忽略轴力对变形的影响。

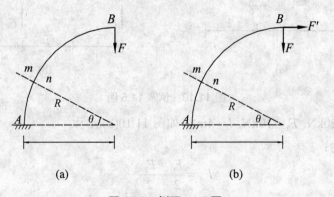

图 11.9 例题 11.4 图

解：先计算 B 点的垂直位移 δ_{By}，由

图 11.9(a)可知，曲杆 $m-n$ 截面上的弯矩为
$$M(x) = FR\cos\theta$$

由此求得：
$$\frac{\partial M(x)}{\partial F} = R\cos\theta$$

由公式(11.14)
$$\delta_{By} = \int_l \frac{M(x)}{EI}\frac{\partial M(x)}{\partial F}dx = \frac{1}{EI}\int_0^{\frac{\pi}{2}} FR^3\cos^2\theta d\theta = \frac{FR^3\pi}{4EI}$$

为求 B 点的水平位移 δ_{Cx}，在 B 截面加一水平力 F'_P，于是
$$M(x) = FR\cos\theta + F'R(1-\sin\theta)$$
$$\frac{\partial M(x)}{\partial F'} = R(1-\sin\theta)$$

由公式(11.14)，得：
$$\delta_{Cx} = \left[\int_l \frac{M(x)}{EI}\frac{\partial M(x)}{\partial F'}ds\right]_{F'=0} = \frac{1}{EI}\int_0^{\frac{\pi}{2}} FR^3(1-\sin\theta)\cos\theta d\theta = \frac{FR^3}{2EI}(\rightarrow)$$

所得结果为正，位移与所设力 F' 方向一致。

【例 11.5】 用卡氏定理求梁跨中 C 截面竖向位移 δ_{Cy}，EI = 常数。

分析：因为梁上作用的荷载以及跨度均为具体数值，在计算出弯矩方程后，不能对具体的荷载求偏导数。因此，应将荷载及梁长的数值用代数表示，在求出各段弯矩方程和相应的偏导数后，利用公式(11.14)计算出最后结果，再将荷载和跨度的数值代入，即为所求。

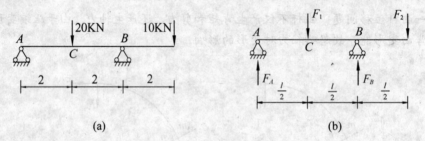

图 11.10 例题 11.5 图

解：设 $F_1 = 20\text{kN}$，$F_2 = 10\text{kN}$，$l = 4\text{m}$，如图 11.10(b)所示。

(1) 支座反力：
$$F_A = \frac{F_1}{2} - \frac{F_2}{2}$$
$$F_B = \frac{F_1}{2} + \frac{3F_2}{2}$$

(2) 分段写出 $M(x)$，并对 F_1 求偏导数。

AC 段 $\left(0 \leqslant x \leqslant \frac{l}{2}\right)$：
$$M_1(x) = \frac{F_1}{2}x - \frac{F_2}{2}x$$

$$\frac{\partial M_1(x)}{\partial F_{P1}} = \frac{x}{2}$$

CB段 ($\frac{l}{2} \leqslant x \leqslant l$):

$$M_2(x) = \frac{F_1 l}{2} - \frac{F_1 x}{2} - \frac{F_2 x}{2}$$

$$\frac{\partial M_2(x)}{\partial F_1} = \frac{l-x}{2}$$

CD段 ($l \leqslant x \leqslant \frac{3l}{2}$):

$$M_3(x) = F_A x - F_1(x - \frac{l}{2}) + F_B(x-l) = F_2(x-l)$$

$$\frac{\partial M_3(x)}{\partial F_1} = 0$$

(3) 求位移 δ_{cy}。

$$\delta_{cy} = \frac{\partial U}{\partial F_1} = \int_0^{\frac{l}{2}} \frac{M_1(x)}{EI} \frac{\partial M_1(x)}{\partial F_1} dx + \int_{\frac{l}{2}}^l \frac{M_2(x)}{EI} \frac{\partial M_2(x)}{\partial F_1} dx + \int_l^{\frac{3l}{2}} \frac{M_3(x)}{EI} \frac{\partial M_3(x)}{\partial F_1} dx$$

$$= \frac{1}{EI} \int_0^{\frac{l}{2}} (\frac{F_1 - F_2}{2}) x \frac{x}{2} dx + \frac{1}{EI} \int_{\frac{l}{2}}^l (\frac{F_1}{2}(l-x) - \frac{F_2 x}{2}) \frac{l-x}{2} dx$$

$$= \frac{1}{EI} (\frac{F_1 l^3}{48} - \frac{F_2 l^3}{32}) \bigg|_{\substack{F_1=20\text{kN}\\ F_2=10\text{kN}\\ l=4\text{m}}} = \frac{20}{3EI}$$

计算结果为正，表示 C 截面位移与 F_1 方向一致，即位移向下。

11.4 小　　结

(1) 物体受到荷载作用时会发生变形，在荷载作用点即产生与荷载相应的位移。由于荷载是由零逐渐增加到最终值(静荷载)，于是荷载便要做功，其值等于荷载的最终值与其相应位移乘积的一半，即

$$W = \frac{1}{2} F\delta$$

式中，F 为广义力，δ 为广义位移。

若不计加载过程中的能量损失，根据能量守恒原理，外力功全部转变为变形能而储存于弹性体内，即

$$U = W$$

这便建立了荷载与位移之间的关系，据此可以研究物体的变形和位移，即能量法。

(2) 应用能量法计算杆件变形的前提是杆件处于线弹性范围内。

(3) 变形能是广义力或广义位移的二次函数，因此变形能恒为正，且变形能不能应用叠加原理。

(4) 变形能只与外力或位移的最终值有关，而与加载的程序无关。

(5) 卡氏定理是计算位移的一个重要方法，表达式为。

$$\delta_n = \frac{\partial U}{\partial F_n}$$

即变形能对任一外力 F_n 的偏导数，等于力 F_n 沿该力方向上相应的位移，计算结果为正，表示 δ_n 与 F_n 方向一致，否则相反。

(6) 在应用卡氏定理时，当所求位移截面无相应的外荷载，可以假设一个与所求位移相应的力 F'，作用在所求位移的截面处，然后计算出结构在原有荷载和 F' 共同作用下的变形能，再将变形能对 F' 求偏导数 $\frac{\partial U}{\partial F'}$，得出结果后，令 $F'=0$，即为所求。

(7) 若结构上同时作用有相同的外荷载，应将各荷载分别设为 $F_1, F_2 \cdots$，在求出 $\frac{\partial U}{\partial F_i} = \delta_i$ 的结果后，再令 $F_1 = F_2 = \cdots = F$，即为所求。

11.5 思 考 题

1. 如何理解外力在加载过程中所做的功 $W = \frac{1}{2} F \delta$？
2. 为什么求出梁的内力或变形可采用叠加原理，而求梁的弹性变形能不能采用叠加原理？
3. 计算弹性杆件变形能的基本原理是什么？
4. 试列出杆件在各种基本变形时的变形能计算式。
5. 如何理解变形能不可简单叠加，在计算杆件组合变形时，为什么变形能却是各基本变形能的叠加？
6. 若用卡氏定理求如图 11.11 所示刚架 A 截面的竖向位移时，在不计剪力和轴力对位移的影响下，能否用 $\frac{\partial U}{\partial F} = \delta_{Ay}$？为什么？

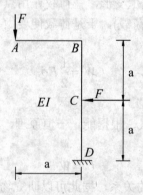

图 11.11 思考题 1 图

11.6 习 题

1. 两根圆截面直杆，材料相同，尺寸如图 11.12 所示，试比较两杆的变形能。

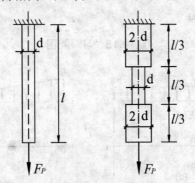

图 11.12 习题 1 图

2. 试计算如图 11.13 所示各梁的变形能。

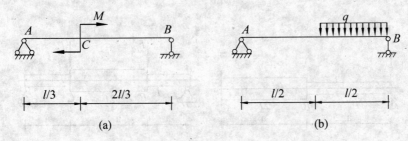

图 11.13 习题 2 图

3. 试用卡氏定理计算如图 11.14 所示各梁的挠度 w_A 和 w_B。

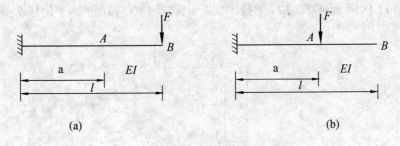

图 11.14 习题 3 图

4. 试用卡氏定理计算如图 11.15 所示各梁跨中 C 截面的挠度 w_C。
5. 试用卡氏定理计算如图 11.16 所示悬臂梁自由端的挠度 w_B 和转角 θ_B。

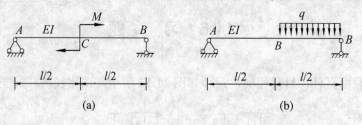

图 11.15 习题 4 图

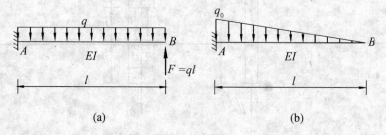

图 11.16 习题 5 图

6. 如图 11.17 所示变截面梁，试用卡氏定理求 F 作用下 B 截面竖向位移 y_B 和支座 A 的转角 θ_A。

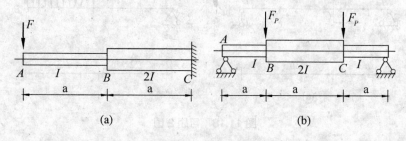

图 11.17 习题 6 图

7. 如图 11.18 所示刚架，EI =常数，试用卡氏定理求 C 截面的水平位移 δ_{Cx} 和转角 θ_C。

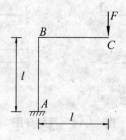

图 11.18 习题 7 图

第12章 材料研究的其他问题

提要：在以往各章中，我们所讨论的问题均是以常温、静载为前提条件的。如果构件的工作条件为高、低温或者受到动荷载作用，其力学性能将发生很大的变化。

(1) 材料在交变应力作用下的**疲劳破坏**与**疲劳极限**。由于疲劳破坏是突然发生的，构件破坏时的最大工作应力远低于材料的屈服极限，因此，我们需要研究材料的疲劳极限。

(2) 材料在动荷载作用下的力学性能。构件承受动荷载作用时，应变速率较大，其强度极限比承受静载高，屈服阶段不明显，塑性降低。在寒冷工作条件下，钢材应变的时效效应将降低钢板的韧性，很可能发生脆性断裂。因此，我们需要研究塑性材料阻止脆性断裂的能力，即**冲击韧性**。

(3) 材料在长期高温以及恒定荷载作用下的**蠕变**现象。由于材料在长期高温以及恒定荷载作用下的塑性变形将随着时间的增长而不断发展，将逐步取代其初始的弹性变形，所以使材料中的应力随时间的增长而逐渐降低。这就是**应力松弛**。

12.1 材料的疲劳破坏与疲劳极限

12.1.1 材料在交变应力下的疲劳破坏与疲劳极限

1. 金属材料的疲劳破坏

在工程中，有些构件内的应力随时间做交替变化。例如，吊车梁在可变荷载作用下，构件内的应力随时间而交替变化。又如，车轴所受的荷载虽不随时间改变，但是，由于车轴本身在旋转，横截面上除轴心外任一点的位置虽时间而改变，因此，该点的弯曲应力也随时间做周期性的变化。这种随时间作交替变化的应力，称为**交变应力**(alternating stress)。

像铁丝被反复弯折一样，钢材等金属材料在受到一次加力后而不破坏，但是当受到多次反复加力的作用后发生破坏，这种现象就是**疲劳破坏**(fatigue failure)。机器以及结构物发生破坏的原因约 70%~80% 是由疲劳破坏引起的。而疲劳破坏发生时，材料的最大工作应力远低于其屈服极限，没有明显的塑性变形。由于发生的是突然的断裂破坏，往往引起重大事故的发生，给社会带来很大的危害。因此对金属疲劳破坏机理的阐明以及以此作为基础建立强度设计方法、寿命预测方法和疲劳破坏防止方法是非常重要的。

交变应力作用下的疲劳破坏全然不同于静荷载作用下的破坏，其主要特征为：①构件内的最大工作应力远低于其静荷载作用下屈服强度或极限强度；②即使是塑性较好的钢材，疲劳破坏也是在没有明显塑性变形的情况下突然发生的；③疲劳破坏的断口表面呈现两个截然不同的区域，一是光滑区，另一是晶粒状的粗糙区，如图 12.1 所示。

近代的实验研究结果表明，疲劳破坏实质上是金属材料在交变应力的反复作用下，由于内部微小的缺陷或应力集中而产生塑性变形，萌生裂纹，随着外力的反复作用次数的增加，微小的裂纹逐渐扩展，最后导致材料的开裂或破坏。通常所说的疲劳断裂是指微观裂缝在连续反复的荷载作用下不断扩展直至**脆性断裂**(brittle fracture)。因此，疲劳破坏是由疲劳裂纹源的形成、疲劳裂纹的扩展和最后的脆断三个阶段所组成的破坏过程。

疲劳裂纹源的形成：金属内部结构并不均匀，从而造成应力传递的不平衡，有的地方会成为应力集中区。与此同时，金属表面的损伤以及金属内部的缺陷处还存在许多微小的裂纹。在足够大的交变应力持续作用下，金属材料中最不利位置处的晶粒沿最大切应力作用面形成滑移带，循环滑移也会形成微观裂纹。这种斜裂纹扩展到一定深度后，就会转为沿垂直于最大主应力方向扩展的平裂纹，从而形成宏观裂纹。

疲劳裂纹的扩展：当应力交替变化时，裂纹两侧表面的材料时而压紧，时而张开。由于材料的相互反复压紧，就形成了断口表面的光滑区域。因此，在最后断裂前，光滑区域就是已经形成的疲劳裂纹扩展区。

疲劳破坏的最后阶段：位于疲劳裂纹尖端区域内的材料处于高度的应力集中状态，而且通常是处于三向拉伸状态下，所以，当疲劳裂纹扩展到一定深度时，材料中能够传递应力的部分越来越少，在正常的最大工作应力下也可能发生骤然的扩展，当剩余截面不能继续传递应力时，就会引起材料剩余截面的脆性断裂。断口表面的粗晶粒状区域即为发生脆性断裂的剩余截面。

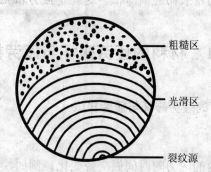

图 12.1　材料疲劳破坏断口分区示意图

2. 交变应力的基本参量

交变应力下的疲劳破坏与静应力下的破坏截然不同，因此，表征材料抵抗破坏能力的强度指标也不同。而且，金属的疲劳破坏与交变应力中的应力水平、应力变化情况以及应力循环次数等有关。为此，先介绍描述交变应力变化情况的基本参量。

设一简支梁上放置重量为 Q 的电动机，电动机转动时引起的干扰力为 $F\sin\omega t$，梁将产生受迫振动。如图 12.2 所示，梁跨中下边缘危险点处的拉应力将随时间按正弦曲线变化，这种应力随时间变化的曲线，称为**应力谱**(stress spectrum)。梁中危险点的应力，在某一固定的最大值 σ_{max} 与最小值 σ_{min} 之间做周期性的变化。应力变化的一个周期称为一次**应力循环**(stress cycle)。完成一次应力循环所需要的时间称为一个周期 T。应力循环中最小应力与最大应力的比值，称为交变应力的**应力比**(stress ratio)或循环特征，用 r 表示，即

$$r = \frac{\sigma_{min}}{\sigma_{max}} \tag{12.1}$$

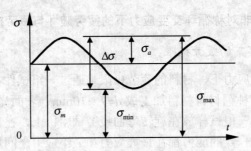

图 12.2 梁振动时的交变应力

最大应力 σ_{max} 与最小应力 σ_{min} 差值的二分之一称为**应力幅**(stress amplitude)，表示交变应力中的应力交替变化程度，即

$$\sigma_a = \frac{1}{2}(\sigma_{max} - \sigma_{min}) \tag{12.2}$$

最大应力 σ_{max} 与最小应力 σ_{min} 代数和的平均值称为平均应力，用 σ_m 表示

$$\sigma_m = \frac{1}{2}(\sigma_{max} + \sigma_{min}) \tag{12.3}$$

若 σ_{max} 与 σ_{min} 大小相等，符号相反，则应力比

$$r = \frac{\sigma_{min}}{\sigma_{max}} = -1 \tag{12.4}$$

$r = -1$ 时的情况称为**对称循环**(symmetrical circulation)。除对称循环外，其余应力循环都称为**非对称循环**(unsymmetrical circulation)。若非对称循环中的 $\sigma_{min} = 0$，则其应力比 $r = 0$，这种情况称为**脉动循环**(pulsatile circulation)。

构件在静应力作用下，各点处的应力保持恒定，均为 $\sigma_{max} = \sigma_{min}$。若将静应力视为交变应力的一种特殊情况，则其应力比为 $r = 1$。

以上点的应力若为切应力，则以 τ 代替 σ。此外，值得注意的是，最大应力和最小应力都是带正负号的，这里以绝对值较大者为最大应力，并规定为正，而与正号应力反向的最小应力则为负号。

3. 疲劳极限

金属材料在交变应力作用下，当其最大工作应力远低于屈服极限时，就可能发生疲劳破坏。因此，静载作用下测定的屈服极限或强度极限已不能作为其强度指标，疲劳的强度指标应重新测定。**疲劳强度**(fatigue strength)除与材料本身的性能有关外，还与变形形式、应力比和应力循环次数有关。疲劳强度可用疲劳试验来测定，如材料在对称循环弯曲时的疲劳强度可以按 GB 4337—84 旋转弯曲疲劳试验来测定。显然，试样所受交变应力中的最大应力 σ_{max} 越高，疲劳破坏所经历的应力循环次数 N 就越低。试样疲劳破坏所经历的应力循环次数，称为材料的**疲劳寿命**(fatigue life)。降低最大应力，疲劳强度将会提高，当最大应力降低至某一数值时，试样可经历无限次应力循环而不发生疲劳破坏，相应的最大应力值 σ_{max} 称为材料的**疲劳极限**(fatigue limit)，并用 σ_r 表示。下标 r 表示交变应力的应力比。

12.1.2 材料在对称与非对称循环交变应力下的疲劳破坏与疲劳极限

1. 材料在对称循环下的疲劳极限

在对称循环的交变应力下，材料的疲劳极限是通过一组试件在疲劳实验机上进行疲劳实验来测定的。用同一种钢材将材料加工成 $d=7\sim 10mm$、表面光滑的圆截面试样。

试验时，首先取第一根试样放在旋转弯曲疲劳试验机上，在试验过程中将试件不断旋转，因此，试件表面任一点的应力都在最大应力和最小应力之间周而复始的变化。使第一根试样的最大应力 $\sigma_{\max,1}$ 较高，经历 N_1 次循环后，试样发生疲劳破坏。N_1 称为应力为 $\sigma_{\max,1}$ 时的疲劳寿命。再取第二根试样，使其应力 $\sigma_{\max,2}$ 略低于第一根试样，经历 N_2 次循环后，试样发生疲劳破坏。依次降低应力水平，得出全组试样相应的疲劳寿命。整理试验结果可得到作用在材料上的交变应力的最大值和疲劳破坏关系的 S-N 曲线(S 代表正应力 σ 或切应力 τ)，它是疲劳强度设计的基础数据，$N_0=10^7$ 称为循环基数。

如果钢铁材料在完成 10^7 次的应力循环的疲劳试验后不发生疲劳破坏，就被认为永远不会发生疲劳破坏，此时的最大应力值称为钢材的疲劳极限。结构物就是以疲劳极限作为基准进行疲劳设计的。可是最近十几年来，在承受 10^7 次的应力循环以前被认为拥有疲劳极限的材料，在超过 10^7 次的应力循环以后的超长寿命区，被发现也有可能发生疲劳破坏。因此现行的寿命预测方法和设计规范已经不能满足超长寿命机械设备的使用要求。另外，将有限的资源长期充分地使用也是对社会持续发展的保障。因此超长寿命疲劳行为的研究是最近金属材料研究的一个重要的课题。

对于铜、铝等有色金属及其合金材料，由于其 S-N 曲线没有明显的水平直线部分，因此，我们一般规定一个循环基数，来测定其对应的最大应力作为这类材料的条件疲劳极限，用 $\sigma_r^{N_0}$ 表示。

2. 材料在非对称循环下的疲劳极限

在对称循环的交变应力下，$r=-1$，而在非对称循环的交变应力下，可以在给定的应力比 r 值下进行疲劳试验，求出相应的 S-N 曲线。利用 S-N 曲线便可以确定不同 r 值下的疲劳极限 σ_r。非对称循环的交变应力可以看成：在一个应力循环中的平均应力 σ_m 的基础上叠加一个应力幅为 σ_a 的对称循环的交变应力。

选取以平均应力 σ_m 为横轴，应力幅为 σ_a 为纵轴的坐标系如图 12.3 所示，对应任一个应力循环，由其 σ_m、σ_a 便可在坐标系中确定一个对应的 P 点。若把一点的纵、横坐标相加，就得到该点所代表的应力循环的最大应力，即

$$\sigma_{\max}=\sigma_m+\sigma_a \tag{12.6}$$

由原点到 P 点作射线 OP，其斜率为

$$\tan\alpha=\frac{\sigma_a}{\sigma_m}=\frac{\sigma_{\max}-\sigma_{\min}}{\sigma_{\max}+\sigma_{\min}}=\frac{1-r}{1+r} \tag{12.7}$$

由此可见，循环特征 r 相同的所有应力循环都在同一射线上。离原点越远，纵、横坐标之和越大，应力循环的 $\sigma_{\max}$ 也越大。显然，只要 $\sigma_{\max}$ 不超过同一循环特征 r 下的疲劳极限 σ_r，就不会出现疲劳破坏。所以，在每一条由原点出发的射线上，都有一个由疲劳极限确定的临界点。

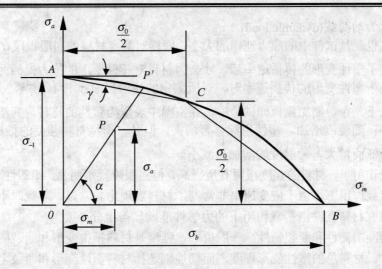

图 12.3 疲劳极限曲线

对于对称循环，$r=-1$，$\sigma_m=0$，$\sigma_a=\sigma_{\max}$，表明与对称循环对应的点都在纵轴上，由 σ_{-1} 在纵轴上确定对称循环的临界点 A。对于静载，$r=+1$，$\sigma_m=\sigma_{\max}$，$\sigma_a=0$，表明与静载对应的点都在横轴上，由 σ_b 在横轴上确定静载的临界点 B。对于脉动循环，$r=0$，由式(12.6)可知，$\tan\alpha=1$，表明与脉动循环对应的点都在 $\alpha=45°$ 的射线上，与其疲劳极限 σ_0 相应的临界点为 C。总之，对任一循环特性 r，都可确定与其疲劳极限相应的临界点。将 A、B、C 点连成光滑曲线即为疲劳极限曲线，如图 12.3 所示曲线 $AP'CB$。

在 $\sigma_m-\sigma_a$ 坐标平面内，由疲劳极限曲线与坐标轴所围成的区域内的点，它所代表的应力循环的最大应力必然小于同一循环特征 r 下的疲劳极限，因此，不会引起疲劳破坏。

对疲劳极限曲线的确定，通常只需在少数几种特殊循环特征下，由疲劳实验直接确定。然后分别将 A、B 点和 B、C 点连成的直线来近似地代替实际的疲劳极限曲线。

由于实际构件的外形、尺寸、表面质量以及工作环境与试样不同，因此都将影响疲劳极限的数值。可以分别通过应力集中系数、尺寸系数、表面质量系数等修正系数来反映。然后再考虑适当的安全系数来确定构件的疲劳许用应力。在建立疲劳强度极限时，则对名义应力进行计算。

对于焊接钢结构构件及其连接，往往需要考虑焊接残余应力的影响，因为钢结构的疲劳裂纹一般从焊缝处产生和发展。因此，在疲劳计算中，按照应力幅来建立疲劳强度条件，包括常幅疲劳和变幅疲劳。在钢结构设计规范的一般规定中指出，当应力变化的循环次数 $N\geq 10^5$ 时，应进行疲劳计算。而在应力循环中不出现拉应力的部位，则不必验算疲劳强度。

12.2 材料在动荷载作用下的力学性能

材料除了在交变应力作用下表现出与常温、静载时不同的力学性能外。应变速率及应力速率的大小同样会对材料的力学性能产生影响。试验研究指出，在**应变速率**(strain speed)超过 $\dot{\varepsilon}=\dfrac{d\varepsilon}{dt}=3mm/mm/s$ 以后，这种影响更加明显。使构件的应变速率超过 3mm/mm/s 的荷载，通常称为**动荷载**(dynamic load)。

加载速率也就是试样中的应力速率的大小，同样对测定材料的屈服极限 σ_s 有影响，当加载速率超过了塑性变形的传播速率后，才会因材料对塑性变形的抗力提高而显示出来。当加载速率低于塑性变形的传播速率时，对所测定的屈服极限 σ_s 没有影响。

一般情况下，在短期加载拉伸试验中，在室温中表现为塑性的材料，其塑性指标随温度降低而减小；随温度增加，塑性指标显著增大。但是，衡量材料强度的指标 σ_s 和 σ_b 却随着温度的降低而增大，随温度的增加而减小。

在动荷载作用下，材料的强度极限有所提高，但屈服阶段不明显，即塑性与韧性降低。构件在冲击荷载作用下，由于应变速率非常高，材料表现出与常温、静载时不同的力学性能，因此，研究材料在冲击荷载作用下的力学性能就显得十分必要。

韧性包括冲击韧性和断裂韧性。一般说来，强度是材料抵抗变形和断裂的能力，塑性是表示断裂时，材料总的塑性变形程度，而韧性则是指材料塑性变形和断裂全过程中吸收能量的能力，它是强度和塑性的综合表现。冲击韧性是指结构、构件承受动荷载或冲击荷载作用的能力。

在工程中，衡量材料抵抗冲击能力的标准，是冲断试件所需能量的多少。在冲击荷载作用下，构件积蓄的应变能在数值上等于冲击力所做的功。因此，在冲击试验中，将带有切槽的弯曲试样置于试验机的支架上，并使切槽位于受拉的一侧，如图 12.4 所示，当重锤从一定高度自由落下使试样一次作用冲断时，试样所吸收的能量等于重锤所做的功 W，称为材料的**冲击功**(impact energy)。冲击功对材料的组织缺陷十分敏感，能灵敏地反映材料品质、宏观缺陷和微观组织方面的微小变化。如果用每单位断口面积冲击力所做的功来表示，则称为材料的**冲击韧度**(impact toughness) α_K，其单位为 J/mm^2。

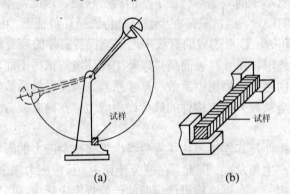

图 12.4 冲击试验示意图
(a) 冲击试验机；(b) 冲击试样

$$\alpha_K = \frac{W}{A} \tag{12.8}$$

α_K 越大，表示材料抗冲击的能力越强。不同种类的材料抗冲击能力相差很大，塑性材料的抗冲击能力远高于脆性材料，例如低碳钢的冲击韧性就远高于铸铁。

冲击韧度是材料的性能指标之一，同时冲击韧度的测量还与试样的尺寸、形状、支承条件等因素有关。为便于比较，测定冲击韧度时采用标准试样。我国通用的标准试样是两端简支的弯曲试样，分为 U 形切槽试样与 V 形切槽式样，如图 12.5(a)、图 12.5(b)所示。

冲击试样上开的切槽越尖锐，应力集中程度就越高，试样吸收的能量就越多，也就越能反映出材料阻止裂纹扩展的能力。所以，用V形切槽试样测定冲击韧度更为可靠。

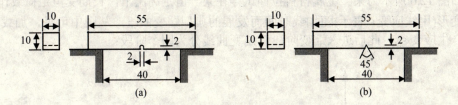

图 12.5　冲击试验标准试样

(a) U 形切槽试样；(b) V 形切槽试样

采用 V 形切槽试样时，所测得的冲击功 W 就是材料的冲击功，而不需要再除切口处截面积。显然，采用两种试样，试样的冲击韧度值不同。对于不同的材料，用两种切槽试样测得的冲击韧度之比值也不是一个常数，所以两者不能简单换算。

试验结果表明，α_K 的数值随温度的降低而减小。随着温度的降低，在某一狭窄的温度区间内，α_K 的数值骤然下降，材料变脆，这就是冷脆现象。使冲击韧度骤然下降的温度为**转变温度**(transformation temperature)。确定转变温度有两种约定的标准。第一种标准是由 V 形切槽试样断口外观分析确定。试样冲断后，断面的部分面积呈晶粒状，此为脆性断口，另一部分面积是纤维状，此为塑性断口。V 形切槽试样应力集中程度较高，因而断口分区比较明显。用一组 V 形切槽试样在不同温度下进行试验，晶粒状断口面积占整个断面面积的百分比，随温度降低而升高。一般把晶粒状断口面积占整个断面面积 50%时的温度，规定为转变温度，记为 FATT。另一种标准是用 U 形切槽试样的 α_K 值来确定。将一组材料、热处理状态、试样加工过程完全相同的 U 形切槽试样在不同温度下进行冲击试验，将所得到的数据整理成冲击韧度 α_K。以这一组试样的最大 α_K 值的 40%或最大与最小 α_K 值的算术平均值所对应的温度作为转变温度。

在寒冷工作条件下，钢板的冲击韧性对结构的工作性能非常重要。修建在寒冷地区的桥梁用钢要求在最低环境温度的条件下能保证冲击韧性。目前用于桥梁钢板的标准要求必须保证 0℃或−5℃时的韧性，有时甚至要保证−20℃和−40℃时的良好韧性。所以，在设计"规范"中，一般都根据使用经验而规定为在室温下不低于 0.77J/mm²～0.96 J/mm²，而对于在我国北方及高寒地区使用的桥梁，还规定了在−40℃低温下桥梁的冲击韧度值，以防止桥梁在严寒季节发生脆断。

12.3　材料在长期荷载作用下的蠕变现象

大量实验表明，材料在超过一定温度高温下，拉伸试件在名义应力作用下的塑性变形将随着时间的增长而不断发展，这种现象称为**蠕变**(creep)。蠕变引起构件的真实应力不断增加，当真实应力达到材料的极限应力时，构件发生断裂。当构件发生蠕变时，若保持总伸长量不变，则构件中的应力会随着蠕变的发展而逐渐减小，这种现象称为**应力松弛**。如拉伸试样在高温和恒定荷载作用下，维持两端位置固定不动，则材料随时间而发展的蠕变变形将逐步取代其初始的弹性变形，从而使试样中的应力随时间的增长而逐渐降低。

如图 12.6 所示为某一金属材料拉伸试样在某一恒定高温下，长期受恒定荷载作用时，蠕变变形(用线应变 ε 表示)随加载时间而发展的典型蠕变曲线。从图中可见，加载后材料首先产生应变 ε_0，此后进入蠕变阶段，蠕变曲线分为四个阶段：

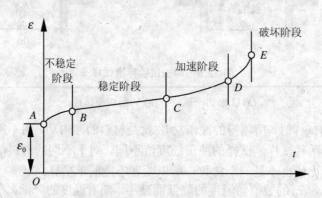

图 12.6　拉伸试样在恒定高温下的蠕变曲线

AB：不稳定阶段。在蠕变开始的 AB 段内，蠕变变形增加较快，但其应变速率则逐渐降低，由于这一阶段的蠕变速率不稳定，因此，称为不稳定阶段。

BC：稳定阶段。BC 段内蠕变速率达到最低并保持为常数。

CD：加速阶段。过了 C 点后直至 D 点，蠕变速率又逐渐增大。但其变化并不很大。

DE：破坏阶段。达到 D 点后，蠕变速度骤然增加，经过较短时间试样就断裂了，有时，在试样上也会出现"颈缩"。

影响蠕变的两个主要因素是温度和应力水平。构件的工作温度越高，蠕变速率就越大，当温度超过某一界限值后就会发生明显的蠕变变形，这一温度的界限值称为**蠕变临界温度**(creep critical temperature)。在给定的应力水平下，蠕变临界温度通常约为材料的熔点的一半，软金属(如铅)以及某些非金属材料(如塑料)在常温下即可发生蠕变变形。而对于高温合金则在很高的温度下才会发生蠕变。在很高的拉应力水平下，冷拔预应力钢丝即使在常温下也可以看到明显的蠕变现象。

工程上常用的混凝土材料在常温下也会发生蠕变和松弛，但其物理实质和金属材料完全不同，只是具有金属材料相仿的蠕变和松弛现象。

12.4　小　　结

1. 材料在交变应力作用下的疲劳破坏

材料发生疲劳破坏的应力低于静荷载作用下的极限应力。因此，必须研究材料经历无穷多次应力循环或在经历了规定的较多的循环次数后而不破坏的最大应力(一个应力循环中最大应力)，该最大应力称为材料的耐劳极限。不同的材料、不同的循环特征，耐劳极限不同，构件的耐劳极限还与构件的外形或应力集中程度、构件尺寸、构件表面质量和腐蚀性环境等因素有关。

2. 材料在动荷载作用下的力学性能

当应变速率 $\dot{\varepsilon} \geqslant 3$mm/mm/s 后，塑性性能降低，而在冲击荷载作用下塑性性能下降得更明显。在低温下更是如此，在低于某一温度即转变温度后，材料发生冷脆现象。材料抵抗冲击荷载的能力用冲击韧度来衡量，冲击韧度由带 U 形切槽或 V 形切槽的标准试件的冲击试验测定。在低温下工作的构件，应对其冲击韧度或转变温度提出相应的要求。至于在动荷载或冲击荷载作用下构件的应力和变形的计算本教材未涉及，有兴趣的读者可参考有关文献。在有关规范中则以各类动荷载系数进行修正。

3. 材料在高温和长期荷载作用下的蠕变和松弛

在名义应力水平较高且恒定的情况下，蠕变变形随时间而增加，真实应力不断增加最后达到极限应力而发生破坏；与此相反的现象是应力松弛，对构件施加一定荷载使其发生变形，而后在保持应变不变的情况下，蠕变变形将逐步代替弹性变形，从而使其应力不断减小，达不到规定的应力水平。因此，工程上需要考虑蠕变变形和应力松弛的影响。

12.5 思 考 题

1. 交变应力下材料发生破坏的原因是什么？它与静荷载下的破坏有何区别？
2. 对于同一变形形式下的材料(光滑小试样)而言，在哪种应力循环中的疲劳极限最低？
3. 试举出下列几种交变应力的工程实例：(1)应力是对称循环的；(2)应力是脉动循环的；(3)交变应力的循环特征保持不变；(4)交变应力的平均应力保持不变；(5)交变应力的最小应力保持不变。
4. 采取哪些措施可以提高构件的疲劳强度？
5. 应变速率及应力速率对材料的力学性能有何影响？
6. 何谓蠕变与松弛？
7. 通常用什么物理量来表示材料的冲击韧度？材料的冲击韧度是怎样测定的？
8. 如何测定材料的转变温度？

12.6 习 题

1. 已知某发动机连杆的大头螺钉在工作时受到的最大拉力 $F_{max} = 58.3$ kN，最小拉力 $F_{min} = 55.8$ kN。螺纹处内径 $d = 11.5$mm。试求其平均应力 σ_m、应力幅 σ_a、循环特征 r，并作出 $\sigma - t$ 曲线。
2. 在 $\sigma_m - \sigma_a$ 坐标系中，标出与图 12.7 所示应力循环对应的点，并求出自原点出发并通过这些点的射线与 σ_m 轴的夹角 α。

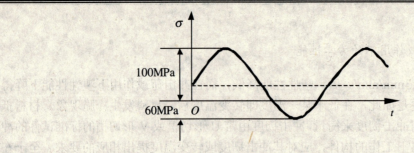

图 12.7 习题 2 图

附录 1 截面图形的几何性质

教学提示：在对构件进行应力和强度等计算时，需要用到构件截面图形的几何性质，即与构件截面几何形状和尺寸有关的一些量，例如形心、静矩、惯性矩、惯性半径、极惯性矩、惯性积等。本章的主要内容就是讨论这些几何性质的定义和计算。

教学要求：通过本章学习，要求理解形心、静矩、惯性矩、极惯性矩、惯性积和主惯性矩的概念，会用平行移轴公式计算组合截面对形心轴的惯性矩、主惯性矩等。

受力构件的承载能力，不仅与材料性能和加载方式有关，而且与构件截面的几何形状和尺寸有关。当研究构件的强度、刚度和稳定性问题时，都要涉及到一些与截面形状和尺寸有关的几何量。这些几何量包括：形心、静矩、惯性矩、惯性半径、极惯性矩、惯性积、主惯性矩等，统称为"截面图形的几何性质"。研究这些几何性质时，完全不需考虑研究对象的物理和力学因素，只作为纯几何问题处理。

附 1.1 静矩与形心

考察如图附 1.1 所示任意截面几何图形。在其上取面积微元 dA，设该微元在 Oyz 坐标系中的坐标为 $(y、z)$。定义下列积分

$$S_y = \int_A z \, dA, \qquad S_z = \int_A y \, dA \qquad (\text{附 }1.1)$$

图附 1.1

分别为截面图形对 y 轴和 z 轴的静矩(或称为面积矩)。其量纲为长度的三次方。常用单位是 m^3 或 mm^3。

由于均质等厚薄板的重心与薄板截面图形的形心有相同的坐标(y_C、z_C)，即

$$y_C = \frac{\int_A y \, dV}{V} = \frac{\int_A y \, dA}{A} = \frac{S_z}{A}$$

$$z_C = \frac{\int_A z \, dV}{V} = \frac{\int_A z \, dA}{A} = \frac{S_y}{A}$$

所以，形心坐标为

$$y_C = \frac{\int_A y\mathrm{d}A}{A} = \frac{S_z}{A}, \qquad z_C = \frac{\int_A z\mathrm{d}A}{A} = \frac{S_y}{A} \qquad (\text{附 }1.2a)$$

或

$$S_y = A \cdot z_C, \qquad S_z = A \cdot y_C \qquad (\text{附 }1.2b)$$

由式(附1.2)可知，若某坐标轴通过形心轴，则图形对该轴的静矩等于零，即若 $y_C = 0$，则 $S_z = 0$，或若 $z_C = 0$，则 $S_y = 0$；反之，若图形对某一坐标轴的静矩等于零，则该坐标轴必然通过图形的形心。静矩与所选坐标轴有关，其值可能为正、负或零。

如果一个截面图形是由几个简单平面图形组合而成，则称为组合截面图形。设第 i 个组成部分的面积为 A_i，其形心坐标为 (y_{Ci}, z_{Ci})，则其静矩和形心坐标分别为

$$S_z = \sum_{i=1}^{n} A_i y_{Ci}, \qquad S_y = \sum_{i=1}^{n} A_i z_{Ci} \qquad (\text{附 }1.3)$$

$$y_C = \frac{S_z}{A} = \frac{\sum_{i=1}^{n} A_i y_{Ci}}{\sum_{i=1}^{n} A_i}, \qquad z_C = \frac{S_y}{A} = \frac{\sum_{i=1}^{n} A_i z_{ci}}{\sum_{i=1}^{n} A_i} \qquad (\text{附 }1.4)$$

【例附1.1】 求图附1.2所示半圆形截面图形的静矩 S_y，S_z 及形心位置坐标。

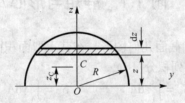

图附1.2

解：由对称性可知，$y_C = 0$，$S_z = 0$。现取平行于 y 轴的狭长条作为微面积 $\mathrm{d}A$，则有

$$\mathrm{d}A = y\mathrm{d}z = 2\sqrt{R^2 - z^2}\mathrm{d}z$$

所以

$$S_y = \int_A z\mathrm{d}A = \int_0^R z \cdot 2\sqrt{R^2 - z^2}\mathrm{d}z = \frac{2}{3}R^3$$

$$z_C = \frac{S_y}{A} = \frac{4R}{3\pi}$$

读者自己也可用极坐标求解。

【例附1.2】 试求图附1.3所示组合截面图形的形心位置。

解：将图形看做由两个矩形Ⅰ和Ⅱ组成，在图示坐标下每个矩形的面积及形心位置分别为

矩形Ⅰ： $A_1 = 120 \times 10 = 1200\,\mathrm{mm}^2$

$$y_{C1} = \frac{10}{2} = 5\,\mathrm{mm}, \qquad z_{C1} = \frac{120}{2} = 60\,\mathrm{mm}$$

矩形Ⅱ： $A_2 = 70 \times 10 = 700\,\mathrm{mm}^2$

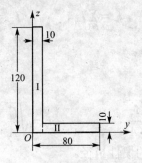

图附 1.3

$$y_{C2} = 10 + \frac{70}{2} = 45\,\text{mm}, \qquad z_{C1} = \frac{10}{2} = 5\,\text{mm}$$

整个图形形心 C 的坐标为

$$y_C = \frac{A_1 y_{C1} + A_2 y_{C2}}{A_1 + A_2} = \frac{1200 \times 5 + 700 \times 45}{1200 + 700} = 19.7\,\text{mm}$$

$$z_C = \frac{A_1 z_{C1} + A_2 z_{C2}}{A_1 + A_2} = \frac{1200 \times 60 + 700 \times 5}{1200 + 700} = 39.7\,\text{mm}$$

附 1.2 惯性矩 惯性积 极惯性矩

附 1.2.1 惯性矩和惯性积

考察如图附 1.4 所示任意截面图形，在其上取面积微元 $\text{d}A$，设该微元在 Oyz 坐标系中的坐标为 $(y、z)$。定义下列积分

$$I_y = \int_A z^2 \text{d}A, \qquad I_z = \int_A y^2 \text{d}A, \qquad I_{yz} = \int_A yz\,\text{d}A \qquad (\text{附 } 1.5)$$

图附 1.4

其中，I_y 和 I_z 分别称为截面图形对 y 轴和 z 轴的惯性矩，I_{yz} 称为截面图形对 y 轴和 z 轴的惯性积。其量纲为长度的四次方。I_y 和 I_z 恒为正值；I_{yz} 可为正值或负值，且若 $y、z$ 轴中有一根为对称轴，则惯性积 I_{yz} 为零。

设 I_{yi}，I_{zi}，I_{yzi} 分别为组合图形第 i 组成部分对 $y、z$ 轴的惯性矩和惯性积，则组合图形的惯性矩和惯性积分别为

$$I_y = \sum_{i=1}^{n} I_{yi}, \qquad I_z = \sum_{i=1}^{n} I_{zi}, \qquad I_{yz} = \sum_{i=1}^{n} I_{yzi} \qquad (附1.6)$$

附1.2.2 惯性半径

定义

$$i_y = \sqrt{\frac{I_y}{A}}, \qquad i_z = \sqrt{\frac{I_z}{A}} \qquad (附1.7)$$

分别为截面图形对 y 轴和对 z 轴的惯性半径。

附1.2.3 极惯性矩

若以 ρ 表示微面积 dA 到坐标原点 O 的距离(图附1.4),则定义图形对坐标原点 O 的极惯性矩为

$$I_p = \int_A \rho^2 dA \qquad (附1.8)$$

因为

$$\rho^2 = y^2 + z^2$$

所以,极惯性矩与(轴)惯性矩间有如下关系

$$I_p = \int_A (y^2 + z^2) dA = I_y + I_z \qquad (附1.9)$$

式(附1.9)表明,图形对任意两个互相垂直轴的(轴)惯性矩之和,等于它对该两轴交点的极惯性矩。

【例附1.3】 试计算图附1.5(a)所示矩形截面对其对称轴(形心轴)x 和 y 轴的惯性矩。

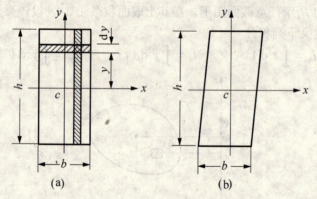

图附1.5

解:先计算截面对 x 轴的惯性矩 I_x。取平行于 x 轴的狭长条作为微面积,即 $dA = bdy$,由定义式(附1.5)得

$$I_x = \int_A y^2 dA = \int_{-\frac{h}{2}}^{\frac{h}{2}} by^2 dy = \frac{bh^3}{12}$$

同理,在计算对 y 轴的惯性矩 I_y 时,可以取 $dA = hdx$。由定义式(附1.5)得

$$I_y = \int_A x^2 dA = \int_{-\frac{b}{2}}^{\frac{b}{2}} hx^2 dx = \frac{b^3 h}{12}$$

若截面是高度为 h 的平行四边形(图附 1.5(b)),则它对于形心轴 x 的惯性矩同样为 $I_x = \dfrac{bh^3}{12}$,请读者自行验证。

【例附 1.4】 试求图附 1.6 所示圆形截面的惯性矩 I_y, I_z,惯性积 I_{yz} 和极惯性矩 I_P。

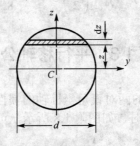

图附 1.6

解:取微面积 dA 如图附 1.6 所示,根据定义

$$I_y = \int_A z^2 dA = \int_{-\frac{d}{2}}^{\frac{d}{2}} z^2 \cdot 2\sqrt{R^2 - z^2} dz = \frac{\pi d^4}{64}$$

由于轴对称性,则有

$$I_y = I_z = \frac{\pi d^4}{64}, \quad I_{yz} = 0$$

由公式(附 1.9)得

$$I_P = I_y + I_z = \frac{\pi d^4}{32}$$

对于外径为 D、内径为 d 的空心圆截面,则有

$$I_y = I_z = \frac{\pi D^4}{64}(1 - \alpha^4), \quad \alpha = \frac{d}{D}$$

$$I_P = \frac{\pi D^4}{32}(1 - \alpha^4)$$

【例附 1.5】 求图附 1.7 所示三角形图形的惯性矩 I_y 及惯性积 I_{yz}。

解:取平行于 y 轴的狭长矩形作为微面积,由于 $dA = y dz$,其中宽度 y 随 z 变化,$y = \dfrac{b}{h}z$。

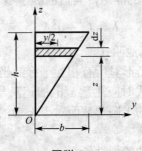

图附 1.7

则由公式(附 1.5)得

$$I_y = \int_A z^2 dA = \int_0^h \frac{b}{h} z^3 dz = \frac{bh^3}{4}$$

$$I_{yz} = \int_0^h z \cdot \left(\frac{y}{2}\right) \cdot y dz = \frac{b^2 h^2}{8}$$

附 1.3　平行移轴公式

同一平面图形对于相互平行的两对直角坐标轴的惯性矩或惯性积并不相同，如果其中一对轴是图形的形心轴(y_C, z_C)时，如图附 1.8 所示，可得到如下平行移轴公式

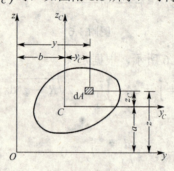

图附 1.8

$$\left.\begin{array}{l} I_y = I_{y_C} + a^2 A \\ I_z = I_{z_C} + b^2 A \\ I_{yz} = I_{y_C z_C} + abA \end{array}\right\} \quad (\text{附 1.10})$$

式中，(b, a)是平面图形的形心坐标，A 是平面图形的面积。

现简单证明之。

由于

$$z = z_c + a, \quad y = y_c + b$$

所以

$$I_y = \int_A z^2 dA = \int_A (z_C + a)^2 dA = \int_A z_C^2 dA + 2a \int_A z_C dA + a^2 \int_A dA$$

其中，$\int_A z_C dA$ 为图形对形心轴 y_C 的静矩，其值应等于零，则得

$$I_y = I_{y_C} + a^2 A$$

同理可以证明(附 1.10)中的其他两式。

式(附 1.10)表明：同一平面图形对所有相互平行的坐标轴的惯性矩中，对形心轴的惯性矩最小。在使用惯性积移轴公式时应注意 a, b 的正负号。

【例附 1.6】 试求图附 1.9 所示的半圆形截面对于 x 轴的惯性矩，其中 x 轴与半圆形的底边平行，相距 1 m。

解：易知半圆形截面对其底边的惯性矩为

$$I_{x_0} = \frac{1}{2} \cdot \frac{\pi d^4}{64} = \frac{\pi r^4}{8}$$

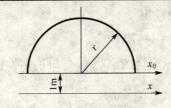

图附 1.9

用平行移轴公式(附 1.10)求得截面对形心轴的惯性矩为

$$I_{x_c} = \frac{\pi r^4}{8} - \frac{\pi r^2}{2} \cdot (\frac{4r}{3\pi})^2 = \frac{\pi r^4}{8} - \frac{8r^4}{9\pi}$$

再用平行移轴公式(附 1.10)求得截面对 x 轴的惯性矩为

$$I_x = I_{x_c} + \frac{\pi r^2}{2} \cdot (1 + \frac{4r}{3\pi})^2 = \frac{\pi r^4}{8} - \frac{8r^4}{9\pi} + \frac{\pi r^2}{2} + \frac{4r^3}{3} + \frac{8r^4}{9\pi}$$

工程计算中应用最广泛的是求组合图形的惯性矩与惯性积,即求图形对于通过其形心的轴的惯性矩与惯性积。为此一般都需应用平行移轴公式。下面举例说明。

【例附 1.7】 确定图附 1.10 所示组合图形的形心位置,并计算该平面图形对形心轴 y_C 的惯性矩。

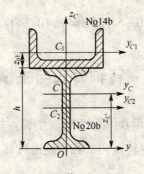

图附 1.10

解:(1) 查型钢表
槽钢 No14b

$$A_1 = 21.316 \text{cm}^2 \quad I_{y_{C1}} = 61.1 \text{cm}^4 \quad z_{o1} = 1.67 \text{cm}$$

工字钢 No20b

$$A_2 = 39.578 \text{cm}^2 \quad I_{y_{C2}} = 2500 \text{cm}^4 \quad h = 20 \text{cm}$$

(2) 计算形心位置
由组合图形的对称性(对称轴是 z_C 轴)知:$y_C = 0$

$$z_C = \frac{A_1 \cdot z_{C1} + A_2 \cdot z_{C2}}{A_1 + A_2} = \frac{21.316 \times (1.67 + 20) + 39.578 \times 10}{21.316 + 39.578} = 14.09 \text{cm}$$

(3) 用平行移轴公式计算各个图形对 y_C 轴的惯性矩

$$I_{y_C}^{\mathrm{I}} = I_{y_{C1}} + \overline{CC_1}^2 \cdot A_1 = 61.1 + (1.67 + 20 - 14.09)^2 \times 21.316 = 1285.8 \text{cm}^4$$

$$I_{y_C}^{\mathrm{II}} = I_{y_{C2}} + \overline{CO}^2 \cdot A_2 = 2500 + (14.09 - 10)^2 \times 39.578 = 3162.1 \text{cm}^4$$

(4) 求组合图形对 y_C 轴的惯性矩

$$I_{y_C} = I_{y_C}^{I} + I_{y_C}^{II} = 4447.9 \text{cm}^4$$

【例附 1.8】 计算图附 1.11 所示组合图形对 y、z 轴的惯性积。

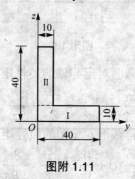

图附 1.11

解：将图形分成 I、II 两部分，由定义式(附 1.5)得

$$I_{yz} = \int_A yz dA = \int_{A_1} yz(dydz) + \int_{A_2} yz(dydz) = \int_0^{40} ydy \int_0^{10} zdz + \int_0^{10} ydy \int_{10}^{40} zdz$$

$$= 40000 + 37500 = 77500 \text{mm}^4$$

或者由平行移轴公式(附 1.10)得

$$I_{yz} = \sum (I_{y_{ci}z_{ci}} + a_i b_i A_i) = [0 + 5 \times 20 \times (40 \times 10)] + [0 + 25 \times 5 \times (10 \times 30)] = 77500 \text{mm}^4$$

附 1.4 转轴公式与主惯性轴

任意平面图形(如图附 1.12 所示)对 y 轴和 z 轴的惯性矩和惯性积，可由式(附 1.5)求得。若将坐标轴 y,z 绕坐标原点 O 点旋转 α 角，且以逆时针转角为正，则新旧坐标轴之间应有如下关系

$$\left.\begin{array}{l} y_1 = y\cos\alpha + z\sin\alpha \\ z_1 = z\cos\alpha - y\sin\alpha \end{array}\right\} \quad \text{(附 1.11)}$$

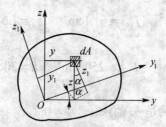

图附 1.12

将式(附 1.11)代入惯性矩及惯性积的定义式(附 1.5)，则可得相应量的新、旧转换关系，即转轴公式

$$I_{y_1} = \frac{I_y + I_z}{2} + \frac{I_y - I_z}{2}\cos 2\alpha - I_{yz}\sin 2\alpha \quad \text{(附 1.12)}$$

$$I_{z_1} = \frac{I_y + I_z}{2} - \frac{I_y - I_z}{2}\cos 2\alpha + I_{yz}\sin 2\alpha \qquad (附1.13)$$

$$I_{y_1 z_1} = \frac{I_y - I_z}{2}\sin 2\alpha + I_{yz}\cos 2\alpha \qquad (附1.14)$$

若令 α_0 是惯性矩为极值时的方位角，则由条件 $\dfrac{dI_{y_1}}{d\alpha}=0$，可得

$$\tan 2\alpha_0 = -\frac{2I_{yz}}{I_y - I_z} \qquad (附1.15)$$

由式(附1.15)可以求出 α_0。由 α_0 确定的一对坐标轴 y_0 和 z_0 称为主惯性轴。

由(附1.15)式求出 $\sin 2\alpha_0$，$\cos 2\alpha_0$ 后，代入式(附1.12)与(附1.13)，即可得到惯性矩的两个极值，称主惯性矩。主惯性矩的计算公式为

$$I_{\max} = \frac{I_y + I_z}{2} + \frac{1}{2}\sqrt{(I_y - I_z)^2 + 4I_{yz}^2} \qquad (附1.16)$$

$$I_{\min} = \frac{I_y + I_z}{2} - \frac{1}{2}\sqrt{(I_y - I_z)^2 + 4I_{yz}^2} \qquad (附1.17)$$

而此时惯性积等于零。因此也可以说：图形对一对正交坐标轴的惯性积等于零，则这一对坐标轴称为主惯性轴，简称为主轴。

由(附1.14)式还可证明

$$I_{y1} + I_{z1} = I_y + I_z \qquad (附1.18)$$

即通过同一坐标原点的任意一对直角坐标轴的惯性矩之和为一常量。

若主惯性轴通过截面形心，则称为形心主惯性轴，相应的主惯性矩称为形心主惯性矩。显然，若截面图形有对称轴，则对称轴一定是形心主惯性轴。

【例附1.9】 确定图附1.13所示截面图形的形心主惯性轴位置，并计算形心主惯性矩。

解：(1) 首先建立截面图形的形心坐标系 Cyz 如图附1.13所示。利用平行移轴公式分别求出各矩形对 y 轴和 z 轴的惯性矩和惯性积。

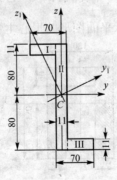

图附1.13

矩形 I：

$$I_y^{\text{I}} = I_{y_{C1}}^{\text{I}} + a_1^2 A_1 = \frac{1}{12}\times 0.059^3\times 0.011 + 0.0745^2\times 0.011\times 0.059 = 360.9\,\text{cm}^4$$

$$I_z^{\text{I}} = I_{z_{C1}}^{\text{I}} + b_1^2 A_1 = \frac{1}{12}\times 0.059\times 0.011^3 + (-0.035)^2\times 0.011\times 0.059 = 98.2\,\text{cm}^4$$

$$I_{yz}^{\mathrm{I}} = I_{y_{C1}z_{C1}}^{\mathrm{I}} + a_1 b_1 A_1 = 0 + (-0.035) \times 0.0745 \times 0.011 \times 0.059 = -169\,\mathrm{cm}^4$$

矩形 II：

$$I_y^{\mathrm{II}} = I_{y_{C1}}^{\mathrm{II}} = \frac{1}{12} \times 0.011 \times 0.16^3 = 3769\,\mathrm{cm}^4$$

$$I_z^{\mathrm{II}} = I_{z_{C1}}^{\mathrm{II}} = \frac{1}{12} \times 0.16 \times 0.011^3 = 1.78\,\mathrm{cm}^4$$

$$I_{yz}^{\mathrm{II}} = 0$$

矩形 III：

$$I_y^{\mathrm{III}} = I_y^{\mathrm{I}} = 360.9\,\mathrm{cm}^4$$
$$I_z^{\mathrm{III}} = I_z^{\mathrm{I}} = 98.2\,\mathrm{cm}^4$$
$$I_{yz}^{\mathrm{III}} = I_{yz}^{\mathrm{I}} = -169\,\mathrm{cm}^4$$

整个图形对 y 轴和 z 轴的惯性矩和惯性积分别为

$$I_y = I_y^{\mathrm{I}} + I_y^{\mathrm{II}} + I_y^{\mathrm{III}} = 1097.3\,\mathrm{cm}^4$$

$$I_z = I_z^{\mathrm{I}} + I_z^{\mathrm{II}} + I_z^{\mathrm{III}} = 198\,\mathrm{cm}^4$$

$$I_{yz} = I_{yz}^{\mathrm{I}} + I_{yz}^{\mathrm{II}} + I_{yz}^{\mathrm{III}} = -338.4\,\mathrm{cm}^4$$

(2) 将求得的 I_y，I_z，I_{yz} 代入式(附1.16)得

$$\tan 2\alpha_0 = \frac{-2 I_{zy}}{I_y - I_z} = \frac{-2 \times (-338)}{1097.3 - 198} = 0.752$$

则

$$\alpha_0 = 18.5° \text{或} 108.5°$$

α_0 的两个值分别确定了形心主惯性轴 y_0 和 z_0 的位置，由公式(附1.12)、(附1.13)得

$$I_{y_0} = \frac{1097.3 + 198}{2} + \frac{1097.3 - 198}{2} \cos 37° - (-338)\sin 37° = 1210\,\mathrm{cm}^4$$

$$I_{z_0} = \frac{1097.3 + 198}{2} + \frac{1097.3 - 198}{2} \cos 217° - (-338)\sin 217° = 85\,\mathrm{cm}^4$$

【例附 1.10】 试确定图附 1.14 所示平面图形的形心主惯性轴的位置，并求形心主惯性矩。

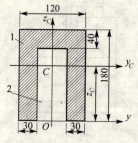

图附 1.14

解：(1) 计算形心位置：组合图形由外面矩形 1 减去里面矩形 2 组合而成。
由组合图形的对称性(对称轴是 z_C 轴)知：$y_C = 0$

$$z_C = \frac{A_1 \cdot z_{C1} - A_2 \cdot z_{C2}}{A_1 - A_2} = \frac{120 \times 180 \times 90 - 60 \times 140 \times 70}{120 \times 180 - 60 \times 140} = 102.7\,\mathrm{mm}$$

(2) 计算平面图形对 z_C 轴和 y_C 轴的惯性矩

$$I_{z_C} = \frac{1}{12} \times 180 \times 120^3 - \frac{1}{12} \times 140 \times 60^3 = 23.4 \times 10^6 \text{ mm}^4$$

$$I_{y_C} = \left[\frac{1}{12} \times 120 \times 180^3 + (102.7-90)^2 \times 120 \times 180\right]$$
$$- \left[\frac{1}{12} \times 60 \times 140^3 + (102.7-70)^2 \times 60 \times 140\right]$$
$$= 39.1 \times 10^6 \text{ mm}^4$$

(3) 由于 z_C 轴是对称轴，所以 y_C 轴和 z_C 轴是形心主惯性轴，形心主惯性矩即为

$$I_{yc0} = I_{y_C} = 39.1 \times 10^6 \text{ mm}^4$$
$$I_{zc0} = I_{z_C} = 23.4 \times 10^6 \text{ mm}^4$$

附 1.5 习 题

1. 试求图附 1.15 所示图形的形心位置。

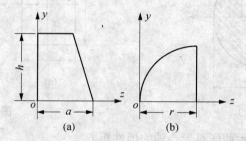

图附 1.15

2. 试求图附 1.16 所示图形的水平形心轴 z_C 的位置，并分别计算 z_C 轴两侧图形对 z_C 轴的静矩。

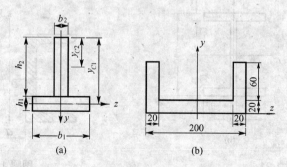

图附 1.16

3. 已知图附 1.17 所示组合图形中：$b_1 = 100$mm，$b_2 = 20$mm，$h_1 = 20$mm，$h_2 = 100$mm，试确定其形心位置。

4. 试求图附 1.18 所示三角形截面对通过顶点 A 并平行于底边 BC 的轴 x 的惯性矩。

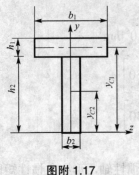
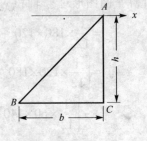

图附 1.17　　　　　　　　　　　图附 1.18

5. 在直径 $D=8a$ 的圆截面中，开了一个 $2a\times 4a$ 的矩形孔，如图附 1.19 所示，试求截面对其水平形心轴和竖直形心轴的惯性矩。

6. 试求图附 1.20 所示矩形及圆形截面的惯性半径。

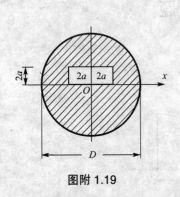
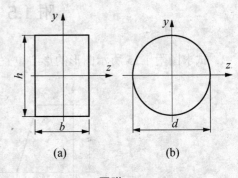

图附 1.19　　　　　　　　　　　图附 1.20

7. 试求图附 1.21 所示截面对形心轴的惯性矩 I_{zc}。

8. 采用两根槽钢 16 焊接成如图附 1.22 所示截面。若要使两个形心主惯性矩 I_x 和 I_y 相等，两槽钢之间的距离 a 应为多少？

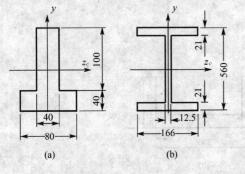
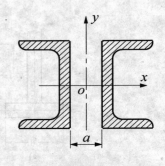

图附 1.21　　　　　　　　　　　图附 1.22

9. 试求图附 1.23 所示组合截面对其水平形心轴 x 的惯性矩。

10. 试确定图附 1.24 所示图形对通过坐标原点 O 的主惯性轴的位置，并计算主惯性矩。

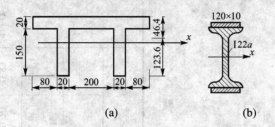

(a)   (b)

图附 1.23

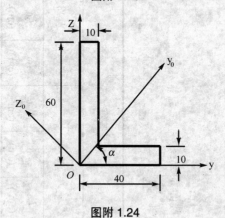

图附 1.24

附录 2　型钢规格表

表附 2-1　热轧等边角钢(GB 9787—1998)

符号意义：
b——边宽度；
d——边厚度；
r——内圆弧半径；
r_1——边端内圆弧半径；

I——惯性矩；
i——惯性半径；
W——弯曲截面系数；
z_0——重心距离。

参考答案

角钢号数	尺寸(mm)			截面面积 (cm²)	理论重量 (kg/m)	外表面积 (m²/m)	$x-x$			x_0-x_0			y_0-y_0			x_1-x_1	z_0 (cm)
	b	d	r				I_x (cm⁴)	i_x (cm)	W_x (cm³)	I_{x0} (cm⁴)	i_{x0} (cm)	W_{x0} (cm³)	I_{y0} (cm⁴)	i_{y0} (cm)	W_{y0} (cm³)	I_{x1} (cm⁴)	
2	20	3	3.5	1.132	0.889	0.078	0.40	0.59	0.29	0.63	0.75	0.45	0.17	0.39	0.20	0.81	0.60
		4		1.459	1.145	0.077	0.50	0.58	0.36	0.78	0.73	0.55	0.22	0.38	0.24	1.09	0.64
2.5	25	3		1.432	1.124	0.098	0.82	0.76	0.46	1.29	0.95	0.73	0.34	0.49	0.33	1.57	0.73
		4		1.859	1.459	0.097	1.03	0.74	0.59	0.62	0.93	0.92	0.43	0.48	0.40	2.11	0.76

附录2 型钢规格表

续表

角钢号数	尺寸 (mm) b	d	r	截面面积 (cm²)	理论重量 (kg/m)	外表面积 (m²/m)	参考答案 x-x I_x (cm⁴)	i_x (cm)	W_x (cm³)	x_0-x_0 I_{x0} (cm⁴)	i_{x0} (cm)	W_{x0} (cm³)	y_0-y_0 I_{y0} (cm⁴)	i_{y0} (cm)	W_{y0} (cm³)	x_1-x_1 I_{x1} (cm⁴)	z_0 (cm)
3.0	30	3	4.5	1.749	1.373	0.117	1.46	0.91	0.68	2.31	1.15	1.09	0.61	0.59	0.51	2.17	0.85
		4		2.276	1.786	0.117	1.84	0.90	0.87	2.92	1.13	1.37	0.77	0.58	0.62	3.63	0.89
3.6	36	3	4.5	2.109	1.656	0.141	2.58	1.11	0.99	4.09	1.39	1.61	1.07	0.71	0.76	4.68	1.00
		4		2.756	2.163	0.141	3.29	1.09	1.28	5.22	1.38	2.05	1.37	0.70	0.93	6.25	1.04
		5		3.382	2.654	0.141	3.95	1.08	1.56	6.24	1.36	2.45	0.65	0.70	1.09	7.84	1.07
4.0	40	3		2.359	1.852	0.157	3.59	1.23	1.23	5.69	1.55	2.01	1.49	0.79	0.96	6.41	1.09
		4		3.086	2.422	0.157	4.60	1.22	1.60	7.29	1.54	2.58	1.91	0.79	1.19	8.56	1.13
		5		3.791	2.976	0.156	5.53	1.21	1.96	8.76	1.52	3.01	2.30	0.78	1.39	10.74	1.17
4.5	45	3	5	2.659	2.088	0.177	5.17	1.40	1.58	8.20	1.76	2.58	2.14	0.90	1.24	9.12	1.22
		4		3.486	2.736	0.177	6.65	1.38	2.05	10.56	1.74	3.32	2.75	0.89	1.54	12.18	1.26
		5		4.292	3.369	0.176	8.04	1.37	2.51	12.74	1.72	4.00	3.33	0.88	1.81	15.25	1.30
		6		5.076	3.985	0.176	9.33	1.36	2.95	14.76	1.70	4.64	3.89	0.88	2.06	18.36	1.33
5	50	3	5.5	2.971	2.332	0.197	7.18	1.55	1.96	11.37	1.96	3.22	2.98	1.00	1.57	12.50	1.34
		4		3.897	3.059	0.197	9.26	1.54	2.56	14.70	1.94	4.16	3.82	0.99	1.96	16.69	1.38
		5		4.803	3.770	0.196	11.21	1.53	3.13	17.79	1.92	5.03	4.64	0.98	2.13	20.9.	1.42
		6		5.688	4.465	0.196	13.05	1.52	3.68	20.68	1.91	5.85	5.42	0.98	2.63	25.14	1.46
5.6	56	3	6	3.343	2.624	0.221	10.19	1.75	2.48	16.14	2.20	4.08	4.24	1.13	2.02	17.56	1.48
		4		4.390	3.446	0.220	13.18	1.73	3.24	20.92	2.18	5.28	5.46	1.11	2.52	23.43	1.53
		5	6	5.415	4.251	0.220	16.02	1.72	3.97	25.42	2.17	6.42	6.61	1.10	2.98	29.33	1.57
5.6	56	8	7	8.367	6.568	0.219	23.63	1.68	6.03	37.37	2.11	9.44	9.89	1.09	4.16	47.24	1.68

续表

参考答案

角钢号数	尺寸 (mm) b	d	r	截面面积 (cm^2)	理论重量 (kg/m)	外表面积 (m^2/m)	x-x I_x (cm^4)	i_x (cm)	W_x (cm^3)	x_0-x_0 I_{x0} (cm^4)	i_{x0} (cm)	W_{x0} (cm^3)	I_{y0} (cm^4)	y_0-y_0 i_{y0} (cm)	W_{y0} (cm^3)	x_1-x_1 I_{x1} (cm^4)	z_0 (cm)
6.3	63	4	7	4.978	3.907	0.248	19.03	1.96	4.13	30.17	2.46	6.78	7.89	1.26	3.29	33.35	1.70
		5		6.143	4.822	0.248	23.17	1.94	5.08	36.77	2.45	8.25	9.57	1.25	3.90	41.73	1.74
		6		7.288	5.712	0.247	27.12	1.93	6.00	43.03	2.43	9.66	11.20	1.24	4.46	50.14	1.78
		8		9.515	7.469	0.247	34.46	1.90	7.75	54.56	2.40	12.25	14.33	1.23	5.47	67.11	1.85
		10		1.657	9.151	0.246	41.09	1.88	9.39	64.85	2.36	14.56	17.33	1.22	6.36	84.31	1.93
7	70	4	8	5.570	4.372	0.275	26.39	2.18	5.14	41.80	2.74	8.44	10.99	1.40	4.17	45.74	1.86
		5		6.875	5.397	0.275	32.12	2.16	6.32	51.08	2.73	10.32	13.34	1.39	4.95	57.21	1.91
		6		8.160	6.406	0.275	37.77	2.15	7.48	59.93	2.71	12.11	15.61	1.38	5.67	68.73	1.95
		7		9.424	7.398	0.275	43.09	2.14	8.59	68.35	2.69	13.81	17.82	1.38	6.34	80.29	1.99
		8		10.667	8.373	0.274	48.17	2.12	9.68	76.37	2.68	15.43	19.98	1.37	6.98	91.92	2.03
7.5	75	5	9	7.367	5.818	0.295	39.97	2.33	7.32	63.30	2.92	11.94	16.63	1.50	5.77	70.56	2.04
		6		8.797	6.905	0.294	46.95	2.31	8.64	74.38	2.90	14.02	19.51	1.49	6.67	84.55	2.07
		7		10.160	7.976	0.294	53.57	2.30	9.93	84.96	2.89	16.02	22.18	1.48	7.44	98.71	2.11
		8		11.503	9.030	0.294	59.96	2.28	11.20	95.07	2.88	17.93	24.86	1.47	8.19	112.97	2.15
		10		14.126	11.089	0.293	71.98	2.26	13.64	113.92	2.84	21.48	30.05	1.46	9.56	141.71	2.22
8	80	5	9	7.912	6.211	0.315	48.79	2.48	8.34	77.33	3.13	13.67	20.25	1.60	6.66	85.36	2.15
		6		9.397	7.376	0.314	57.35	2.47	9.87	90.98	3.11	16.08	23.72	1.59	7.65	102.50	2.19
		7		10.860	8.525	0.314	65.58	2.46	11.37	104.07	3.10	18.40	27.09	1.58	8.58	119.70	2.23
		8		12.303	9.658	0.314	73.49	2.44	12.83	116.60	3.08	20.16	30.39	1.57	9.46	136.97	2.27
		10		15.126	11.874	0.313	88.43	2.42	15.64	140.09	3.04	24.76	36.77	1.56	11.08	171.74	2.35

附录 2 型钢规格表

续表

角钢号数	尺寸 (mm)			截面面积 (cm²)	理论重量 (kg/m)	外表面积 (m²/m)	参考答案										z_0 (cm)
							x-x			x_0-x_0			y_0-y_0			x_1-x_1	
	b	d	r				I_x (cm⁴)	i_x (cm)	W_x (cm³)	I_{x0} (cm⁴)	i_{x0} (cm)	W_{x0} (cm³)	I_{y0} (cm⁴)	i_{y0} (cm)	W_{y0} (cm³)	I_{x1} (cm⁴)	
9	90	6	10	10.637	8.350	0.354	82.77	2.79	12.61	131.26	3.51	20.63	34.28	1.80	9.95	145.87	2.44
		7		12.301	9.656	0.354	94.83	2.78	14.54	150.47	3.50	23.64	39.18	1.78	11.19	170.30	2.48
		8		13.944	10.946	0.353	106.47	2.76	16.42	168.97	3.48	26.55	43.97	1.78	12.35	194.88	2.52
		10		17.167	13.476	0.353	128.58	2.74	20.07	203.90	3.45	32.04	53.26	1.76	14.52	244.07	2.59
		12		20.306	15.940	0.352	149.22	2.71	23.57	236.21	3.41	37.12	62.22	1.75	16.49	293.76	2.67
10	100	6	12	11.932	9.366	0.393	114.95	3.01	15.68	181.98	3.90	25.74	47.92	2.00	12.69	200.07	2.67
		7		13.796	10.830	0.393	131.86	3.09	18.10	208.97	3.89	29.55	54.74	1.99	14.26	233.54	2.71
		8		15.638	12.276	0.393	148.24	3.08	20.47	235.07	3.88	33.24	61.41	1.98	15.75	267.09	2.76
		10		19.261	15.120	0.392	179.51	3.05	25.06	284.68	3.84	40.26	74.35	1.96	18.57	334.48	2.84
		12		22.800	17.898	0.391	208.90	3.03	29.48	330.95	3.81	46.80	86.84	1.95	21.08	402.34	2.91
		14		26.256	20.166	0.391	236.53	3.00	33.73	374.06	3.77	52.90	99.00	1.94	23.44	470.75	2.99
		16		29.627	23.257	0.390	262.53	2.98	37.82	414.16	3.74	58.57	110.89	1.94	25.63	539.80	3.06
11	110	7	12	15.196	11.928	0.433	177.16	3.41	22.05	280.94	4.30	36.12	73.38	2.20	17.51	310.64	2.96
		8		17.238	13.532	0.433	199.46	3.40	24.95	316.49	4.28	40.69	82.42	2.19	19.39	355.20	3.01
		10		21.261	16.690	0.432	242.19	3.38	30.60	384.39	4.25	49.42	99.98	2.17	22.91	444.65	3.09
		12		25.200	19.782	0.431	282.55	3.35	36.05	448.17	4.22	57.62	116.93	2.15	26.15	534.60	3.16
		14		29.056	22.809	0.431	320.71	3.32	41.31	508.01	4.18	65.31	133.40	2.14	29.14	625.16	3.24
12.5	12.5	8	14	19.750	15.504	0.492	297.03	3.88	32.52	470.89	4.88	53.28	123.16	2.50	25.86	521.01	3.37
		10		24.373	19.133	0.491	361.67	3.85	39.97	573.89	4.85	64.93	149.46	2.48	30.62	651.93	3.45
		12		28.912	22.696	0.491	423.16	3.83	41.17	671.44	4.82	75.96	174.88	2.46	35.03	783.42	3.53

续表

角钢号数	尺寸 (mm) b	d	r	截面面积 (cm^2)	理论重量 (kg/m)	外表面积 (m^2/m)	X-X I_x (cm^4)	i_x (cm)	W_x (cm^3)	x_0-x_0 I_{x0} (cm^4)	i_{x0} (cm)	W_{x0} (cm^3)	y_0-y_0 I_{y0} (cm^4)	i_{y0} (cm)	W_{y0} (cm^3)	x_1-x_1 I_{x1} (cm^4)	z_0 (cm)
12.5	125	14	14	33.367	26.193	0.490	481.65	3.80	54.16	763.73	4.78	86.41	199.57	2.45	39.13	951.61	3.61
14	140	10	14	27.373	21.488	0.551	514.65	4.34	50.58	817.27	5.46	82.56	212.04	2.78	39.20	915.11	3.82
		12		32.512	25.522	0.551	603.68	4.31	59.80	958.79	5.43	96.85	248.57	2.76	45.02	1099.28	3.90
		14		37.567	29.490	0.550	688.68	4.28	68.75	1093.56	5.40	110.47	284.06	2.75	50.45	1284.22	3.98
		16		42.539	33.393	0.549	770.24	4.26	77.46	1221.81	5.36	123.42	318.67	2.74	55.55	1470.07	4.06
16	160	10	16	31.502	24.729	0.630	779.53	4.98	66.7	1237.30	6.27	109.36	321.76	3.20	52.76	2332.80	4.89
		12		37.441	29.391	0.630	916.58	4.95	78.98	1455.68	6.24	128.67	377.49	3.18	60.74	2723.48	4.97
		14		43.296	33.987	0.629	1048.36	4.92	90.95	1665.02	6.20	147.17	431.70	3.16	68.244	3115.29	5.05
		16		49.067	38.518	0.629	1175.08	4.89	102.63	1865.57	6.17	164.89	484.59	3.14	75.31	3502.43	5.13
18	180	12	16	42.241	33.159	0.710	1321.35	5.59	100.82	2100.10	7.05	165.00	542.61	3.58	78.41	2332.80	4.89
		14		48.896	38.388	0.709	1514.48	5.56	116.25	2407.42	7.02	189.14	625.53	3.56	88.38	2723.48	4.97
		16		55.467	43.542	0.709	1700.99	5.54	131.13	2703.37	6.98	212.40	698.60	3.55	97.83	3115.29	5.05
		18		61.955	48.634	0.708	1875.12	5.50	145.64	2988.24	6.94	234.78	762.01	3.51	105.14	3502.43	5.13
20	200	14	18	54.642	42.894	0.788	2103.55	6.20	144.70	3343.26	7.82	236.40	863.83	3.98	111.82	3734.10	5.46
		16		62.013	48.680	0.788	2366.15	6.18	163.65	3760.89	7.79	265.93	971.41	3.96	123.96	4270.39	5.54
		18		69.301	54.401	0.787	2620.64	6.15	182.22	4164.54	7.75	294.48	1076.74	3.94	135.52	4808.13	5.62
		20		76.505	60.056	0.787	2867.30	6.12	200.42	4554.55	7.72	322.06	1180.04	3.93	146.55	5347.51	5.69
		24		90.661	71.168	0.785	2338.25	6.07	236.17	5294.97	7.64	374.41	1381.53	3.90	166.55	6457.16	5.87

注: 截面图中的 $r_1=d/3$ 及表中 r 的值的数据用于孔型设计, 不作为交货条件。

表附 2-2 热轧不等边角钢(GB 9787—1998)

符号意义：
B——长边宽度；
d——边厚度；
r_1——边端内圆弧半径；
i——惯性半径；
x_0——形心坐标；
b——短边宽度；
r——内圆弧半径；
I——惯性矩；
W——弯曲截面系数；
y_0——形心坐标。

角钢号数	尺寸 (mm)				截面面积 (cm²)	理论重量 (kg/m)	外表面积 (m²/m)	参考数值														
								x-x			y-y			x_1-x_1		y_1-y_1		u-u			
	B	b	d	r				I_x (cm⁴)	i_x (cm)	W_x (cm³)	I_y (cm⁴)	i_y (cm)	W_y (cm³)	I_{x1} (cm⁴)	y_0 (cm)	I_{y1} (cm⁴)	x_0 (cm)	I_u (cm⁴)	i_u (cm)	W_u (cm³)	tan α
2.5/1.6	25	16	3	3.5	1.162	0.912	0.080	0.70	0.78	0.43	0.22	0.44	0.19	1.56	0.86	0.43	0.42	0.14	0.34	0.16	0.392
			4		1.499	1.176	0.079	0.88	0.77	0.55	0.27	0.43	0.24	2.09	0.90	0.59	0.46	0.17	0.34	0.20	0.381
3.2/2	32	20	3		1.492	1.171	0.102	1.53	1.01	0.72	0.46	0.55	0.30	3.27	1.08	0.82	0.49	0.28	0.43	0.25	0.382
			4		1.939	1.522	0.101	1.93	1.00	0.93	0.57	0.54	0.39	4.37	1.12	1.12	0.53	0.35	0.42	0.32	0.374
4/2.5	40	25	3	4	1.890	1.484	0.127	3.08	1.28	1.15	0.93	0.70	0.49	6.39	1.32	1.59	0.59	0.56	0.54	0.40	0.386
			4		2.467	1.936	0.127	3.93	1.26	1.49	1.18	0.69	0.63	8.53	1.37	2.14	0.63	0.71	0.54	0.52	0.381
4.5/2.8	45	28	3	5	2.149	1.687	0.143	4.45	1.44	1.47	1.34	0.79	0.62	9.10	1.47	2.23	0.64	0.80	0.61	0.51	0.383
			4		2.806	2.203	0.143	5.69	1.42	1.91	1.70	0.78	0.80	12.13	1.51	3.00	0.68	1.02	0.60	0.66	0.380
5/3.2	50	32	3	5.5	2.431	1.908	0.161	6.24	1.60	1.84	2.02	0.91	0.82	12.49	1.60	3.31	0.73	1.20	0.70	0.68	0.404
			4		3.177	2.494	0.160	8.02	1.59	2.39	2.58	0.90	1.06	16.65	1.65	4.45	0.77	1.53	0.69	0.87	0.402

续表

角钢号数	尺寸 (mm)				截面面积 (cm²)	理论重量 (kg/m)	外表面积 (m²/2)	参考数值													
								x-x			y-y			x_1-x_1		y_1-y_1		u-u			
	B	b	d	r				I_x (cm⁴)	i_x (cm)	W_x (cm³)	I_y (cm⁴)	i_y (cm)	W_y (cm³)	I_{x1} (cm⁴)	y_0 (cm)	I_{y1} (cm⁴)	x_0 (cm)	I_u (cm⁴)	i_u (cm)	W_u (cm³)	tanα
5.6/3.6	56	36	3	6	2.743	2.153	0.181	8.88	1.80	2.32	2.92	1.03	1.05	17.54	1.78	4.70	0.80	1.73	0.79	0.87	0.408
			4		3.590	2.818	0.180	11.25	1.79	3.03	3.76	1.02	1.37	23.39	1.82	6.33	0.85	2.23	0.79	1.13	0.408
			5		4.415	3.446	0.180	13.86	1.77	3.17	4.49	1.01	1.65	29.25	1.87	7.94	0.88	2.67	0.78	1.36	0.404
6.3/4	63	40	4	7	4.058	3.185	0.202	16.49	2.02	3.87	5.23	1.14	1.70	33.30	2.04	8.63	0.92	3.12	0.88	1.40	0.398
			5		4.993	3.920	0.202	20.02	2.00	4.74	6.31	1.12	2.71	41.63	2.08	10.86	0.95	3.76	0.87	0.71	0.396
			6		5.908	4.638	0.201	23.36	1.96	5.59	7.29	1.11	2.43	49.98	2.12	13.12	0.99	4.34	0.86	0.99	0.393
			7		6.802	5.339	0.201	26.53	1.98	6.40	8.24	1.10	2.78	58.07	2.15	15.47	1.03	4.97	0.86	2.29	0.389
7/4.5	70	45	4	7.5	4.547	3.570	0.226	23.17	2.26	4.86	7.55	1.29	2.17	45.92	2.24	12.26	1.02	4.40	0.98	1.77	0.410
			5		5.609	4.403	0.225	27.95	2.23	5.92	9.13	1.28	2.65	57.10	2.28	15.39	1.06	5.40	0.98	2.19	0.407
			6		6.647	5.218	0.225	32.54	2.21	6.95	10.62	1.26	3.12	68.35	2.32	18.58	1.09	6.35	0.98	2.59	0.404
			7		7.657	6.011	0.255	37.22	2.20	8.03	12.01	1.25	3.57	79.99	2.36	21.84	1.13	7.16	0.97	2.94	0.042
(7.5/5)	75	50	5	8	6.125	4.808	0.245	34.86	2.39	6.83	12.61	1.44	3.30	70.00	2.40	21.04	1.17	7.41	1.10	2.74	0.435
			6		7.260	5.699	0.245	41.12	2.38	8.12	14.70	1.42	3.88	84.30	2.44	25.37	1.21	8.54	1.08	3.19	0.435
			8		9.467	7.431	0.244	52.39	2.35	10.52	18.53	1.40	4.99	112.50	2.52	34.23	1.29	10.87	1.07	4.10	0.429
			10		11.590	9.098	0.244	62.71	2.33	12.79	21.96	1.38	6.04	140.80	2.60	43.43	1.36	13.10	1.06	4.99	0.423
8/5	80	50	5	8	6.375	5.005	0.255	41.96	2.56	7.78	12.82	1.42	3.32	85.21	2.60	21.06	1.14	7.66	1.10	2.74	0.388
			6		7.560	5.935	0.255	49.49	2.56	9.25	14.95	1.41	3.91	102.53	2.65	25.41	1.18	8.85	1.08	3.20	0.387
			7		8.724	6.848	0.255	56.16	2.54	10.58	16.96	1.39	4.48	119.33	2.69	29.82	1.21	10.18	1.08	3.70	0.384
			8		9.867	7.745	0.254	62.83	2.52	11.92	18.85	1.38	5.03	136.41	2.73	34.32	1.25	11.38	1.07	4.16	0.381

附录 2 型钢规格表

续表

角钢号数	尺寸 (mm)				截面面积 (cm²)	理论重量 (kg/m)	外表面积 (m²/2)	参考数值												
								x-x			y-y			x_1-x_1		y_1-y_1		u-u		
	B	b	d	r				I_x (cm⁴)	i_x (cm)	W_x (cm³)	I_y (cm⁴)	i_y (cm)	W_y (cm³)	I_{x1} (cm⁴)	y_0 (cm)	I_{y1} (cm⁴)	x_0 (cm)	I_u (cm⁴)	i_u (cm)	W_u (cm³)	tanα
9/5.6	90	56	5	9	7.212	5.661	0.287	60.45	2.90	9.92	18.32	1.59	4.12	121.32	2.91	29.53	1.25	10.98	1.23	3.49	0.385
			6		8.557	6.717	0.286	71.03	2.88	11.74	21.42	1.58	4.96	145.59	2.95	35.58	1.29	12.90	1.23	4.18	0.384
			7		9.880	7.756	0.286	81.01	2.86	13.49	24.36	1.57	5.70	169.66	3.00	41.71	1.33	14.67	1.22	4.72	0.382
			8		11.183	8.779	0.286	91.03	2.85	15.27	27.15	1.56	6.41	194.17	3.04	47.93	1.36	16.34	1.21	5.29	0.380
10/6.3	100	63	6	10	9.617	7.550	0.320	99.06	3.21	14.64	30.94	1.79	6.35	199.71	3.24	50.50	1.43	18.42	1.38	5.25	0.394
			7		11.111	8.722	0.320	113.45	3.29	16.88	35.26	1.78	7.29	233.00	3.28	59.14	1.47	21.00	1.38	6.02	0.393
			8		12.584	9.878	0.319	127.37	3.18	19.08	39.39	1.77	8.21	266.32	3.32	67.88	1.50	23.50	1.37	6.78	0.391
			10		15.467	12.142	0.319	153.81	3.15	23.32	47.12	1.74	9.98	333.06	3.40	85.73	1.58	28.33	1.35	8.24	0.387
10/8	100	80	6	10	10.637	8.350	0.354	107.04	3.17	15.19	61.24	2.40	10.16	199.83	2.95	102.68	1.97	31.65	1.72	8.37	0.627
			7		12.301	9.656	0.354	122.73	3.16	17.52	70.08	2.39	11.71	233.20	3.00	119.98	2.01	36.17	1.72	9.60	0.626
			8		13.944	10.946	0.353	137.92	3.14	19.81	78.58	2.37	13.21	266.61	3.04	137.37	2.05	40.58	1.71	10.80	0.625
			10		17.167	13.476	0.353	166.87	3.12	24.24	94.65	2.35	16.12	333.63	3.12	172.48	2.13	49.10	1.69	13.12	0.622
11/7	110	70	6	10	10.637	8.350	0.354	133.37	3.54	17.85	42.92	2.01	7.90	265.78	3.53	69.08	1.57	25.36	1.54	6.53	0.403
			7		12.301	9.656	0.354	153.00	3.53	20.60	49.01	2.00	9.09	310.07	3.57	80.82	1.61	28.95	1.53	7.50	0.402
			8		13.944	10.946	0.353	172.04	3.51	23.30	54.87	1.98	10.25	354.39	3.62	92.70	1.65	32.45	1.53	8.45	0.401
			10		17.167	13.476	0.353	208.39	3.48	28.54	65.88	1.96	12.48	443.13	3.70	116.83	1.72	39.20	1.51	10.29	0.397
12.5/8	125	80	6	11	14.096	11.066	0.403	227.98	4.02	26.86	74.42	2.30	12.01	454.99	4.01	120.32	1.80	43.81	1.76	9.92	0.408
			7		15.989	12.551	0.403	256.77	4.01	30.41	83.49	2.28	13.56	519.99	4.06	137.85	1.84	49.51	1.75	11.18	0.407
			8		19.712	15.474	0.402	312.04	3.98	37.33	100.67	2.26	16.56	650.09	4.14	173.40	1.92	59.45	1.74	13.64	0.404
			10		23.351	18.330	0.402	364.41	3.95	44.01	116.67	2.24	19.43	780.39	4.22	209.67	2.00	69.35	1.72	16.01	0.400

注：1 括号内型号不推荐使用。2 截面图中的 $r_1=d/3$ 及表中 r 的数据用于孔型设计，不作为交货条件。

续表

角钢号数	尺寸 (mm)				截面面积 (cm²)	理论重量 (kg/m)	外表面积 (m²/2)	参考数值												
								x-x			y-y			x_1-x_1	y_1-y_1		u-u			
	B	b	d	r				I_x (cm⁴)	i_x (cm)	W_x (cm³)	I_y (cm⁴)	i_y (cm)	W_y (cm³)	I_{x1} (cm⁴)	y_0 (cm)	I_{y1} (cm⁴)	x_0 (cm)	I_u (cm⁴)	i_u (cm)	W_u (cm³)	tanα
14/9	140	90	8	12	18.038	14.160	0.453	365.64	4.50	38.48	120.69	2.59	17.34	730.53	4.50	195.79	2.04	70.38	1.98	14.31	0.441
			10		22.261	17.475	0.452	445.50	4.47	47.31	146.03	2.56	21.22	913.20	4.58	245.92	2.12	85.82	1.96	17.48	0.409
			12		26.400	20.724	0.451	521.59	4.44	55.87	169.79	2.54	24.95	1096.09	4.66	296.86	2.19	100.21	1.95	20.54	0.406
			14		30.456	23.908	0.451	594.10	4.42	64.18	192.10	2.51	28.54	1279.26	4.74	348.82	2.27	114.13	1.94	23.52	0.403
16/10	160	100	10	13	25.315	19.872	0.512	668.69	5.14	62.13	205.03	2.85	26.56	1326.89	5.24	336.59	2.28	121.74	2.19	21.92	0.390
			12		30.054	23.592	0.511	784.91	5.11	73.49	239.06	2.82	31.28	1635.56	5.32	405.94	2.36	142.33	2.17	25.79	0.388
			14		34.709	27.247	0.510	896.30	5.08	84.56	271.20	2.80	35.83	1908.50	5.40	476.42	2.43	162.23	2.16	29.56	0.385
			16		39.281	30.835	0.510	1003.04	5.05	95.33	301.60	2.77	40.24	2181.79	5.48	548.22	2.51	182.57	2.16	33.44	0.382
18/11	180	110	10	14	28.373	22.273	0.571	956.25	5.80	78.96	278.11	3.13	32.49	1940.40	5.89	447.22	2.44	166.50	2.42	26.88	0.376
			12		33.712	26.464	0.571	1124.72	5.78	93.53	325.03	3.10	38.32	2328.38	5.89	538.94	2.52	194.87	2.40	31.66	0.374
			14		38.967	30.589	0.570	1286.91	5.75	107.76	369.55	3.08	43.97	2716.60	6.06	631.95	2.95	222.30	2.39	36.32	0.372
			16		44.139	34.649	0.569	1443.06	5.72	121.64	411.85	3.06	49.44	3105.15	6.14	726.46	2.67	248.94	2.38	40.87	0.369
20/12.5	200	125	12	14	37.912	29.716	0.641	1570.90	6.44	116.73	483.16	3.57	49.99	3193.85	6.54	787.74	2.83	285.79	2.74	41.23	0.392
			14		43.867	34.436	0.640	1800.97	6.41	134.65	550.83	3.54	57.44	3726.17	6.02	922.47	2.91	362.58	2.73	47.34	0.390
			16		49.739	39.045	0.639	2023.35	6.38	152.18	615.44	3.52	64.69	4258.86	6.70	1058.86	2.99	366.21	2.71	53.32	0.388
			18		55.526	43.588	0.639	2238.30	6.35	169.33	677.19	3.49	71.74	4792.00	6.78	1197.13	3.06	404.83	2.70	59.18	0.385

注：1 括号内型号不推荐使用。2 截面图中的 $r_1=d/3$ 及表中 r 的数据用于孔型设计，不作为交货条件。

表附2-3 热轧工字钢(GB 706—1988)

符号意义：
h——高度；
b——腿高度；
d——腰高度；
δ——平均腿高度；
r——内圆弧半径；
r_1——腿端圆弧半径；
I——惯性矩；
W——弯曲截面系数；
i——惯性半径；
S——半截面的静矩。

型号	h	b	d	δ	r	r_1	截面面积 (cm²)	理论重量 (kg/m)	I_x (cm⁴)	W_x (cm³)	i_x (cm)	$I_x:S_x$ (cm)	I_y (cm⁴)	W_y (cm³)	i_y (cm)
				尺寸 (mm)					x-x				y-y		
10	100	68	4.5	7.6	6.5	3.3	14.3	11.2	245	49	4.14	8.59	33	9.72	1.52
12.6	126	74	5	8.4	7	3.5	18.1	14.2	448.43	77.529	5.159	10.85	46.906	12.677	1.609
14	140	80	5.5	9.1	7.5	3.8	21.5	16.9	712	102	5.76	12	64.4	16.1	1.73
16	160	88	6	9.9	8	4	26.1	20.5	1130	141	6.58	13.8	93.1	21.2	1.89
18	180	94	6.5	10.7	8.5	4.3	30.6	24.1	1660	185	7.36	15.4	122	26	2
20a	200	100	7	11.4	9	4.5	35.5	27.9	2370	237	8.15	17.2	158	31.5	2.12
22b	200	102	9	11.4	9	4.5	39.5	31.1	2500	250	7.96	16.9	169	33.1	2.06
22a	220	110	7.5	12.3	9.5	4.8	42	33	3400	309	8.99	18.9	225	40.9	2.31
22b	220	112	9.5	12.3	9.5	4.8	46.4	36.4	3570	325	8.78	18.7	239	42.7	2.27
25a	250	116	8	13	10	5	48.5	38.1	5023.54	401.88	10.18	21.58	280.046	48.283	2.403
25b	250	118	10	13	10	5	53.5	42	5283.96	422.72	9.938	21.27	309.297	52.423	2.404
28a	280	122	8.5	13.7	10.5	5.3	55.45	43.4	7114.14	508.15	11.32	24.62	345.051	56.565	2.495
28b	280	124	10.5	13.7	10.5	5.3	61.05	47.9	7480	534.29	11.08	24.24	379.496	61.209	2.493

续表

型号	尺寸 (mm)						截面面积 (cm²)	理论重量 (kg/m)	参考数值						
									x-x				y-y		
	h	b	d	δ	r	r_1			I_x (cm⁴)	W_x (cm³)	i_x (cm)	S_x (cm³)	I_y (cm⁴)	W_y (cm³)	i_y (cm)
32a	320	130	9.5	15	11.5	5.8	67.05	52.7	11075.5	692.2	12.84	27.46	459.93	70.758	2.619
32b	320	132	11.5	15	11.5	5.8	73.45	57.7	11621.4	726.33	12.58	27.09	501.53	75.989	2.614
32c	320	134	13.5	15	11.5	5.8	79.95	62.8	12167.5	760.47	12.34	26.77	543.81	81.166	2.608
36a	360	136	10	15.8	12	6	76.3	59.9	15760	875	14.4	30.7	552	81.2	2.69
36b	360	138	12	15.8	12	6	83.5	65.6	16530	919	14.1	30.3	582	84.3	2.64
36c	360	140	14	15.8	12	6	90.7	71.2	17310	962	13.8	29.9	612	87.4	2.6
40a	400	142	10.5	16.5	12.5	6.3	86.1	67.6	21720	1090	15.9	34.1	660	93.2	2.77
40b	400	144	12.5	16.5	12.5	6.3	94.1	73.8	22780	1140	15.6	33.6	692	96.2	2.71
40c	400	146	14.5	16.5	12.5	6.3	102	80.1	23850	1190	15.2	33.2	727	99.6	2.65
45a	450	150	11.5	18	13.5	6.8	102	80.4	32240	1430	17.7	38.6	855	114	2.89
45b	450	152	13.5	18	13.5	6.8	111	87.4	33760	1500	17.4	38	894	118	2.84
45c	450	154	15.5	18	13.5	6.8	120	94.5	35280	1570	17.1	37.3	938	122	2.79
50a	500	158	12	20	14	7	119	93.6	46470	1860	19.7	42.8	1120	142	3.07
50b	500	160	14	20	14	7	129	101	48560	1940	19.4	42.4	1170	146	3.01
50c	500	162	16	20	14	7	139	109	50640	2080	19	41.8	1220	151	2.96
56a	560	166	12.5	21	14.5	7.3	135.25	106.2	65585.6	2342.31	22.02	47.73	1370.16	165.08	3.182
56b	560	168	14.5	21	14.5	7.3	146.45	115	68512.5	2446.69	21.63	47.17	1486.75	174.25	3.162
56c	560	170	16.5	21	14.5	7.3	157.85	123.9	71439.4	2551.41	21.27	46.66	1558.39	183.34	3.158
63a	630	176	13	22	15	7.5	154.9	121.6	93916.2	2981.47	24.62	54.17	1700.55	193.24	3.314
63b	630	178	15	22	15	7.5	167.5	131.5	98083.6	3163.38	24.2	53.51	1812.07	203.6	3.289
63c	630	180	17	22	15	7.5	180.1	141	102251.1	3298.42	23.82	52.92	1924.91	213.88	3.268

注：截面图和表中标注的圆弧半径 r,r_1 的数据用于孔型设计，不作为交货条件。

表附 2-4 热轧槽钢 (GB 707—1988)

符号意义：
- h——高度；
- b——腿宽度；
- d——腰厚度；
- δ——平均腿厚度；
- r——内圆弧半径；
- r_1——腿端圆弧半径；
- I——惯性矩；
- W——弯曲截面系数；
- i——惯性半径；
- z_0——Y-Y 轴与 Y_1-Y_1 轴间距。

型号	尺 寸 (mm)							截面面积 (cm²)	理论重量 (kg/m)	参考数值							
	H	B	D	δ	R	r_1				x-x			y-y			y_1-y_1	z_0 (cm)
										W_x (cm³)	I_x (cm⁴)	i_x (cm)	W_y (cm³)	I_y (cm⁴)	i_y (cm)	I_{y1} (cm⁴)	
5	50	37	4.5	7	7	3.5	6.93	5.44	10.4	26	1.94	3.55	8.3	1.1	20.9	1.35
6.3	63	40	4.8	7.5	7.5	3.75	8.444	6.63	16.123	50.876	2.453	4.50	11.872	1.185	28.38	1.36
8	80	43	5	8	8	4	10.24	8.04	25.3	101.3	3.15	5.79	16.6	1.27	37.4	1.43
10	100	48	5.3	8.5	8.5	4.25	12.74	10	39.7	198.3	3.95	7.8	25.6	1.41	54.9	1.52
12.6	126	53	5.5	9	9	4.5	15.69	12.37	62.137	391.466	4.953	10.242	37.99	1.567	77.09	1.59
14$_a$	140	58	6	9.5	9.5	4.75	18.51	14.53	80.5	563.7	5.52	13.01	53.2	1.7	107.1	1.71
14$_b$	140	60	8	9.5	9.5	4.75	21.31	16.73	87.1	609.4	5.35	14.12	61.1	1.69	120.6	1.67
16a	160	63	6.5	10	10	5	21.95	17.23	108.3	866.2	6.28	16.3	73.3	1.83	144.1	1.8
16	160	65	8.5	10	10	5	25.15	19.74	116.8	934.5	6.1	17.55	83.4	1.82	160.8	1.75
18a	180	68	7	10.5	10.5	5.25	25.69	20.17	141.4	1272.7	7.04	20.03	98.6	1.96	189.7	1.88
18	180	70	9	10.5	10.5	5.25	29.29	22.99	152.2	1369.9	6.84	21.52	111	1.95	210.1	1.84
20a	200	73	7	11	11	5.5	28.83	22.63	178	1780.4	7.86	24.2	128	2.11	244	2.01
20	200	75	9	11	11	5.5	32.83	25.77	191.4	1913.7	7.64	25.88	143.6	2.09	268.4	1.95

续表

型号	尺寸 (mm)						截面面积 (cm^2)	理论重量 (kg/m)	参考数值							
									x-x			y-y			y_1-y_1	z_0 (cm)
	H	B	D	δ	R	r_1			W_x (cm^3)	I_x (cm^4)	i_x (cm)	W_y (cm^3)	I_y (cm^4)	i_y (cm)	I_{y1} (cm^4)	
22a	220	77	7	11.5	11.5	5.75	31.84	24.99	217.6	2393.9	8.67	28.17	157.8	2.23	298.2	2.1
22	220	79	9	11.5	11.5	5.75	36.24	28.45	233.8	2571.4	8.42	30.05	176.4	2.21	326.3	2.03
25a	250	78	7	12	12	6	34.91	27.47	269.597	3369.62	9.823	30.607	175.529	2.243	322.256	2.065
25b	250	80	9	12	12	6	39.91	31.39	282.402	3530.04	9.405	32.657	196.421	2.218	353.187	1.982
25c	250	82	11	12	12	6	44.91	35.32	295.236	3690.45	9.065	35.926	218.415	2.206	384.133	1.921
28a	280	82	7.5	12.5	12.5	6.25	40.02	31.42	340.328	4764.59	10.91	35.718	217.989	2.333	387.566	2.097
28b	280	84	9.5	12.5	12.5	6.25	45.62	35.81	366.46	5130.45	10.6	37.929	242.144	2.304	427.589	2.016
28c	280	86	11.5	12.5	12.5	6.25	51.22	40.21	392.594	5496.32	10.35	40.301	267.602	2.286	426.597	1.951
32a	320	88	8	14	14	7	48.7	38.22	474.879	7568.06	12.49	46.473	304.787	2.502	552.31	2.242
32b	320	90	10	14	14	7	55.1	43.25	509.012	8144.2	12.15	49.157	336.332	2.471	592.933	2.158
32c	320	92	12	14	14	7	61.5	48.28	543.145	8690.33	11.88	52.642	374.175	2.467	643.299	2.092
36a	360	96	9	16	16	8	60.89	47.8	659.7	11874.2	13.97	63.54	455	2.73	818.4	2.44
36b	360	98	11	16	16	8	68.09	53.45	702.9	12651.8	13.63	66.85	496.7	2.7	880.4	2.37
36c	360	100	13	16	16	8	75.29	50.1	746.1	13429.4	13.36	70.02	536.4	2.67	947.9	2.34
40a	400	100	10.5	18	18	9	75.05	58.91	878.9	17577.9	15.30	78.83	592	2.81	1067.7	2.49
40b	400	102	12.5	18	18	9	83.05	65.19	932.2	18644.5	14.98	82.52	640	2.78	1135.6	2.44
40c	400	104	14.5	18	18	9	91.05	71.47	985.6	19711.2	14.71	86.19	687.8	2.75	1220.7	2.42

附录3　简单荷载作用下梁的挠度和转角

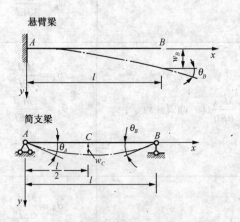

悬臂梁

简支梁

w = 沿 y 方向的挠度
$w_B = w(l)$ = 梁右端处的挠度
$\theta_B = w'(l)$ = 梁右端处的转角

w = 沿 y 的方向挠度
$w_c = w(\dfrac{l}{2})$ = 梁的中点挠度
$\theta_a = w'(0)$ = 梁左端处的转角
$\theta_a = w'(l)$ = 梁右端处的转角

序号	梁上荷载及弯矩图	挠曲线方程	转角和挠度
1		$w = \dfrac{M_e x^2}{2EI}$	$\theta_B = \dfrac{M_e l}{EI}$ $w_B = \dfrac{M_e l^2}{2EI}$
2		$w = \dfrac{Fx^2}{6EI}(3l - x)$	$\theta_B = \dfrac{Fl^2}{3EI}$ $w_B = \dfrac{Fl^3}{3EI}$
3		$w = \dfrac{Fx^2}{6EI}(3a - x)$ $(0 \leqslant x \leqslant a)$ $w = \dfrac{Fa^2}{6EI}(3x - a)$ $(a \leqslant x \leqslant l)$	$\theta_B = \dfrac{Fa^2}{2EI}$ $w_B = \dfrac{Fa^2}{6EI}(3l - a)$
4		$w = \dfrac{qx^2}{24EI}(x^2 + 6l^2 - 4lx)$	$\theta_B = \dfrac{ql^3}{6EI}$ $w_B = \dfrac{ql^4}{8EI}$

续表

序号	梁上荷载及弯矩图	挠曲线方程	转角和挠度
5		$w = \dfrac{q_0 x^2}{120 EIl}(10l^3 - 10l^2 x + 5lx^2 - x^3)$	$\theta_B = \dfrac{q_0 l^3}{24EI}$ $w_B = \dfrac{q_0 l^4}{30EI}$
6		$w = \dfrac{M_A x}{6EIl}(l-x)(2l-x)$	$\theta_A = \dfrac{M_A l}{3EI}$ $\theta_B = -\dfrac{M_A l}{6EI}$ $\theta_C = \dfrac{M_A l^2}{16EI}$
7		$w = \dfrac{M_B x}{6EIl}(l^2 - x^2)$	$\theta_A = \dfrac{M_B l}{6EI}$ $\theta_B = -\dfrac{M_B l}{3EI}$ $w_c = \dfrac{M_B l^2}{16EI}$
8		$w = \dfrac{qx}{24EI}(l^3 - 2lx^2 + x^3)$	$\theta_A = \dfrac{ql^3}{24EI}$ $\theta_B = -\dfrac{ql^3}{24EI}$ $w_c = \dfrac{5ql^4}{384EI}$
9		$w = \dfrac{q_0 x}{360 EIl}(7l^4 - 10l^2 x^2 + 3x^4)$	$\theta_A = \dfrac{7q_0 l^3}{360EI}$ $\theta_B = \dfrac{q_0 l^3}{45EI}$ $w_c = \dfrac{5q_0 l^4}{768EI}$
10		$w = \dfrac{Fx}{48EI}(3l^2 - 4x^2)$ $(0 \leqslant x \leqslant \dfrac{l}{2})$	$\theta_A = \dfrac{Fl^2}{16EI}$ $\theta_B = -\dfrac{Fl^2}{16EI}$ $w_c = \dfrac{Fl^3}{48EI}$

附录 3　简单荷载作用下梁的挠度和转角

续表

序号	梁上荷载及弯矩图	挠曲线方程	转角和挠度
11		$w=\dfrac{Fbx}{6EIl}(l^2-x^2-b^2)$ $(0\leqslant x\leqslant a)$ $w=\dfrac{Fb}{6EIl}\left[\dfrac{l}{b}(x-a)^2+(l^2-b^2)x-x^3\right]$ $(a\leqslant x\leqslant l)$	$\theta_A=\dfrac{Fab(l+b)}{6EIl}$ $\theta_B=-\dfrac{Fab(l+a)}{6EIl}$ $w_c=\dfrac{Fb(3l^2-4b^2)}{48EI}$ （当 $a\geqslant b$ 时）
12		$w=\dfrac{M_e x}{6EIl}(6al-3a^2-2l^2-x^2)$ $(0\leqslant x\leqslant a)$ 当 $a=b=\dfrac{l}{2}$ 时 $w=\dfrac{M_e x}{24EIl}(l^2-4x^2)$ $\left(0\leqslant x\leqslant \dfrac{l}{2}\right)$	$\theta_A=\dfrac{M_e}{6EIl}$ $(6al-3a^2-2l^2)$ $\theta_B=\dfrac{M_e}{6EIl}(l^2-3a^2)$ 当 $a=b=\dfrac{l}{2}$ 时 $\theta_A=\dfrac{M_e l}{24EI}$ $\theta_B=\dfrac{M_e l}{24EI}$，$w_c=0$
13		$w=-\dfrac{qb^3}{24EIl}\left[2\dfrac{x^3}{b^3}-\dfrac{x}{b}\left(2\dfrac{l^2}{b^2}-1\right)\right]$ $(0\leqslant x\leqslant a)$ $w=-\dfrac{q}{24EI}\left[2\dfrac{b^2x^3}{l}-\dfrac{b^2x}{l}(2l^2-b^2)-(x-a)\right]$ $(a\leqslant x\leqslant l)$	$\theta_A=\dfrac{qb^2(2l^2-b^2)}{24EIl}$ $\theta_B=-\dfrac{qb^2(2l-b)^2}{24EIl}$ $w_c=\dfrac{qb^5}{24EIl}\left(\dfrac{3}{4}\dfrac{l^3}{b^3}-\dfrac{1}{2}\dfrac{l}{b}\right)$ （当 $a>b$ 时） $w_c=\left[\dfrac{qb^5}{24EIl}\dfrac{3}{4}\dfrac{l^3}{b^3}-\right.$ $\left.\dfrac{1}{2}\dfrac{l}{b}+\dfrac{1}{16}\dfrac{l^5}{b^5}\cdot\left(1-\dfrac{2a}{l}\right)^4\right]$ （当 $a<b$ 时）

附录4 习题参考答案

第2章 杆件的拉伸与压缩

1. (a) $F_{N1}=F$，$F_{N2}=-F$
   (b) $F_{N1}=2F$，$F_{N2}=0$，$F_{N3}=-F$
   (c) $F_{N1}=-2F$，$F_{N2}=-3F$，$F_{N3}=-F$

2. (a) $F_{N1}=-20\text{kN}$，$F_{N2}=-10\text{kN}$，$F_{N3}=10\text{kN}$
   (b) $F_{N1}=-20\text{kN}$，$F_{N2}=-10\text{kN}$，$F_{N3}=10\text{kN}$

3. (a) $\sigma_1=-100\text{MPa}$，$\sigma_2=-50\text{MPa}$，$\sigma_3=50\text{MPa}$
   (b) $\sigma_1=-100\text{MPa}$，$\sigma_2=-33.3\text{MPa}$，$\sigma_3=25\text{MPa}$

4. $\sigma_{\max}=\dfrac{F+\rho gAl}{A}$

5. $4:1$

6. $\sigma_{30°}=75\text{MPa}$，$\tau_{30°}=43.3\text{MPa}$
   $\sigma_{45°}=50\text{MPa}$，$\tau_{45°}=50\text{MPa}$

7. 0.9mm

8. 1.73mm

9. 131.25MPa

10. $\sigma_1=103.75\text{MPa}$，$\sigma_2=155.75\text{MPa}$，安全。

11. (1) $F=32\text{kN}$
    (2) $\sigma_1=86\text{MPa}$，$\sigma_2=-78\text{MPa}$

第3章 剪切与扭转

1. $\tau=104\text{MPa}$

2. $\tau=66.3\text{MPa}$，$\sigma_{bs}=102\text{MPa}$

3. $\tau=132\text{MPa}$，$\sigma_{bs}=176\text{MPa}$，$[F]=63.5\text{kN}$

4. $d\geqslant 19.1\text{mm}$

5. 最大正扭矩 $T=2.01\text{kN}\cdot\text{m}$
   最大负扭矩 $T=0.86\text{kN}\cdot\text{m}$

6. $P=45.45\text{kW}$

7. (a) $\tau_{\max}=\dfrac{38.4M_e}{\pi d^3}$ (b) $\tau_{\max}=\dfrac{16M_e}{\pi d^3}$ (c) $\tau_{\max}=\dfrac{16M_e}{\pi d^3}$

8. $\varphi_{AC} = \dfrac{12ml^2}{G\pi d^4}$

9. (1) $T_{max} = 3\text{kN} \cdot \text{m}$
   (2) $\tau_{max} = 15.3\text{MPa}$
   (3) $\varphi_{CD} = 1.274 \times 10^{-3}\,\text{rad}$, $\varphi_{AD} = 1.91 \times 10^{-3}\,\text{rad}$

10. $\dfrac{M_1}{M_2} = 15$

11. (1) $\tau_{max\,1} = 70.7\text{MPa}$ (2) $\dfrac{T_r}{T} = 6.25\%$
    (3) $\tau_{max\,2} = 75.4\text{MPa}$, $\dfrac{\Delta\tau}{\tau_{max\,1}} = 6.65\%$

12. (1) $\tau_{max} = 71.4\text{MPa}$, $\varphi = 1.02°$
    (2) $\tau_A = \tau_B = 71.4\text{MPa}$, $\tau_C = 35.7\text{MPa}$
    (3) $\gamma_C = 0.446 \times 10^{-3}$

13. $\dfrac{M_1}{M_2} = \dfrac{\sqrt{1-\alpha^2}}{1+\alpha^2}$

14. (1) $\tau_{max} = 69.8\text{MPa}$ (2) $\varphi_{DB} = 2°$

15. $\varphi = \dfrac{32M_e l}{3\pi G}\left[\dfrac{d_1^2 + d_1 d_2 + d_2^2}{d_1^3 d_2^3}\right]$

16. $d \geqslant 111.3\text{mm}$

17. $d \geqslant 100\text{mm}$

18. $d \geqslant 74.4\text{mm}$

19. $\tau_{max} = 36.5\text{MPa}$, $\varphi'_{max} = 0.87°/\text{m}$

20. $M_A = \dfrac{32}{33}M_e$, $M_B = \dfrac{1}{33}M_e$

21. $T_{外} = 1\text{kN} \cdot \text{m}$, $T_{内} = 0.2\text{kN} \cdot \text{m}$
    $\tau_{外\,max} = 5.44\text{MPa}$, $\tau_{内\,max} = 8.15\text{MPa}$

22. DE 段：$\tau_{max} = 49.9\text{MPa}$ $\varphi'_{max} = 2.38°/\text{m}$
    AC 段：$\tau_{max} = 47.5\text{MPa}$ $\varphi'_{max} = 2.27°/\text{m}$

23. $[T]_{\text{I}} = 14.2\text{kN} \cdot \text{m}$ $[T]_{\text{II}} = 27.3\text{kN} \cdot \text{m}$
    $[T]_{\text{III}} = 4.27\text{kN} \cdot \text{m}$ $[T]_{\text{IV}} = 10.4\text{kN} \cdot \text{m}$
    $[T]_{\text{V}} = 6\text{kN} \cdot \text{m}$ $[T]_{\text{VI}} = 4.56\text{kN} \cdot \text{m}$
    $[T]_{\text{VII}} = 72.2\text{kN} \cdot \text{m}$ $[T]_{\text{VIII}} = 1.4\text{kN} \cdot \text{m}$

第4章 梁的内力

1. (a) $F_{Q1} = F$　$M_1 = Fa$　$F_{Q2} = 2F$　$M_2 = Fa$　$F_{Q3} = 2F$　$M_3 = 3Fa$
   (b) $F_{Q1} = -qa$　$M_1 = -\dfrac{qa^2}{2}$　$F_{Q2} = -qa$　$M_2 = -\dfrac{qa^2}{2}$　$F_{Q3} = -qa$　$M_3 = -\dfrac{3qa^2}{2}$

(c) $F_{Q1} = \dfrac{2}{9}ql$ $M_1 = \dfrac{2ql^2}{27}$ $F_{Q2} = \dfrac{2}{9}ql$ $M_2 = \dfrac{2ql^2}{27}$

(d) $F_{Q1} = \dfrac{5}{4}qa$ $M_1 = -\dfrac{qa^2}{2}$ $F_{Q2} = -qa$ $M_2 = -\dfrac{qa^2}{2}$ $F_{Q3} = 0$ $M_3 = 0$

2. (a) 最大正剪力 $\dfrac{4}{3}F$，最大负剪力 $\dfrac{5}{3}F$，最大正弯矩 $\dfrac{5}{3}Fa$

   (b) 最大负剪力 qa，最大负弯矩 $\dfrac{3}{2}qa^2$

   (c) 最大正剪力 $2F$，最大负剪力 F，最大正弯矩 Fa，最大负弯矩 Fa

   (d) 最大正剪力 $\dfrac{5}{4}qa$，最大负剪力 qa，最大负弯矩 $\dfrac{1}{2}qa^2$

   (e) 最大正剪力 $\dfrac{1}{2}qa$，最大负剪力 $\dfrac{1}{2}qa$，最大正弯矩 $\dfrac{qa^2}{8}$，最大负弯矩 $\dfrac{qa^2}{8}$

   (f) 最大正剪力 16kN，最大负剪力 16kN，最大负弯矩 $16\text{kN}\cdot\text{m}$

3. $F_{QA}=13\text{kN}$，$F_{QB左}=-19\text{kN}$，$F_{QB右}=6\text{kN}$，$F_{QD}=-6\text{kN}$，$F_{QC}=6\text{kN}$，$M_B=-12\text{kN}\cdot\text{m}$，$M_A=M_C=M_D=0$

4. (a) 最大弯矩 $3Fa$

   (b) 最大弯矩 $\dfrac{qa^2}{8}$

   (c) 最大弯矩 qa^2

   (d) 最大弯矩 $2qa^2$

   (e) 最大弯矩 $1.33Fa$

5. (a) 最大正弯矩 qa^2，最大负弯矩 qa^2

   (b) 最大负弯矩 $2Fa$

   (c) 最大正弯矩 Fa

   (d) 最大正弯矩 $0.75qa^2$

   (e) 最大正弯矩 $0.5Fa$，最大负弯矩 $0.5Fa$

   (f) 最大负弯矩 qa^2

7. $x = \dfrac{l}{2} - \dfrac{a}{4}$ 或 $x = \dfrac{l}{2} - \dfrac{3a}{4}$

   $M_{\max} = \dfrac{P(2l-a)^2}{8l}$

第5章 梁的应力

1. $a = \dfrac{2}{3}l$，$\sigma_{\max} = \dfrac{Fl}{3bt^2}$

2. $\sigma_{\max} = 105\text{MPa}$

3. $d \leqslant 2\text{mm}$

4. $\sigma_a = \sigma_b = 142\text{MPa}$，$\sigma_c = 124\text{MPa}$，$\sigma_d = 0$

5. $a = 0.2l$

6. $\sigma_{max} = 94.7\text{MPa}$

7. $\sigma_{max} = 120\text{MPa}$

8. $\tau_{max} = 61.8\text{MPa}$

9. $b = 316\text{mm}$

10. $\sigma_{t\,max} = 77.1\text{MPa}$，$\sigma_{c\,max} = 46.3\text{MPa}$，$\tau_{max} = 24.3\text{MPa}$

11. $W_z = 2460\text{cm}^3$，选用 56b 号工字钢

12. $\Delta l = \dfrac{ql^3}{2bh^2 E}$

13. (1) $d \geqslant 108\text{mm}$，$A \geqslant 9160\text{mm}^2$
    (2) $b \geqslant 57.2\text{mm}$，$A \geqslant 6543\text{mm}^2$
    (3) 16 号工字钢，$A = 2610\text{mm}^2$

14. A 截面：$\sigma_{t\,max} = 30.2\text{MPa}$，$\sigma_{c\,max} = 69\text{MPa}$
    D 截面：$\sigma_{t\,max} = 34.5\text{MPa}$，$\sigma_{c\,max} = 15.1\text{MPa}$

15. $\sigma_{max} = 153.5\text{MPa}$

16. $M_{max} = 140.2\text{kN}\cdot\text{m}$，选取两根 25b 号工字钢

17. (1) $\tau_{max} = 1.69\text{MPa}$
    (2) 翼缘朝下放置合理
    (3) $[F] = 7.27\text{kN}$

18. $\dfrac{h}{b} = \sqrt{2}$，$d \geqslant 227\text{mm}$

19. $\delta = 1.54\text{mm}$

20. $\delta = \dfrac{\sqrt{2}}{18}h$，增加 5.35%

21. $\delta \geqslant 27\text{mm}$

22. (1) $b \geqslant 171.5\text{mm}$
    (2) $\sigma_{max} = 7.5\text{MPa}$

23. 选取两根 25b 号工字钢

24. $[F] \leqslant 3.8\text{kN}$，$\sigma_{max} = 8.2\text{MPa}$

25. $\sigma_{max} = 158\text{MPa}$，$\tau_{max} = 24.9\text{MPa}$

26. $b = 128\text{mm}$

27. $\sigma_{max} = 8.4\text{MPa}$，$\tau_{max} = 1.2\text{MPa}$

28. $a = 1.385\text{m}$

29. $h(x) = 3.54\sqrt{x}$，$h_{max} = 112\text{mm}$，$h_{min} = 5\text{mm}$

31. $e = \dfrac{2b^2 + 2\pi br + 4r^2}{4b + \pi r}$

32. $l_s = \dfrac{l}{3}$

33. $M_u = 4.14\text{kN}\cdot\text{m}$

34. $q_u = 57.1\text{kN/m}$

第6章 梁的位移

1. (a) $\theta_A = \dfrac{3ql^3}{128EI}$, $\theta_B = -\dfrac{7ql^3}{384EI}$, $w = \dfrac{5ql^4}{768}$

   (b) $\theta_A = \dfrac{Ml}{3EI}$, $\theta_B = -\dfrac{Ml}{6EI}$, $w = \dfrac{Ml^2}{16EI}$

2. (a) $w = \dfrac{1}{EI}(\dfrac{q_0}{120l}x^5 - \dfrac{q_0 l^3}{24}x + \dfrac{q_0 l^4}{30})$, $\theta_B = \dfrac{q_0 l^3}{24EI}$, $w_B = \dfrac{q_0 l^4}{30EI}$

   (b) $w = \dfrac{1}{EI}(\dfrac{1}{4}Flx^2 - \dfrac{1}{6}Fx^3)$, $\theta_B = \dfrac{Fl^2}{8EI}$, $w_B = \dfrac{5Fl^3}{48EI}$

3. $\theta_B = \dfrac{5Fl^2}{18EI}$, $w_B = \dfrac{2Fl^3}{9EI}$

4. $\theta_A = \dfrac{ql^3}{6EI}$, $\theta_C = \dfrac{5ql^3}{6EI}$, $w_C = \dfrac{2ql^4}{3EI}$

5. $w_B = \dfrac{11ql^4}{192EI_1}$

6. $\delta_{cy} = \dfrac{4Fa^3}{3EI}$, $\delta_{cx} = \dfrac{Fa^3}{2EI}$

7. 参考尺寸：$b = 100$ mm, $h = 200$ mm

8. 参考型钢：32a 槽钢

9. 参考型钢：22a 工字钢

10. $w = \dfrac{1}{Ebh^3}(6Flx^2 - 12Fl^2 x + 6Fl^3)$

11. (1) $F_c = \dfrac{5}{4}F$ (2) 弯矩减小 50%，挠度减小 39%

12. (a) $F_{Ay} = \dfrac{13}{27}F(\uparrow)$, $F_{Ax} = 0$, $m_A = -\dfrac{4}{9}Fl$, $F_B = \dfrac{14}{27}F(\uparrow)$

    (b) $F_{Ay} = \dfrac{3}{4}F(\downarrow)$, $F_{Ax} = 0$, $m_A = \dfrac{1}{2}Fl$, $F_B = \dfrac{7}{4}F(\uparrow)$

13. (a) $F_{Ay} = \dfrac{7}{16}ql(\uparrow)$, $F_{Ax} = 0$, $F_B = \dfrac{1}{16}ql(\downarrow)$, $F_C = \dfrac{5}{8}ql(\uparrow)$

    (b) $F_{Ay} = \dfrac{13}{32}F(\uparrow)$, $F_{Ax} = 0$, $F_B = \dfrac{3}{32}F(\downarrow)$, $F_C = \dfrac{11}{16}ql(\uparrow)$

14. $F_{Ay} = 1.5$ kN($\uparrow$), $F_{Ax} = 0$, $m_A = -1.5$ kN·m, $F_B = 8.5$ kN($\uparrow$)

第7章 应力状态

1. $F = 60$ KN

   (a) $\sigma_\alpha = 43.7$ MPa, $\tau_\alpha = 3.66$ MPa

   (b) $\sigma_\alpha = -17.5$ MPa, $\tau_\alpha = -21.6$ MPa

2.

   (c) $\sigma_\alpha = -60$ MPa, $\tau_\alpha = 40$ MPa

   (d) $\sigma_\alpha = -38.4$ MPa, $\tau_\alpha = 0.7$ MPa

3. $\tau_{30°} = 1.55\text{MPa}$ 不安全
4. $\sigma_1 = 10.62\text{MPa}, \sigma_3 = -0.073\text{MPa}, \alpha_0 = 4.73°$
5. (a) $\sigma_\alpha = 25\text{MPa}, \tau_\alpha = 26\text{MPa}$
       $\sigma_1 = 20\text{MPa}, \sigma_3 = -40\text{MPa}$
   (b) $\sigma_\alpha = -26\text{MPa}, \tau_\alpha = 15\text{MPa}$
       $\sigma_1 = -\sigma_3 = 300\text{MPa}$
   (c) $\sigma_\alpha = -50\text{MPa}, \tau_\alpha = 0\text{MPa}$
       $\sigma_1 = \sigma_3 = -50\text{MPa}$
   (d) $\sigma_\alpha = 40\text{MPa}, \tau_\alpha = 10\text{MPa}$
       $\sigma_1 = 41\text{MPa}, \sigma_3 = -61\text{MPa}, \alpha_0 = 39.35°$
6. $\sigma_1 = 15\text{MPa}, \sigma_3 = -125\text{MPa}, \alpha_0 = -70.75°$
7. (a) $\sigma_1 = 160.5\text{MPa}, \sigma_3 = -30.5\text{MPa}, \alpha_0 = -23.56°$
   (b) $\sigma_1 = 160.5\text{MPa}, \sigma_3 = -30.5\text{MPa}, \alpha_0 = 23.56°$
   (c) $\sigma_1 = 55.4\text{MPa}, \sigma_3 = -115.4\text{MPa}, \alpha_0 = -55.28°$
   (d) $\sigma_1 = 36\text{MPa}, \sigma_3 = -17.6\text{MPa}, \alpha_0 = 65.6°$
   (e) $\sigma_1 = -16.97\text{MPa}, \sigma_3 = -53.03\text{MPa}, \alpha_0 = -16.35°$
   (f) $\sigma_1 = 170\text{MPa}, \sigma_3 = 70\text{MPa}, \alpha_0 = -71.6°$
   (g) $\sigma_1 = 180\text{MPa}, \sigma_3 = 80\text{MPa}, \alpha_0 = 63.5°$
   (h) $\sigma_1 = 138\text{MPa}, \sigma_3 = -18\text{MPa}, \alpha_0 = -70.2°$
8. $\sigma_x = 126\text{MPa}, \sigma_y = 72.5\text{MPa}$
9. $\varepsilon_\alpha = 311 \times 10^{-6}$
10. (a) $\sigma_1 = 94.7\text{MPa}, \sigma_2 = 50\text{MPa}, \sigma_3 = 5.3\text{MPa}, \tau_{max} = 44.7\text{MPa}$
    (b) $\sigma_1 = 50\text{MPa}, \sigma_2 = 20\text{MPa}, \sigma_3 = -80\text{MPa}, \tau_{max} = 65\text{MPa}$
    (c) $\sigma_1 = 50\text{MPa}, \sigma_2 = -50\text{MPa}, \sigma_3 = -80\text{MPa}, \tau_{max} = 65\text{MPa}$
11. $F = 12.6\text{kN}$
12. $\varepsilon_1 = 375 \times 10^{-6}$, $\varepsilon_2 = 375 \times 10^{-6}$, $\varepsilon_1 = -250 \times 10^{-6}$
13. $\sigma_1 = 0, \sigma_2 = -19.8\text{MPa}, \sigma_3 = -60\text{MPa}$
14. $\Delta V = 11.3 \times 10^{-10} m^3$
15. $\varepsilon_1 = 239 \times 10^{-6}$, $\varepsilon_2 = -30 \times 10^{-6}$, $\varepsilon_3 = -169 \times 10^{-6}$
    $\varepsilon_x = 100 \times 10^{-6}$, $\varepsilon_y = -30 \times 10^{-6}$, $\varepsilon_z = -30 \times 10^{-6}$

第8章 强度理论

1. $\sigma_{r1} = 38.97\text{MPa} \leqslant [\sigma]$
2. $\sigma_{r2} = 58.74\text{MPa} \geqslant [\sigma]$
3. $\sigma_{r3} = 60.0\text{MPa} \leqslant [\sigma]$
4. 安全

第9章 组合变形

1. $\sigma_A = -131\text{MPa}$, $\sigma_B = 75.3\text{MPa}$
2. $b = 90\text{mm}$, $h = 180\text{mm}$, $w = 19.7\text{mm}$
3. $\sigma_{max} = 12\text{MPa}$, $w_{max} = \dfrac{l}{198}$

4. $\theta = 63°13'$，$[F] = 12.15\text{kN}$
5. $F = 1.03\text{kN}$，$\beta = 31°21'$
6. $d = 122\text{mm}$
7. No.22 槽钢
8. $\sigma_{\max}^+ = 79.6\text{MPa}$，$\sigma_{\max}^- = 117\text{MPa}$，$\sigma_A = -51.7\text{MPa}$
9. $h = 75\text{mm}$，$\sigma_A = 40\text{MPa}$
10. $\beta = 4.76°$
11. $\sigma_{\max}^+ = 5.09\text{MPa}$，$\sigma_{\max}^- = 5.29\text{MPa}$
12. $\sigma_{\max}^- = 0.72\text{MPa}$，$d = 4.16\text{m}$
13. $\sigma_A = -0.193\text{MPa}$，$\sigma_B = -0.011\text{MPa}$
14. $q_A = 101\text{kN/m}$，$q_B = 167\text{kN/m}$
15. $\sigma_{\max} = 140\text{MPa}$
16. $F = 18.38\text{kN}$，$e = 1.785\text{mm}$
17. a. $e_y = \pm 33.9\text{mm}$ $e_z = \pm 15.14\text{mm}$
    b. 为一正方形，其对角顶点均在两对称轴上，相对顶点间的距离为 364mm.
    c. 为一扇形
18. $l = 510\text{mm}$
19. $P = 788\text{N}$
20. $\sigma_1 = 33.5\text{MPa}$，$\sigma_3 = -9.95\text{MPa}$，$\tau_{\max} = 21.7\text{MPa}$
21. $t = 2.65\text{mm}$
22. $\sigma_{r3} = 108.8\text{MPa}$，$\sigma_{r4} = 94.2\text{MPa}$
23. $\sigma_B = 100.8\text{MPa}$，$\sigma_C = 174.9\text{MPa}$
24. $d = 51.9\text{mm}$
25. $d = 48\text{mm}$，$d = 49.3\text{mm}$

第 10 章　压杆稳定

1. (1) $F_{cr} = 37.8\text{kN}$；(2) $F_{cr} = 52.6\text{kN}$；(3) $F_{cr} = 459\text{kN}$
2. $l = 860\text{mm}$
3. $\lambda_p = 92.6$，$\lambda_s = 52.5$
4. $n_{st} = 3.27$
5. $\sigma_{cr} = 182\text{MPa}$，$n = 2.03$
6. $n_\bot = 1.58 < n_{st} = 2$，不安全
7. $\theta = \arctan(\cot^2 \beta)$
8. $n_{st} = 2.75$
9. (1) $n = 1.55$，(2) $[F] = 25.8\text{kN}$，(3) $[F] = 18.4\text{kN}$
10. $[F] = 37\text{kN}$
11. $n_\bot = 8.28 > n_{st}$，安全

12. $a = 44\text{mm}$, $F_{cr} = 444\text{kN}$

13. $[F] = 51.5\text{kN}$

14. $F_{cr} = 36.1\dfrac{EI}{l^2}$

15. 升高 $\Delta t = 46.4\,^\circ\text{C}$

第11章 变形能法

1. (a) $U = \dfrac{2F^2l}{\pi Ed^2}$ (b) $U = \dfrac{7F^2l}{8\pi Ed^2}$

2. (a) $U = \dfrac{M^2l}{18EI}$ (b) $U = \dfrac{17q^2l^3}{15360EI}$

3. (a) $w_A = \dfrac{Fa^2(2a+3l)}{6EI}$ $w_B = \dfrac{Fl^3}{3EI}$

   (b) $w_A = \dfrac{Fa^3}{3EI}$ $w_B = \dfrac{Fa^2(3l-a)}{6EI}$

4. (a) $w_C = 0$ (b) $w_C = \dfrac{5ql^4}{768EI}$

5. (a) $w_B = \dfrac{5ql^4}{24EI}$ $\theta_B = \dfrac{ql^3}{3EI}$

   (a) $w_B = \dfrac{q_0 l^4}{30EI}$ $\theta_B = \dfrac{q_0 l^3}{24EI}$

6. (a) $w_B = \dfrac{5Fa^3}{12EI}(\downarrow)$ $\theta_A = \dfrac{5Fa^2}{4EI}(\text{逆})$

   (b) $w_B = \dfrac{5Fa^3}{6EI}(\downarrow)$ $\theta_A = \dfrac{Fa^2}{EI}(\text{顺})$

7. $\theta_C = \dfrac{Fl}{2EI}(l+2h)\,(\text{顺})$ $\delta_{cx} = \dfrac{Flh^2}{2EI}(\rightarrow)$

第12章

1. $\sigma_m = 549\,\text{MPa}$, $\sigma_a = 12\,\text{MPa}$, $r = 0.957$

2. $\alpha = 75°\,58'$

参 考 文 献

1. 孙训方，方孝淑，关来泰. 材料力学(第4版). 北京：高等教育出版社，2002
2. 张流芳. 材料力学. 武汉：武汉理工大学出版社，2002
3. 范钦珊. 材料力学. 北京：清华大学出版社，2004
4. 袁海庆. 材料力学. 武汉：武汉工业大学出版社，2000
5. 粟一凡. 材料力学. 北京：高等教育出版社，1989
6. 刘鸿文. 简明材料力学. 北京：高等教育出版社，2004
7. 刘鸿文. 材料力学教程. 北京：机械工业出版社，1993
8. 顾玉林. 材料力学. 北京：高等教育出版社，1993
9. 胡增强. 材料力学习题解析. 北京：中国农业机械出版社，1988

21 世纪全国应用型本科土木建筑系列实用规划教材

参编学校名单（按拼音排序，覆盖26个省市自治区）

1	安徽理工大学	23	华北水利水电学院
2	北京建筑工程学院	24	华东交通大学
3	北京联合大学	25	华中科技大学
4	长春工程学院	26	淮阴工学院
5	长江大学	27	黄石理工学院
6	长沙理工大学	28	江汉大学
7	东南大学	29	江苏大学
8	广州大学	30	江西科技师范学院
9	贵州大学	31	九江学院
10	桂林工学院	32	昆明理工大学
11	合肥工业大学	33	丽水学院
12	河北工业大学	34	辽宁工程技术大学
13	河北建筑工程学院	35	内蒙古科技大学
14	河南大学	36	南昌工程学院
15	黑龙江科技学院	37	南昌航空工业学院
16	湖北工业大学	38	南华大学
17	湖南城市学院	39	南京工程学院
18	湖南大学	40	南京林业大学
19	湖南工程学院	41	南阳理工学院
20	湖南工学院	42	宁波工程学院
21	湖南科技大学	43	三峡大学
22	华北电力大学	44	山东交通学院

45	山西大学	59	西安建筑科技大学
46	上海大学	60	西安科技大学
47	石河子大学	61	西北农林科技大学
48	石家庄铁道学院	62	西南交通大学
49	四川理工学院	63	西南林学院
50	太原理工大学	64	湘潭大学
51	天津工业大学	65	孝感学院
52	天津商学院	66	浙江科技学院
53	武汉大学	67	中国地质大学
54	武汉工程大学	68	中南大学
55	武汉工业学院	69	中南林业科技大学
56	武汉科技大学	70	重庆大学
57	武汉科技学院	71	湖南工业大学
58	武汉理工大学	72	惠州学院